中青年经济与管理学

环境规制与企业环境责任履行耦合机制及地区异质性研究

冯丽丽　陈　龙　周雯珺　著

中国财经出版传媒集团
中国财政经济出版社
北京

图书在版编目（CIP）数据

环境规制与企业环境责任履行耦合机制及地区异质性研究／冯丽丽，陈龙，周雯珺著．--北京：中国财政经济出版社，2024.3

（中青年经济与管理学者文库）

ISBN 978－7－5223－2678－8

Ⅰ．①环…　Ⅱ．①冯…　②陈…　③周…　Ⅲ．①企业环境管理－企业责任－研究－中国　Ⅳ．①X322.2

中国国家版本馆CIP数据核字（2024）第034929号

责任编辑：马　真　　　　责任印制：史大鹏
封面设计：智点创意　　　　责任校对：张　凡

环境规制与企业环境责任履行耦合机制及地区异质性研究
HUANJING GUIZHI YU QIYE HUANJING ZEREN LÜXING OUHE
JIZHI JI DIQU YIZHIXING YANJIU

中国财政经济出版社 出版
URL：http：//www. cfeph. cn
E－mail：cfeph@ cfeph. cn

社址：北京市海淀区阜成路甲28号　邮政编码：100142
营销中心电话：010－88191522
天猫网店：中国财政经济出版社旗舰店
网址：https：//zgczjjcbs. tmall. com
中煤（北京）印务有限公司印刷　各地新华书店经销
成品尺寸：147mm×210mm　32开　13.25印张　338 000字
2024年3月第1版　2024年3月北京第1次印刷
定价：60.00元
ISBN 978－7－5223－2678－8
（图书出现印装问题，本社负责调换，电话：010－88190548）
本社质量投诉电话：010－88190744
打击盗版举报热线：010－88191661　QQ：2242791300

河北省教育厅2024年度人文社会科学研究重大课题攻关项目：双碳目标下数字经济驱动河北省企业绿色发展的机制与路径研究（ZD202418）项目资助

河北省高等学校人文社会科学研究重点项目：京津冀城市群生态经济发展水平提升路径研究（SD2021070）项目资助

河北省会计学重点发展学科研究成果

河北省矿产资源战略与管理研究基地研究成果

河北地质大学双碳目标下资本配置研究团队研究成果

课题组成员

负责人：冯丽丽，河北地质大学管理学院教授、博士

成　员：陈　龙，河北地质大学管理学院副教授、博士

周雯珺，河北地质大学管理学院教授、博士

胡海川，河北地质大学管理学院副教授、博士

王　楠，河北地质大学管理学院讲师、博士

策划人语

题记：一个人的精神成长史，取决于他的阅读史。只有阅读能最有效地培养精神生活习惯，而好的习惯又培养性格，性格决定人生。

——我们自豪，因为我们就是创造这精神产品的人。

选择了飞翔，总能看到蓝天；选择了远航，总能感受大海。人生不仅要作出选择，也要坚持住自己的选择。学会计、当编辑是我的意外选择。人说编辑是为人作嫁，可是这一选择我坚持了30年，苦在其中，乐在其中，也算是有声有色。每当我把一本本好书呈献给人们的时候，我觉得我是“富贵”的人：富，不是你身上的钱财，而是你心里的满足；贵，不是你地位的显赫，而是你被人需要的程度。

书海探寻，情怀永恒

我要说，做编辑我幸运，因为我不仅是第一个读者，可以对作品“品头论足”，也可以对作品“生杀予夺”；更重要的是，这是一个有很高层次的平台，在多年与名家的交往和名著的“对话”中，深深地为他们的人格和才学所感动，被作品的精彩所吸引，这不仅使我“下笔如有神”，更使我的思想和灵魂也受到一次次洗礼和震撼，得到一次次升华。对于我的作者我的书，如数家珍，作者中不乏才学和为人同样过人的多位泰斗和“颜值高责任大”的众多才子佳人；策划的作品不仅立足专业还兼顾人文，也是情怀所在，专业加人文路才会更宽更远。

多年的体会是，作为一名编辑，起码要“三心二意”，即“责任心、细心、耐心”和“服务意识、创新意识”。要多策划一些拳头产品，用一个选题推动一个系统工程，用一个系统工程培养一个出版社品牌。给新入职编辑讲座时我做过一个比喻：编辑两项基本功，审稿——甚至要比博导审批学生论文还要全面、细致；选题策划——要像电影导演一样做“星探”，善于发现优秀作者和挖掘好的原创作品。记不清30年来我策划和编辑了多少书，组织和策划了大批教材、业务培训用书、通俗读物、理论专著等，有的获得过国家、省部级各类奖项，有的以其填补空白、社会热点、风格新颖、开拓尝试等特点受到读者的欢迎。正是：

一入书门情似海，

探寻经典职责在。

苦辣酸甜何其乐，

编辑人生也精彩。

想是问题，做是答案

众所周知，目前的图书出版业在行业竞争和纸质图书受到严重冲击的情况下，出版人无不感到莫大的危机。在这种背景下，我们还要积极应对，完善纸质图书的固有特质，拓宽纸媒的功能，挖掘出版内容和形式都精彩的原创作品，适应新形势下读者的更高需求。2017 年至今，在新的时代环境下不断出新，我又策划了多套系列丛书和单本图书，不乏名家著作、教材、学术专著和实务丛书等，继续为扶持学术研究和总结实践最新成果，在高端研究与专业知识普及和应用之间搭建一座座有益的桥梁。

每一个时代的经济环境不同，理论研究和实务探索所需要解决的问题也有所差别。当前我国处于新的历史时期，市场环境和组织模式不断演变发展、推陈出新，经济、管理、财税等领域的新理论、新思想、新方法、新工具也层出不穷。乱花渐欲迷人眼，击水三千浪几何？这些领域的研究人员被时代赋予了更艰巨的责任，也面临着更高、更多元的要求，我们不仅要具备更广阔的学术视野，而且要有更严谨的学术思维。

输在犹豫，赢在行动

《中青年经济与管理学者文库》的作者，都是我国经济与管理领域的中坚力量，也是未来的大家。他们中有些人潜心从事理论研究，有些人则深耕在实务一线，但无论现实身份如何，视野全都没有被拘泥在“象牙塔”内。他们从不同视角对市场经济的不同要素进行细致审视，然后汇聚于“财经版”这面旗帜之下，相互碰撞，彼此激荡，力求在市场经济转型升级的关键时期留下最新鲜的“中国印记”。

这些经济与管理领域的中青年学者，就是我国市场经济发展的潜力与优势，他们的研究成果，不仅将引领市场经济的各个组成环节向更科学、更先进的方向发展，而且将成为我国政府和企业在未来经济世界扮演更重要角色的支点与动力。祝愿这些中青年学者能攀上更高的学术之山，走向更远的研究之路，也期待宏观、中观、微观各个层面的市场参与者都能从这套文库中得到切实的启发与指引，在全面深化改革、增强发展活力的关键时期，发挥正能量和积极作用，为经济社会发展增添新的动力！——这也是我策划此套丛书的初衷。

作始也简，毕也必巨

2021年，是一个非凡之年，纵观世界风云，抗击疫情“风景这边独好”，“十四五”规划开局，我们喜迎建党百年。“其作始也简，其将毕也必巨。”从“开天辟地”“改天换地”到“翻天覆地”“惊天动地”，我们党经历了四个历史时期——救国大业、兴国大业、富国大业、强国大业，四件大事铸就了中国共产党百年辉煌。我们不禁感叹——风雨百年创辉煌，“天地”之间“有杆秤”。

2021年，还是一个纪念之年，出版社成立65周年和我从事编辑工作30周年。65年来，财经出版社始终坚持正确的舆论导向和鲜明的出版特色，努力为经济建设和财政工作服务，致力于为读者奉献经典作品，在中国财经出版传媒集团旗下发挥着更大的作用，取得更大的成就。作为一个有着20多年党龄的党员，我是生在新中国长在红旗下的幸运的一代，怀着对党无限的热爱和感恩，浓情做事、淡泊做人，用30年的情怀和坚守见证了出版业的转型，践行了编辑的天职，向党递交一份努力的答卷。

2017年策划出版《中青年经济与管理学者文库》至今已五年，得到了众多中青年学者的热烈响应与大力支持，文库诞生至今已囊括专著60余种，为中青年学者们提供了展示学术研究成果的平台，作者队伍不断壮大，作品陆续出版。如果您认可，如果您有意愿，欢迎您和您的朋友加盟我们的作者队伍！在中国财经出版传媒集团的“旗舰”下，中国财政经济出版社这“老字号”，一定励精图治，谱写新的篇章。敬请关注“龙媒玉制新书坊”微信公众号，我们用“龙的精神，玉的品质”来助力您实现梦想！

策划人：樊清玉

邮箱：qingyuf@ sina. com

2021年12月31日

说起来，我与冯丽丽教授结识于2019年，那时她已在河北地质大学会计学院担任教职，并且距离其从中南财经政法大学获得管理学博士学位已有6年时间。难能可贵的是，冯丽丽教授在科研道路上，一直锲而不舍、孜孜以求、锐意进取，将马克思生态学理论与习近平生态文明思想紧密结合，切实融入科研工作中，取得显著的科研业绩。她从中国经济高质量发展和生态文明建设层面捕捉到环境规制与企业环境责任履行问题，组建研究团队，持之以恒地钻研多年，辑成学术专著《环境规制与企业环境责任履行耦合机制及地区异质性研究》，将宏观环境政策制定与微观企业决策融合到一起，学术价值较高，为政府宏观经济管理部门、企业乃至投资者个人的经济决策提供了全新的思路和方法。

冯丽丽教授在教学和科研方面，都有着优异的表现，荣获“第十三届河北省社科优秀青年专家”称号，并入选河北省高校百名优秀创新人才，她还是河北省“三三三人才工程”三层次人才、河北省会计高端人才、河北省教育厅重大攻关项目首席专家以及河北省财政厅会计咨询专家。同时，她还拥有中国注册会计师和中国注册资产评估师等资格。与此同时，她为人谦虚谨慎、温文尔雅，无论是和老师还是和学生都保持了和谐良好的关系，得到了大家的一致认可。在相处的过程中，我们经常一起围绕双碳、生态治理等学术问题进行探讨与交流，双方都收获颇丰。

该书是冯丽丽教授在完成国家社科基金项目“环境规制与企业环境责任履行耦合机制及地区异质性研究”期间酝酿成型，并在其结项后最终完成的。一篇好的作品的诞生并非依靠一时的力量，而是源自持之以恒的努力。写作一直是一件辛苦的事情，它需要作者具备持久的耐心和坚定的毅力。作为冯丽丽教授的同事，我特别能够体会她和团队成员在撰写这本专著的过程中所付出的努力。早在2020年得知冯丽丽教授有出书计划后，我们每次会面都会深入讨论与专著相关的研究问题。2023年底，冯丽丽教授表达了希望我能为其撰写序言的愿望，我欣然接受了这个邀请，全然是因为我对她的研究工作以及这本专著都有较为深入的了解。

专著，作为某一领域的深入探究成果，是研究者基于扎实研究基础撰写的高度专业化的书籍，承载着丰富的学术价值，是知识领域内的宝贵财富。而代序，一种由他人撰写的序言，置于文章正文之前，其内容往往包括对书籍思想内容的介绍、评论，以及对写作动机、过程与特点的阐述。撰写一篇优秀的代序，往往被视为一项难度极高的任务。即便代序作者对原著有着深刻的理解和掌握，常常因为各种原因难以精确捕捉原著的独特风格和精髓。在此，我将以自己的视角，分享我对这部著作的见解。

改革开放以来，中国经济取得了举世瞩目的成绩，但伴随着工业化进程的推进以及粗放式的发展，我国各类环境问题开始逐渐凸显。现阶段，环境问题已经成为制约我国经济高质量发展的重要因素。因此，如何实现经济发展与生态环境和谐共生就成为当前和未来较长时期内一项艰巨而烦琐的任务。针对上述问题，党的十八大以来将绿色发展作为长期坚持的重要理念出台了一系列的方针政策，充分彰显了我国坚持经济高质量发展和生态优先、走可持续发展道路的决心。在这一过程中，有效的环境规制政策和企业积极履行环境责任都发挥着重要的作用。一方面，环境规制的有效实施将影响到企业的环境行为和最终的环境绩效，另一方面，企业积极履行环境责任则会为环境规制的有效实施提供有力保障。可以说，两者间存在着天然的耦合动因。即环境规制与企业环境责任履行缺一不可、交融并进，是实现生态文明建设目标的重要保障。于是，这部专著对环境规制与企业环境责任履行的耦合机制进行了全面、系统、深入的研究。

该书选题从我国生态文明建设和经济高质量发展的大方向入手，针对我国环境规制政策的有效性和企业环境责任履行水平的关系进行了机理剖析、耦合分析、异质性分析等理论和实证研究，并就此提出了相应的改进措施，具有较强的理论和实践价值，能够为政策优化以及企业绿色发展提供理论依据和重要参考。

该书按照“宏观环境制度—微观企业环境责任—宏观环境制度变迁”的研究思路，阐明了两者耦合的基本模式与机理，构建了研究框架，并利用我国省域面板数据和公司基本数据，对我国环境规制与企业环境责任履行的现状及其耦合关系进行了检验。研究思路清晰，目标明确，逻辑结构合理，既有理论支撑又有实证检验，能够为该领域的研究提供新思路和新视角。

该书在研究创新上主要体现在六个方面：第一，构建了环境规制与企业环境责任履行耦合关系的理论框架，为两者互动关系的探讨奠定理论基石。该书将环境规制和企业环境责任纳入统一的理论分析框架中，对两者间内在关联与互动机理进行了探究，弥补了以往环境规制与企业环境责任履行关系单方面研究的不足。第二，完善了环境规制与企业环境责任履行的评价体系，为相关研究提供了新的思路。在已有研究基础上，该书将环境规制分为正式环境规制和非正式环境规制两部分，将企业环境责任履行分为社会影响、环境管理、环境保护投入与支出、污染排放是否达标、循环经济五个方面分别构建评价指标体系，并选取评价方法对两者发展水平进行了评价和分析，有助于对两者发展水平更加合理的认识。第三，对环境规制与企业环境责任履行耦合动因进行深入剖析，揭示两者耦合关系的作用机制，为两者耦合研究提供新支撑。该书改变过去单方面分别检验环境规制与企业环境责任履行发展动因的不足，分为从政府补贴、融资约束、行业竞争以及环境治理效果、税收、经济发展等方面研究了两者之间的互动关系，全面深入地分析了两者耦合协调关系形成和发展的动因。第四，检验了新环保法的执行效果，探析了环境规制与企业环境责任履行耦合关系的时空演变规律和地区异质性，为不同区域实现环境规制与企业环境责任间的有效耦合提供经验证据。该书发现新环保法的实施无论是对环境规制和企业环境责任履行，还是对两者间的耦合协调关系都有着显著的改善作用；进一步从动态角度厘清了我国区域环境规制和企业环境责任履行系统间耦合协调关系地区差异的走向，并以“空间异质性—空间关联性—空间溢出效应”为研究思路，分析了中国不同区域两者耦合协调的区域差异性、空间关联性及空间溢出效应，有利于不同区域出台有针对性的环境治理政策。第五，明晰环境规制与企业环境责任履行耦合地区异质性的驱动因素及经济后果，为两者有效耦合探讨提供新材料。该书从制度创新与绿色创新两个维度剖析影响两者耦合协调关系的因素和制约程度，并进一步分析了环境规制和企业环境责任履行耦合协调发展对经济发展的推动作用，延伸了有关两者耦合协调关系的研究，能够为后续研究和政策制定提供经验依据。第六，从环境规制政策制定、提高企业环境责任履行和加强两者耦合发展三个方面提出了相应的对策建议，以更好地促进环境规制与企业环境责任履行耦合协调发展，从而促进经济高质量发展。这些创新充实且具有独特见解，为后续研究提供重要的参考。

这部著作凝聚了冯丽丽教授在主持国家社科基金项目过程中的

智慧与汗水，同时也是她担任首席专家的河北省教育厅人文社会科学研究重大攻关项目和河北地质大学双碳目标下资本配置研究团队刻苦研究的成果。书中不仅融合了深刻的理论分析与探索，还包含了针对实际问题的深入剖析，使其成为一本兼具理论与实践价值的书籍。因此，这部著作值得每一位读者细细品味与阅读。以上是我对作者和著作的一些看法，希望能够帮助读者对其有一个基本的了解。感谢冯丽丽教授及其团队为我们奉献了一部质量上乘的力作。

“读书随处净土，闭户即是深山”，学术之路贵在修炼与坚持，我希望冯丽丽教授在未来能够继续保持刻苦钻研的态度，踏踏实实做学问，争取在学术之路上走得更高更远。

冯鸿雁

2024 年 3 月

改革开放40多年以来，我国经济建设取得了举世瞩目的成就，一跃成为世界第二大经济体。随着国内生态环境承载力的逐渐饱和以及经济由高速增长转向了高质量发展阶段，过去单纯依靠资源环境和要素投入驱动的经济增长模式已难以维系，资源环境保护和经济高速发展间的矛盾日渐突出。党的十八大明确提出了“五位一体”的总体布局，将生态文明建设放到了重要地位，生态文明建设的顶层制度设计得到加强，奠定了我国绿色发展的基调。随后，党的十八届五中全会、党的十九大报告、“十四五”规划、党的二十大报告等又进一步持续强调了环境保护和绿色发展的重要性，生态文明建设成为关系中华民族永续发展的根本大计，这充分彰显了我国坚持贯彻习近平生态文明思想，加快生态文明体制改革，走生态优先、可持续发展道路的决心。与此同时，随着政府的管控、社会公众的关注以及企业自身发展模式的转型升级，越来越多的企业意识到了环境保护的重要性，开始从自身做起，进行绿色转型和升级，不断提升企业环境责任履行水平。提升环境规制政策的有效性和企业环境责任履行水平，不仅是当前各级政府着力推进的重点工作，同时也受到了相关领域研究者的极大关注。面对更加严格的环境规制要求，企业应该如何更好地履行环境责任？环境规制手段如何按照企业环境责任履行状况进行优化调整？如何引导环境规制与企业环境责任履行形成更好的互动机制？这是当下亟待解决的重点与难点问题。尽管探析环境规制与企业环境责任的相关成果较多，但多数研究并未将二者纳入一个耦合互动关联的系统之中，深入探索其中的耦合机理和规律，且对于耦合关系影响因素和经济后果的探讨也不充分。鉴于此，课题以环境规制与企业环境责任履行的耦合协调关系作为研究对象，对二者耦合关系的内涵机理、时空特征、演进规律、空间效应、驱动因素以及经济后果进行理论分析与实证检验，以期能够为实现环境规制政策的优化升级提供新思路，为企业可持续经营提供有效保障，为生态文明建设和经济高质量发展提供有力支撑。

依托制度经济学、可持续发展等理论基础和中国的环境规制与企业环境责任履行实践背景，本书对环境规制与企业环境责任履行的耦合及其地区异质性问题进行了系统性研究。首先，在对国内外研究成果进行系统梳理的基础上，以外部性理论、产权理论、自然资源基础理论、可持续发展理论以及“波特假说”理论等为基础，按照“宏观环境制度—微观企业环境责任—宏观环境制度变迁”的研究思路，构建环境规制与企业环境责任履行耦合的理论框架，阐明二者耦合的基本模式与机理。其次，利用2009—2019年中国省域面板数据和上市公司环境责任履行基本数据，评价我国环境规制与企业环境责任履行的现状，并通过结构方程法验证二者耦合的原因。在此基础上构建二者耦合协调模型，测算二者的耦合协调水平、时空异质性、影响二者耦合的因素以及检验二者耦合的经济后果。最后，提出促进环境规制与企业环境责任履行协调发展优化路径与对策建议，以期完善和丰富现有关于环境规制与企业环境责任履行互动关系的研究框架体系，为环境规制政策的优化升级提供新思路，为企业可持续经营提供有效保障，为生态文明建设和经济高质量发展提供有力支撑。本书的主要结论如下：

第一，我国环境规制和企业环境责任履行的演进轨迹奠定了二者耦合的现实基础。对我国环境规制和企业环境责任履行的演进轨迹进行梳理，并对不同发展阶段二者的耦合特性进行分析后发现，环境规制与企业环境责任的发展历程基本吻合，环境规制的发展能够驱动企业环境责任的履行，同时企业环境责任的履行又推动环境规制的升级与变迁，初步明确了二者耦合的制度背景。在此基础上，构建环境规制与企业环境责任的耦合框架，从耦合动因基础、耦合要素和信息交流机制三个方面阐述环境规制和企业环境责任履行的耦合机制，并提出了九种有代表性的环境规制与企业环境责任履行的耦合组合。研究发现：随着环境规制工具类型的演进，企业履行环境责任经历了由被动到主动，再到积极主动的过程；企业履行环境责任通过改变认知效应、重塑行动效应、强化目标效应、利用情景效应四种途径，驱动了环境规制的不断优化。

第二，搭建了环境规制与企业环境责任履行的耦合理论框架。在界定环境规制与企业环境责任履行含义及耦合内涵基础上，从二者耦合的动因基础、要素、信息交流机制三个方面阐述二者的耦合机制，进而归纳了环境规制与企业环境责任履行耦合的九种模式，分别刻画了环境规制驱动和企业环境责任履行驱动下的耦合机理。

第三，构建了环境规制和企业环境责任履行评价体系，描述了二者发展态势。在对环境规制和企业环境责任履行进行系统评价后发现，2009—2019 年我国环境规制一直保持稳定增长的势头，但增长幅度不大，整体发展仍处于较低水平。不同地区间的环境规制水平差异较为显著（东部 > 中部 > 西部 > 东北部），且呈现出差距逐渐扩大的趋势。在环境规制建设稳步提升的同时，我国企业环境责任评价指数总体也呈现上升趋势，企业主动承担环境责任的意识更强，但各省份企业环境责任履行程度也存在较大差异，且呈现出逐渐扩大趋势。

第四，采用结构方程法验证了环境规制和企业环境责任履行存在耦合关系。一方面，环境规制通过政府补贴、融资约束、行业竞争三个因素与企业环境责任履行耦合，且政府补贴正向促进程度最大，行业竞争正向促进程度最小，融资约束负向影响了企业环境责任履行，三者合力最终导致环境规制加强会促进企业履行环境责任；另一方面，企业环境责任履行则通过环保治理、税收负担、经济发展三个因素与环境规制耦合，且这三个影响因素中，环保治理影响程度最大，税收负担次之，经济发展最低，最终共同促进环境规制的提升。

第五，环境规制和企业环境责任履行耦合协调稳步增长且存在显著的时空异质性，新环保法的实施有利地推动了二者的协调发展。2009—2019 年我国环境规制和企业环境责任耦合协调度稳步增长，但增幅有限；二者耦合协调存在显著的时空异质性和空间关联性，相邻省份的耦合协调对本地二者耦合协调的演变过程起着重要作用；新环保法的实施无论是对环境规制和企业环境责任履行，还是对二者间的耦合协调关系都有着显著的改善作用。

第六，制度创新和绿色创新是驱动环境规制与企业环境责任耦合协调发展的关键因素。制度创新（财税分权、官员考核、官员交流、金融和公众监督）和绿色创新（投入、储备、能力、质量和扩散）是支撑并驱动环境规制与企业环境责任履行耦合协调发展的关键因素，其中除财政分权会抑制二者耦合关系外，其他因素都能显著促进二者耦合关系的提升。

第七，环境规制和企业环境责任履行耦合对经济发展具有显著的推动效应。在中国经济“新常态”背景下，环境规制与企业环境责任履行耦合促进了经济高质量发展，而且随着二者耦合协调的提升，会产生巨大的外资吸引力，引导外商投资结构调整和转变经济增长方式。同时，经济高质量发展也促进了环境规制与企业环境责任履行的耦合协调，追求经济高质量发展目标能够促进环境规制与企业环境责任履行耦合协调的发展。

基于上述结论，本书从环境规制政策制定、提高企业环境责任履行和加强二者耦合发展等三个方面提出了相应的对策建议。首先，在环境规制政策方面，本书提出应该面向流域或区域治理，再造环境目标和标准；建立重大环境政策评估反馈体系，形成协同治理循环运行系统；构建多元互动的环境治理体系，推进现代环境治理机制建设；设置以最优规制效果为导向的环境规制工具组合套餐；考虑行业、地区异质性的环境政策选择；形成多部门联动的环境行为奖惩机制等建议。其次，在提高企业环境责任履行方面，本书提出了树立正确的“环境责任观”；规范企业环境信息披露政策；增强企业的绿色创新能力；提升企业绿色要素整合水平；建立良好的公众关系等建议。最后，在加强二者耦合发展方面，本书提出建立系统性的环境法律体系；优化绿色税制体系建设；完善以绿色技术创新为导向的环境规制政策；官员考核制度“绿色化”，重塑官员政绩观；构建大智慧环保共享平台，奠定智慧环保监管；完善“双向”的生态环境治理监管机制等建议。

本书的创新之处及主要贡献主要体现在以下六方面：①构建了环境规制与企业环境责任履行耦合关系的理论框架，为二者互动关系的探讨奠定理论基石。课题将环境规制和企业环境责任纳入统一的理论分析框架中，对二者间内在关联与互动机理进行了探究，弥补了以往环境规制与企业环境责任履行关系单方面研究的不足。②完善了环境规制与企业环境责任履行的评价体系，为相关研究提供了新的思路。本书在已有学者研究的基础上，将环境规制分为正式环境规制和非正式环境规制两个部分，将企业环境责任履行分为社会影响、环境管理、环境保护投入与支出、污染排放是否达标、循环经济五个方面分别构建评价指标体系，并选取评价方法对二者发展水平进行了评价和分析，有助于对二者发展水平形成更加合理的认识。③对环境规制与企业环境责任履行耦合动因进行深入剖析，揭示二者耦合关系的作用机制，为二者耦合研究提供新支撑。本书弥补过去单方面分别检验环境规制与企业环境责任履行发展动因的不足，分为从政府补贴、融资约束、行业竞争以及环境治理效果、税收、经济发展等方面研究了二者之间的互动关系，全面深入地分析了二者耦合协调关系形成和发展的动因。④检验了新环保法的执行效果，探析了环境规制与企业环境责任履行耦合关系的时空演变规律和地区异质性，为不同区域实现环境规制与企业环境责任履行间的有效耦合提供经验证据。本书发现新环保法的实施无论是对环境规制和企业环境责任履行，还是对二者间的耦合协调关系都有着显著的改善作用；进一步从动态角度厘清了我国区域环境规制和企业环境责任履行系统间耦合协调关系地区差异的走向，并以“空间异质性—空间关联性—空间溢出效应”为研究思路，分析了中国不同区域二者耦合协调的区域差异性、空间关联性及空间溢出效应，有利于不同区域出台有针对性的环境治理政策。⑤明晰环境规制与企业环境责任履行耦合地区异质性的驱动因素及经济后果，为二者有效耦合探讨提供新材料。本书从制度创新与绿色创新两个维度剖析影响二者耦合协调关系的因素和制约程度，并进一步分析了环境规制和企业环境责任履行耦合协调发展对经济发展的推动作用，延伸了有关二者耦合协调关系的研究，能够为后续研究和政策制定提供经验依据。⑥从促进环境规制政策制定、提高企业环境责任履行和加强二者耦合发展三个方面提出了相应的对策建议，以更好地促进环境规制与企业环境责任履行耦合协调发展，从而促进经济高质量发展。

第1章 导 论

1.1 研究背景

坚定不移走生态优先、绿色发展之路是实现我国经济高质量发展的基本要求。中国经济在改革开放40多年间取得了诸多成就，2022年国内生产总值（GDP）为1210207亿元，分别是1952年和1978年GDP的1782倍与329倍。其中，制造业为GDP增长作出了巨大贡献，1952年的工业产值总量在GDP中的占比为17.6%，1978年达到了44.1%的峰值，2006年出现了第二次高点43.1%，此后该比值降到33%左右。从上述统计数据来看，我国经济快速发展与工业化进程的推进是密不可分的。伴随工业化进程的推进，各类环境问题开始凸显并引起相关部门的重视。污染物排放是工业化进程不可避免的问题，从制造行业污染物排放指标统计情况来看，2021年我国二氧化硫、氮氧化物以及颗粒物排放量分别为275万吨、973万吨、538万吨，产生危险废弃物体5755.56万吨。尽管工业污染物排放量总体呈现出下降趋势，但是固体废物综合利用率在2021年为56.8%。这表明我国在环境污染治理总量层面已经取得了初步成效，但总体利用率仍存在很大的提升空间。环境污染问题不仅不利于国家国际形象的提升，更会给生态环境和居民身体健康带来直接损害，应对严重的环境污染问题还将付出非常高昂的代价。近年来，国内外发展环境充斥着众多的不确定性因素，环境污染问题仍然是阻碍我国经济高质量发展的重要因素，“绿色经济”和“绿色发展”的呼声与诉求日益强烈，环境治理仍是未来较长时期内一项艰巨而繁琐的任务。逐渐打破经济发展与生态环境“非此即彼”的制约关系，使二者能够和谐交融并进是建设社会主义经济和实现生态文明的重要保证。

针对生态环境保护与治理问题，党的十八大之后提出的“五位一体”的生态文明建设战略，要求能够在社会发展进程中更好地尊重自然和顺从自然，摒除“人定胜天”等无限放大人类主观能动性以及违背自然发展规律的思想理念。在此基础上，党的十八届五中全会还重点确立了“创新、协调、绿色、开放、共享”的新发展理念，将绿色发展作为长期坚持的重要理念，成为新时代可持续发展的根本遵循，全新的发展理念开始逐步改变“以 GDP 论英雄”的发展模式，激发高质量发展动力。党的十九大报告强调，我国仍处于转变发展方式的攻坚阶段，应同时兼顾效率、质量和动力变革。与此同时，党的十九届五中全会和中央经济工作会议也在不断强调经济高质量发展的重要性和必要性，污染防治工作仍然是我国三大攻坚战之一。习近平总书记在党的十九届六中全会中指出，必须坚持系统观念，立足新发展阶段，推动经济高质量发展。“十四五”规划进一步重申了实施可持续发展战略的重要性，要求满足条件的地区率先达到碳排放峰值，并确保在 2030 年前全部实现“碳达峰”目标，为经济绿色发展夯实基础。党的二十大报告特别强调，要深入推进环境污染防治，坚持精确治污、科学治污、依法治污，健全现代环境治理体系，严格防控环境风险。该报告还指出推动经济社会发展绿色化、低碳化是实现高质量发展的关键环节，要健全资源环境要素市场化配置体系，加快节能降碳先进技术研发和推广应用。总体来看，重视环保问题、坚持绿色发展充分彰显了我国坚持经济高质量发展和生态优先、走可持续发展道路的决心，这也对国内企业节能减排工作提出了更高要求。

从制度层面来看，有效的环境规制政策在我国环境污染防控治理和经济社会绿色发展进程中发挥了不可或缺的作用，《环境保护法》的修订和出台、大气污染防治措施、排污费征收标准提高、环保费改税等一系列的政策措施都标志着中国的环境保护力度不断深化发展。加快制度创新，强化制度执行，用最严格制度、最严密法治为生态环境保护保驾护航，让制度成为刚性约束和不可触碰的高压线是推进生态文明建设的重要抓手。我国的环境规制起步于20世纪70年代初，经过50多年的不断完善，中国的环境规制基本上形成了以命令控制型环境规制工具为主、市场激励型和自愿参与型为辅，较为完善的环境保护法律框架体系，在解决环境问题中发挥了越来越重要的作用。与此同时，中国的环境污染问题逐步缓解，生态环境质量持续好转，呈现出稳中向好的趋势，但成效并不稳固。生态文明建设正处于压力叠加、负重前行的关键期，已进入提供更多优质生态产品以满足人民日益增长的优美生态环境需要的攻坚期，也到了有条件有能力解决生态环境突出问题的窗口期。我国经济已由高速增长阶段转向高质量发展阶段，需要跨越一些常规性和非常规性关口，环境治理作为一个重要关口必须要实现跨越。从企业层面来看，毋庸置疑，企业不仅是社会价值创造的核心载体，也是自然资源的索取者和消耗者，同时还是实现经济发展和生态环境保护最关键的因素（李维安等，2019）。积极履行环境责任是确保企业发展可持续性的重要支撑，企业环境责任被视为立足微观视角解决环境问题的有效手段，能够在利益相关者公共利益诉求与企业环保行为之间建立了一条有效的关系纽带。由于生态环境具有显著的公共物品属性，如果没有足够的管制力量，企业仍会坚持利润导向，主动改善生态环境的动机是严重不足的，企业履行环境责任水平的高低与政府所构建的环保法规体系，以及各级相关部门的执法力度是密切相关的。目前，我国企业整体履行环境责任的情况不容乐观，在2018年开展的中央生态环境保护督察“回头看”行动中，多数企业存在整改工作的“表面化”和“敷衍化”现象。2021年，中国上市公司高峰论坛发布的《A股上市公司环境风险报告（2020—2021）》显示，2020—2021年，有将近18%的A股上市公司暴露出不同程度的环境风险，上市公司及其下属公司行政罚款总额近3亿元，企业环境责任意识的强化任重而道远。

环境规制和企业环境责任之间存在着密不可分的内在关联，环境规制的有效实施将影响企业的环境行为和最终的环境绩效；企业积极履行环境责任则会为环境规制的有效实施提供有力保障。从制度经济学角度来看，环境规制是为了减少或消除企业环境行为的负外部性的法律约束机制，是促进企业履行环境责任必不可少的外在压力。企业环境责任的产生是社会文明发展到一定阶段的产物，与现代社会环境问题日益严峻的现实以及企业在现代社会经济生活中所处的地位密切相关。企业环境责任既包括法律所赋予的环境责任，也包括其自身的道德责任，但更主要是法律责任。企业是否具备环境责任意识以及是否履行环境责任在一定程度上，取决于政府的环境规制。如果没有政府强制要求或政府监督不到位，企业不会主动履行环境责任，甚至还会出现忽略污染物排放问题。近些年来，学者们也开始关注环境规制与企业环境责任履行之间的关系。根据波特假说，在面临较为严厉的环境规制时，企业积极推进环保工作与其自身竞争力提升并不矛盾，尽管企业为响应环境规制而履行环境责任会付出一定的代价，但环境规制也会引导企业进行技术创新与升级，以此来弥补治污成本，企业的竞争力也会因此而提升。自此之后，越来越多的学者们沿着这条逻辑思路，剖析环境规制对企业环境责任影响的内在机理，并得出相应的结论：企业环境责任履行在缺乏有效环境规制的引导下是不可能自发形成的，企业环境责任履行是需要环境规制的约束和保障的。从另一个层面来看，环境规制通常是围绕企业环境污染的难点或者典型问题而展开的，在企业环境责任履行的驱动之下，将为环境规制尽快落地推广积聚庞大的初始力量，以快速获得各企业的认可，从而实现行业排放标准的形成。企业环境责任履行是企业应对环境规制的核心驱动力量，它能为环境规制的快速推广形成行业标准，从买方的角度为环境规制提供聚焦现实需求的基础，企业环境责任履行应该是为满足环境规制而产生的，因而两者具有天然的耦合动因。

中共中央政治局于2015年发布的《生态文明体制改革总体方案》，明确提出要构建包括“生态文明绩效评价考核和责任追究制度”在内的生态文明制度体系顶层设计，实行地方党委和政府领导成员生态文明建设一岗双责制，建立多元化的绿色考核评价体系。由于我国不同地区存在一定的制度差异，这就决定了我国环境规制政策是由中央政府统一制定并由地方政府负责落实的。同时，考量环境污染典型的区域性和跨界性，能否有效遏制企业排放污染，提高企业环境责任履行，关键在于地方政府对环境政策的落实与执行，即地方环境规制的强度和有效性。但地方政府囿于经济考核指标等现实压力以及受到“官员晋升”的驱使，往往会放松环境规制，导致该地区成为“污染避难所”，最终影响整个国家的环境治理效果。可见，基于相同的环境规制政策，不同地区会有不同的环境规制效果，这种效果导致其辖区内企业环境责任履行的差异；同时，该差异会反作用于环境规制，进一步扩大环境规制与企业环境责任履行的地区异质性。习近平总书记在2016年召开的“科技三会”上强调，要坚持科技创新和制度创新“双轮驱动”。《国家创新驱动发展战略纲要》和党的十九大报告、党的二十大报告中，都明确提出科技创新与体制机制创新应当相互协调、持续发力。只有充分利用好科技创新和制度创新这“两个轮子”，才能支撑并驱动环境规制与企业环境责任履行耦合的环境治理体系驶入现代化、高水平的快车道。要顺利实现生态文明建设，由传统发展方式转向绿色发展方式，不仅需要大规模和系统性的科技创新，而且还需要对现有绿色发展体系进行一揽子改革，构建系统性的、能够适应新发展模式的技术体系和公共政策体系，为生态文明建设目标实现提供制度基础和激励源泉。可见，推动环境规制与企业环境责任履行的交融并进，实现生态文明建设目标，技术创新和制度创新缺一不可。

综上所述，如果企业环境责任履行找到合适的环境规制政策与之进行耦合，那么企业获得持续经营发展动力的概率会大大增加；而新的环境规制如果能够找到与之相匹配的环境责任履行方式进行耦合，那么环境规制被执行推广的可能性也会显著增加。同时，探究两者耦合关系的地区异质性规律能够为各地区调整环境规制战略和优化产业结构提供决策依据；明确绿色科技创新和制度创新在两者耦合关系中的驱动作用，更有利于优化环境规制政策体系。因此，本书结合我国环境规制与企业环境责任履行的历史演进轨迹以及现实背景，构建两者之间耦合关系的理论框架，探析耦合关系形成的内在规律和运行机理，挖掘耦合关系的地区异质性特征，检验耦合关系的驱动因素和经济后果，以期能够在新常态背景之下，为实现环境规制政策的优化升级提供新思路，为企业可持续经营提供有效保障，为生态文明建设和经济高质量发展提供有力支撑。

1.2 研究目的与意义

1.2.1 研究目的

面对愈发严峻的生态环境现状，以及更加严格的环境规制要求，企业应该如何更好地履行环境责任？环境规制手段如何按照企业环境责任履行状况进行优化调整？如何引导环境规制与企业环境责任履行形成更好的互动机制？这是当下亟待解决的重点与难点问题。尽管探析环境规制与企业环境责任的相关研究很多，但多数研究并未将两者纳入一个耦合互动关联的系统之中，深入探索其中的耦合机理和规律。为解决上述问题，本书以“最严格环境规制”新常态为制度背景，在制度经济学、资源与环境经济学以及企业可持续发展分析框架指导下，从加强企业环境责任履行出发，考量环境规制政策的执行，按照“宏观环境制度—微观企业环境责任—宏观环境制度变迁”的研究思路，从区域环境规制与企业环境责任履行的契合角度，对两者进行耦合分析，明晰两者有效耦合的模式和路径，剖析两者耦合的地区异质性，检验耦合关系的驱动因素和经济后果，以期能够为提高环境治理现代化以及优化地区环境规制策略提供决策依据和建议。具体的研究目的分为以下五点：

第一，搭建环境规制与企业环境责任履行的耦合理论框架。通过必要的理论分析和归纳演绎，对中国环境规制与企业环境责任履行的制度变迁和演进轨迹进行系统梳理，在此基础上构建环境规制与企业环境责任履行的耦合理论框架。纵观我国环境规制的发展历程，其是在统筹国内国际两个大局的基础上，不仅要参与国际环境保护合作与治理，同时还要根据国内经济形势的变化及时出台相关的环境政策，进行环境治理。从我国企业环境责任履行实践来看，企业伴随国家环境管理政策和环保力度的推进，完成了从没有环境意识到逐渐开始意识到履行环境责任的重要性的转变。在构建耦合理论框架之前，对不同阶段环境规制和企业环境责任履行的特征、重大事件进行系统总结，并对环境规制与企业环境责任的发展历程是否存在耦合关系进行综合判定是非常有必要的，这也是耦合理论框架构建的重要前提。在企业的环境责任履行系统中，外部的环境规制与内部的环境责任履行之间的耦合机制，是一个较为复杂的“宏观—微观”与“微观—宏观”的运行机制，是一个不断自我更新、自我复制、自我升级、动态演进的组合系统，分别从环境规制与企业环境责任履行互动关系的动因基础、要素、信息交流机制、作用机制这四个方面构建必要的耦合理论框架，这也是耦合机制检验和深入挖掘的重要理论依据。

第二，构建环境规制与企业环境责任履行的评价体系。全面构建环境规制与企业环境责任履行的评价体系，对当前我国环境规制与企业环境责任履行基本态势进行系统描述，为准确检验两者间的关系奠定坚实数据基础；对环境规制与企业环境责任履行耦合关系进行初步检验，进一步明确两者互动关系中的作用路径及关键影响因素。环境规制是为了减少或消除企业环境行为的负外部性的法律约束机制，是促进企业履行环境责任必不可少的外在压力；企业环境责任既包括法律所赋予的环境责任，也包括其自身的道德责任，但更主要是法律责任。环境规制与企业环境责任的内在结构较为复杂，能否对这两类核心要素进行有效评价与判定，并明晰这两类要素的基本发展趋势和地区差异化程度，直接关乎耦合关系分析和地区异质性检验的合理性与科学性。与此同时，在环境规制与企业环境责任的互动关系中，环境规制通过哪些具体因素对企业环境责任履行产生影响？在产生影响的具体路径中，哪些因素发挥了关键作用？对环境规制与企业环境责任履行耦合关系进行动因分析，是对耦合关系进行深层次挖掘的重要前提保证。总而言之，只有科学构建环境规制与企业环境责任履行的评价体系，在此基础上进行耦合关系的初步检验，才能更好地实现对耦合关系内在规律的深层次剖析。

第三，测算中国环境规制与企业环境责任履行耦合现状及异质性分析。在环境规制、企业环境责任评价以及两者耦合机理分析的基础上，构建耦合模型，对环境规制与企业环境责任间的耦合状况进行了实际测算，并对两者耦合协调性的空间差异性进行深入分析。在我国环境规制与企业环境责任的制度变迁过程中，环保制度的调整完善与企业环境责任行为的优化升级相伴而行，环境规制与企业环境责任履行这两类系统的发展是否同步？两者间的耦合协调度是否也是稳步增长的？增长幅度究竟有多大？哪类系统对整体耦合协调水平更具影响力？耦合协调系统需要哪些具体要素予以支撑？与此同时，我国不同区域和省份社会经济发展水平存在一定的差异，那么受外部宏观因素的影响，不同区域和省份环境规制与企业环境责任履行的耦合协调水平是否存在空间差异？如果存在空间差异，不同区域之间的耦合协调度是否存在空间关联性？即各省份环境规制与企业环境责任履行之间的耦合协调性是否影响其他邻近地区的耦合协调性？进而，如果各地区环境规制与企业环境责任履行之间的耦合协调性存在空间关联性，那么受邻近省份影响，各省份耦合协调性是否能够进行有效转变？上述问题都是环环相扣的，需要综合运用多种研究方法进行全面探析，对环境规制与企业环境责任履行的耦合机理和内在规律进行深层次挖掘，这也是后续深入探析耦合关系驱动因素及经济后果的重要前提。

第四，环境规制与企业环境责任履行耦合的驱动因素及经济后果分析。基于“双轮驱动”（制度创新和绿色创新）视角对环境规制与企业环境责任耦合的驱动因素进行分析，进一步探究两者耦合对经济发展影响的内在机理及最终效果。随着生态文明建设中生态技术不能满足需求、制度创新相对薄弱等问题不断显现，社会各界越发重视生态文明建设中制度创新与绿色创新“并驾齐驱”的发展。科技创新对于提高社会生产力的作用毋庸置疑，其与可持续发展理念的结合，带来了绿色创新的兴起。绿色创新坚持可持续发展理念，强调“循环经济”的运行机制，以及创新主体的多元合作化，注重追求社会和生态效益的统一，是当前中国科技创新发展的重要方向之一。在“双轮驱动”背景下，该如何将制度创新与绿色创新同时纳入考察，剖析其对中国环境规制与企业环境责任履行耦合的影响程度？对该问题进行解答，有利于科学、全面地认识制约中国环境规制与企业环境责任履行耦合的因素，对于中国更好地推进生态文明建设、促进人与自然的和谐共生具有重要参考价值。与此同时，我国经济发展已进入新常态，已由高速增长阶段转向高质量发展阶段，高质量发展是体现新发展理念的重要体现，必须推动经济发展质量变革、效率变革、动力变革。环境规制与企业环境责任履行的有效耦合能否促进经济高质量发展，也是非常有必要对其进行剖析和检验的。

第五，提出优化环境规制与企业环境责任履行的建议。为我国环境政策的优化与完善、提升企业环境责任履行水平以及促进我国环境规制与企业环境责任的有效耦合提出切实可行的政策建议。经过长期发展，我国环境规制法律法规体系基本成型，然而环境规制政策如何适应生态环境变化和经济社会发展带来的新挑战？环境规制制度如何进行有效创新？如何使规制政策有效引领绿色技术创新？环境规制市场化和公众参与机制如何得以拓展？既有的环境规制工具如何进行最优排列组合？如何将行业和地区异质性因素纳入环境政策体系之中并形成多部门联动的环境奖惩机制？我国企业环境责任是随着国家在环境规制政策和力度的推进，从没有环境意识逐渐到对环境责任的理解，就现阶段来看，企业在环境责任的实施层面上仍有尚未落实之处，例如如何引导企业树立正确的环境责任观？如何进一步规范企业环境信息披露制度？如何增强企业绿色技术创新能力？如何提升企业绿色要素整合水平？积极推动环境规制与企业环境责任履行的有效耦合，应当具备全局的、系统的以及科学的战略思维，应充分考虑环境目标和标准的再造升级、重大环境政策反馈评估体系的构建、多元互动的环境治理体系的形成、征集考评体系的优化、社会组织管制政策的完善以及治理工具的创新等问题。上述三个层面的问题应当充分结合环境规制与企业环境责任履行耦合关系及其地区异质性的相关研究结论进行解答。

1.2.2 研究意义

在严苛的环境规制压力下，企业环保行为不仅是其为避免污染惩戒而建立起来的一种防御机制，更是企业为实现可持续发展而形成的战略规划；与此同时，环境规制的演进、优化与升级应当充分审视企业的行为动机，才能使社会整体福利水平得以真正提升。环境规制与企业环境责任之间的互动关系受到多方群体的广泛关注。尽管我国生态环境保护工作相较于西方国家起步较晚，但生态文明建设已经被纳入国家发展总体布局之中。目前，我国环境规制形成了较为完善的环境保护法律框架体系，在解决环境问题中发挥了越来越重要的作用。在对待环境规制的态度上，国内企业开始把环境规制与企业经营目标有机融合，视环境规制为可持续发展的动力，主动采取环境治理措施，把积极承担环境责任作为一种提高企业竞争力的战略性资源。生态文明建设从框架形成到最终的落实，许多问题仍待规范和解决，尤其是环境规制与企业环境责任履行之间仍存在脱钩问题，如何在区域发展水平差异化的前提下协调好两者间的关系是亟待解决的关键问题。本书基于公共选择理论、自然资源基础理论、社会契约理论以及可持续发展理论等，探索环境规制与企业环境责任履行两者间的互动作用机制，以期通过理论研究指导政府和企业的具体实践，为政府提升环境规制水平提供具体路径、为环境规制外延拓展提供理论指导、为企业提高环境责任履行水平和实现绿色转型升级提供经验证据。本书对环境规制与企业环境责任的耦合关系及其地区异质性规律的深入探究是兼具理论意义和现实意义的。

（1）理论意义。

一是丰富了可持续发展理论和“波特假说”的应用领域。本书从耦合协调视角探索环境规制与企业环境责任履行的互动关系及作用机制。从研究视角上，已有文献更多关注环境规制与企业环境责任履行的平行研究，两者间交叉关系的探讨则不够深入，且更注重环境规制对企业环境责任行为影响机理和路径的研究，立足环境规制目标群体行为对政策制定的反馈影响的探讨则相对薄弱。同时，尚未真正将环境规制与企业环境责任履行纳入到统一的系统中，剖析其内在机理和规律。为了弥补既有研究的不足，本书在理论梳理和制度变迁分析的基础上，将环境规制和企业环境责任这两个子系统纳入统一的分析框架中，分别讨论两个子系统是如何通过自己的活动引发另一个子系统的属性和状态发生变化，进而增强整体耦合程度的过程。本书对于环境规制与企业环境责任互动关系的探讨，为生态文明建设背景下环保政策和企业环保行为的规范性和有效性提供了战略性的逻辑背景，丰富了可持续发展和“波特假说”的理论研究。

二是拓展了环境规制与微观企业行为关系的研究视角。本书对环境规制与企业环境责任履行的耦合关系进行深层次挖掘，探析两者耦合关系的时空演变规律和地区异质性，有助于拓展环境规制与微观企业行为关系的研究视角，为环境规制政策的有效性和企业可持续竞争优势的形成提供理论依据；同时，还丰富了环境库兹涅茨曲线和外部性理论在两者关系研究领域中的应用。从研究深度上看，已有部分研究对环境规制和企业环境责任的系统量化与评价较为薄弱，缺乏对环境规制和企业环境责任履行耦合关系的深层次挖掘。环境污染物通过环境系统使区域互联，而地区之间和部门之间缺乏协调与合作制约着我国环境规制政策的执行效果，环境规制政策必须考虑环境系统在不同部门和区域之间的相互依赖关系。本书从动态角度分析了环境规制与企业环境责任耦合协调类型的变化，辨明我国区域环境规制和企业环境责任系统间耦合协调关系的具体特征；与此同时，揭示环境规制与企业环境责任履行之间的耦合协调性在不同地区是否存在差异以及导致差异出现的原因。耦合关系的深层次挖掘为自然资源基础理论和利益相关者理论在企业环境责任层面的研究提供了实证支持，扩大了自然资源基础理论和利益相关者理论的研究范围。本书在真正意义上促进了环境规制和企业环境责任领域的理论联系。

三是丰富了环境规制与企业环境责任履行耦合影响因素和经济后果的研究。本书充分考虑了环境规制与企业环境责任耦合的制约性因素和经济后果因素，探究制度创新和绿色创新对两者耦合关系的驱动作用，揭示了耦合关系影响经济高质量发展具体实施路径，有效拓展了环境规制与企业环境责任履行耦合关系的研究边界。本书深化了制度创新和绿色技术创新的理论探讨，明晰了两者在环境规制与企业环境责任履行耦合关系中所发挥的深层次的作用，为企业形成具有竞争优势的可持续发展战略提供了理论参考。与此同时，尽管制度创新和绿色技术创新层面的理论研究已经相对成熟，但本书将产权理论和信息不对称理论引入环境规制与企业环境责任互动关系的研究中，为企业在推进生态文明建设进程中更好地发挥制度创新与绿色创新“并驾齐驱”效应提供了新的理论支撑；在此基础上，深入检验环境规制与企业环境责任耦合对经济高质量发展的影响，进一步扩大了利益相关者理论的应用范围，也为我国政府现阶段经济发展及环境规制政策的制定提供了现实依据。此外，本书还促进了环境规制制度创新、企业绿色创新和生态治理与监管等研究领域的理论联系。

（2）现实意义。

一是指导环境规制的优化升级以及夯实企业环境责任履行。环境规制和企业环境责任之间存在着有机互动的耦合关系：前者的执行影响后者的实施效果，作为一种有效的外部约束机制，环境规制是为了减少或消除企业环境行为的负外部性，促进企业履行环境责任必不可少的外在压力，而后者的积极履行有利于前者的顺利执行。企业环境责任的产生是社会文明发展到一定阶段的产物，与现代社会环境问题日益严峻的现实以及企业在现代社会经济生活中所处的地位密切相关，企业环境行为也会形成一种必要的信息反馈，使前者不断得以优化升级。因此，环境规制与企业环境责任是牢牢绑定在一起的两个议题，只有探究两者耦合互动关系“黑箱”内部的运作机制才能更好地指导环境规制和企业环境责任履行工作实践。如果企业能够选择合适的环境规制与企业环境责任履行的耦合模式，那么企业从环境责任履行中可以获得政府补贴、绿色信贷等资金支持和产业扶持，从而更容易实现企业可持续经营和获得合意的经济回报等目标。环境规制的落地需要与企业环境责任履行的耦合机制作保证，企业环境责任履行在环境规制的引导下，可以更好地规避环境污染的市场失灵，因此，明晰环境规制与企业环境责任履行之间的耦合机制、深入挖掘内在的耦合规律对于环境规制的优化升级以及夯实企业的环境责任履行是非常有必要的。

二是为各地区调整环境规制战略和优化产业结构提供决策依据。各国的环境保护史本质上是一部解决环境与经济问题的关系史，每一次重大环境事件的发生，都会推动环境与经济关系的重新调整。进一步结合企业环境责任履行实践来看，由于自然、历史以及现实原因，使得不同地区社会及经济发展存在较大的差异性，不同地区的区位条件、生态环境以及自然资源禀赋存在很大的差别。面对政府的环境规制，企业可能通过对地方政府官员的寻租，从而达到规避环境规制的目的，或者企业可能会利用不同区域间地方政府在环境规制政策方面的差异，通过投资转移到规制政策比较宽松的区域设厂以规避环境规制带来的成本。上述因素会导致不同区域和省份的环境规制、企业环境责任以及两者的耦合关系均呈现出一定的时空差异和地区异质性。因此，从时空差异和地区异质性视角揭示中国环境规制与企业环境责任履行耦合水平的差距及其动态演变趋势，能够为制定多元主体环境协同治理策略提供决策参考。

三是优化环境规制和企业环境责任履行方面的政策体系，推进生态文明建设。深入探析环境规制与企业环境责任履行耦合关系的驱动因素和经济后果，能够为创新环境规制策略，提升国家治理现代化水平，加速我国生态文明社会构建提供有力的经验证据。生态文明建设是我国现阶段的重要任务，中国政府高度重视生态文明建设在促进经济高质量发展中的关键作用。随着生态文明建设中生态技术不能满足需求、制度创新相对薄弱等问题不断显现，绿色科技创新与制度创新的重要性日益凸显出来。绿色科技创新坚持可持续发展理念，强调“循环经济”的运行机制，提倡创新主体的多元合作化，注重追求社会和生态效益的统一，是当前中国科技创新发展的重要方向之一。只有充分利用好绿色科技创新和制度创新“两个轮子”，才能支撑并驱动环境规制与企业环境责任耦合的环境治理体系驶入现代化、高水平的快车道。因此，在“双轮驱动”背景之下，剖析制度创新与绿色科技创新对中国环境规制与企业环境责任履行耦合的影响，探究环境规制与企业环境责任深入耦合对经济高质量发展所产生的经济后果，对于优化政策体系，提高政策效率，推进生态文明建设，促进人与自然的和谐共生具有重要实践参考意义。

1.3 研究内容与思路

1.3.1 研究内容

本书主要分为十一章，各章的具体内容如下：

第1章，导论。主要包括研究背景及问题提出、研究的目的与意义、主要内容及框架，阐述具体的研究方法，并指出本书的创新点。

第 2 章，理论基础。主要涵盖三个方面的内容：一是梳理与本书相关的概念，包括环境规制、企业环境责任以及耦合协调机制的相关概念，明确研究对象及研究问题的切入点；二是环境规制与企业环境责任耦合机制的相关理论分析，环境规制层面包含可持续发展理论和规制经济学理论，环境责任方面包括自然资源基础理论、利益相关者理论、期望违背理论、委托代理理论以及社会契约理论，从环境规制与企业环境责任关系机理层面，系统梳理了两者关系的不同观点，结合博弈理论对两者关系进行深入探讨；三是对相关文献进行梳理，分别从环境规制、企业环境责任以及两者关系这三个层面对相关文献进行综述。

第 3 章，中国环境规制与企业环境责任的制度变迁分析。主要涵盖三个方面的内容：一是中国环境规制的演进轨迹，分五个阶段系统阐释 20 世纪 70 年代至今，中国环境规制的演进历程，对各阶段的重大历史事件及核心观点进行深入描述；二是中国企业环境责任的演进轨迹，分别从萌芽、观望、被动、主动承担以及战略布局这五个阶段进行详细分析；三是中国环境规制与企业环境责任履行耦合历程的初步判断，将中国环境规制和企业环境责任履行的演进轨迹进行对接整合，初步明确两者可能耦合的制度背景。

第 4 章，环境规制与企业环境责任的耦合框架：基本模式与理论解释。主要涵盖两个方面的内容：一是环境规制与企业环境责任履行的耦合，在明晰耦合概念与内涵的基础上，从耦合机制和耦合模式这两个层面对环境规制与企业环境责任履行的耦合关系进行深入剖析；二是环境规制与企业环境责任履行的理论逻辑，分别构建出能够充分体现两者“双向驱动”关系的理论模型，为后续耦合关系分析提供有效的前提依据。

第 5 章，环境规制与企业环境责任的评价。主要涵盖两个方面的内容：一是环境规制的评价，从两大维度和三个方面构建了环境规制评价指标体系，选用变异系数法对环境规制情况进行系统评价，并对评价结果进行深入探讨；二是企业环境责任履行的评价，分别从社会影响、环境管理、环境保护投入、污染排放、循环经济这五个方面选取评价指标，使用灰色关联法以及熵值法对企业环境责任履行情况进行评价，并按照年份和省份对我国企业环境责任履行现状及差异进行深入分析。

第6章，环境规制与企业环境责任履行存在耦合关系的动因分析。主要涵盖两个方面的内容：一是环境规制与企业环境责任履行之间存在耦合关系的理论分析。首先从政府补贴、融资约束以及行业竞争这三个方面分析环境规制对企业环境责任履行产生影响的动因机理，其次从环境治理效果、税收以及经济发展这三个方面分析企业环境责任履行对环境规制产生影响的动因机理。二是环境规制影响企业环境责任履行的原因以及企业环境责任履行影响环境规制的原因的实证检验。在构建结构方程和配适度检验的基础上，采用Baron三步法、Sobel检验法以及Bootstrap检验法对环境规制影响企业环境责任履行以及企业环境责任履行影响环境规制的中介路径进行检验，并对各中介路径影响程度进行比较。

第7章，环境规制与企业环境责任履行耦合协调测算分析。主要涵盖五个方面的内容：一是构建环境规制与企业环境责任耦合的测度模型。在构建环境规制和企业环境责任耦合度模型的基础上，又以耦合度为基础构建了耦合协调度模型，并对耦合协调度进行阶段划分。二是测算并分析耦合协调度。构建耦合分析模型，分别计算出不同年份、不同区域环境规制与企业环境责任之间的耦合协调度得分，并按照整体分析、区域分析和省域分析的思路对计算结果进行详细分析。三是划分耦合协调类型并提出优化路径。从动态角度分析两者耦合协调类型的变化，并以此为基础提出了相应的优化路径。四是耦合协调发展收敛性分析。基于收敛分析法，对中国各地区耦合协调度进行了收敛分析。五是分析两系统耦合协调支撑要素的异质性。从整体及区域进行耦合度支撑要素的异质性分析。

第8章，环境规制与企业环境责任履行耦合协调的空间异质性分析。主要涵盖三个方面的内容：一是各省份环境规制与企业环境责任履行之间耦合协调性的空间异质性分析。使用Theil指数法衡量环境规制与企业环境责任履行之间耦合协调性的总体差异、区域间差异以及区域内差异。二是环境规制与企业环境责任履行之间耦合协调性的空间关联性分析。运用Moran's I指数考察我国30个省（自治区、直辖市）环境规制与企业环境责任履行之间耦合协调性是否存在空间依赖。三是环境规制与企业环境责任履行之间耦合协调性的空间溢出效应分析。运用空间马尔科夫模型检验各省份环境规制和企业环境责任履行之间耦合协调性的演变与自身内在因素以及周围邻近省份环境规制强度的关系。

第9章，环境规制与企业环境责任耦合的制约性因素分析。主要涵盖三个方面的内容：一是构建制约环境规制与企业环境责任履行耦合的因素分析框架。基于“双轮驱动”视角，将制度创新与绿色创新两类要素纳入到环境规制与企业环境责任履行耦合关系分析框架中，为后续的制约作用分析奠定理论基础。二是制约环境规制与企业环境责任履行耦合的因素选取，将财政分权、官员考核、官员交流制度、金融制度以及公众监督制度纳入制度创新指标体系中。与此同时，将绿色创新投入、绿色创新储备、绿色创新能力、绿色创新质量以及绿色创新扩散纳入绿色创新指标体系中。三是制度创新和绿色创新对环境规制与企业环境责任履行耦合制约作用的实证检验。描述性统计分析我国各省份环境规制与企业环境责任履行耦合协调度、绿色创新以及制度创新水平，通过多元线性回归检验制度创新和绿色创新在耦合关系中发挥的作用。

第10章，环境规制与企业环境责任耦合对经济发展的推动效应。主要涵盖两个方面内容：第一，从理论上探讨环境规制与企业环境责任耦合对经济发展的影响机理，为后续的实证检验奠定理论基础；第二，实证检验耦合关系对经济发展的影响。选取能够代表经济高质量发展的六个指标，运用主成分分析法进行降维处理，得到两个综合指标用以衡量经济高质量发展，在此基础上使用 PVAR 模型检验两者耦合对经济发展的推动效应，并对最终检验结果进行分析。

第 11 章，结论与启示。主要涵盖三个方面的内容：第一，总结前文的主要研究结论；第二，从环境规制政策制定、提高企业环境责任履行和加强两者耦合发展这三个方面提出了相应的对策建议；第三，研究展望，指出本书的不足之处及进一步的改进方向。

1.3.2 研究思路

本书遵循提出问题、分析问题与解决问题的研究思路，以环境规制与企业环境责任履行关系为研究的切入点，对两者耦合关系及其地区异质性问题进行深入探讨。首先，对环境规制与企业环境责任履行耦合关系所涉及的概念、理论基础以及相关文献进行系统梳理，归纳与分析中国环境规制与企业环境责任的制度变迁情况。其次，在制度基础上构建环境规制与企业环境责任耦合的理论框架，阐明两者耦合的内涵、机制和模式。再次，对中国环境规制与企业环境责任履行情况进行全面评价，实证检验环境规制与企业环境责任履行耦合的动因与路径，进而构建两者的耦合协调模型，分析两者耦合协调的时空规律、异质性、制约因素及两者耦合的经济后果，为如何推动环境规制与企业环境责任履行的有效耦合提供经验证据。最后，系统总结研究结论，提出有针对性的政策建议，并指出本书存在的不足。具体技术路线如图 1－1 所示。

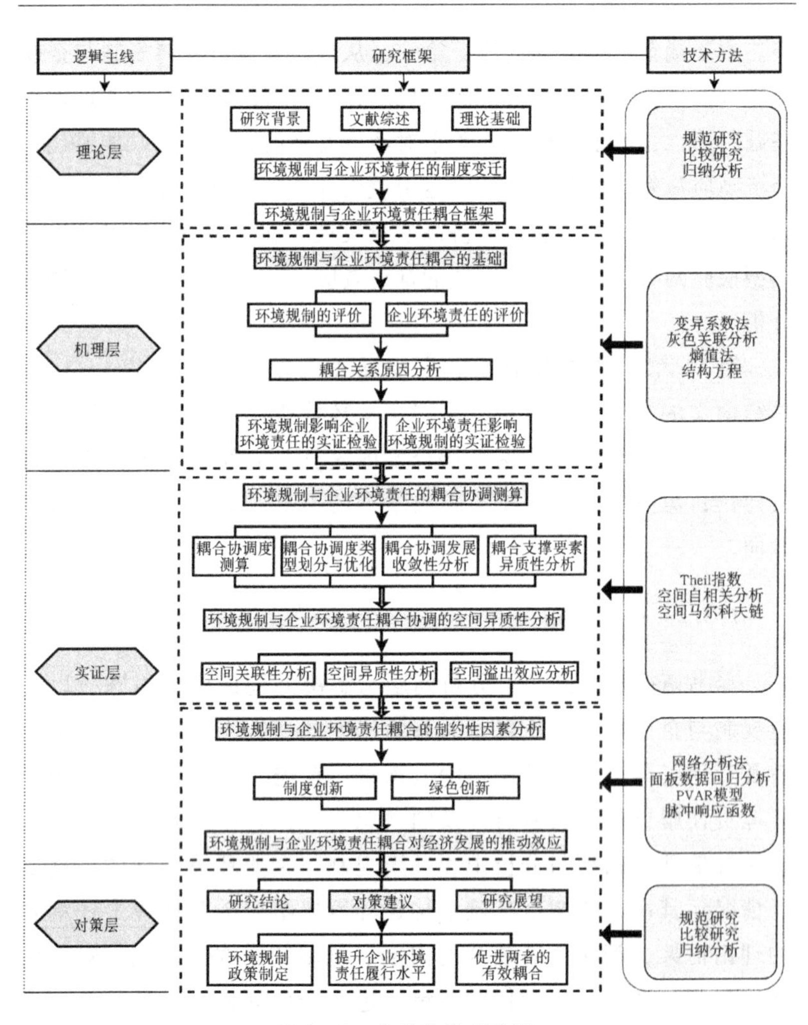

图1-1　本书的技术路线

1.4　研究方法

本书以收集文献资料为先导，以环境经济学、制度经济学与博弈论等理论为指导，灵活运用规范研究法和实证研究法，将定性研究和定量分析相结合、比较研究和归纳分析相结合。研究方法的具体应用体现在如下三个方面：第一，采用规范研究与比较研究的方法，对环境规制及企业环境责任耦合问题所涉及的相关概念、理论以及文献进行综合阐述，形成本书的理论基础和研究依据。第二，采用规范研究和归纳分析的方法，对中国环境规制与企业环境责任的制度变迁情况进行分析，在此基础上构建环境规制与企业环境责任履行耦合框架，进一步明确两者耦合关系的核心要点，为后续的耦合关系实证研究构筑理论依据。第三，采用实证分析的方法对环境规制与企业环境责任的耦合关系及地区异质性特征进行检验。在对环境规制与企业环境责任进行整体评价过程中，分别使用变异系数法、灰色关联分析法以及熵值法构建了评价指标体系并对核心指标进行评价；在对环境规制与企业环境责任履行之间存在耦合关系的原因进行分析时，通过构建结构方程来系统剖析两者耦合关系产生的具体原因；构建耦合测度模型测算环境规制与企业环境责任履行耦合协调关系，在对环境规制与企业环境责任履行耦合协调性的空间差异性进行分析时，分别采用了Theil指数、空间自相关分析、空间马尔科夫链等方法；在探讨环境规制与企业环境责任耦合的制约性因素时，则采用了复杂网络分析法和面板回归分析法等方法；在对环境规制与企业环境责任耦合对经济高质量发展的推动效应进行检验时，使用了面板向量自回归的分析方法。

本书所涉及的资料及数据来源主要包括如下几个途径：①国家及地方生态环境部门官网。通过这些网站获得国家及地方层面环境保护的官方政策文件、生态环境状况公报、环境影响评价、生态环境监测、生态环境执法等资料。②国家及地方统计局官网。通过这些网站的相关版块获得不同省份污染物排放、固体废物处理利用、工业污染治理投资等资料。③国泰安数据库。通过该数据库中的上市公司环境研究子库版块获得公司环境责任履行层面的数据资料，主要包括上市公司排污费、环保投资、环保支出、污染物排放、绿色专利、绿色创新、环保处罚以及政府补贴等数据。④巨潮资讯网。通过该网站主要获取境内上市公司披露的社会责任和环境、社会和公司治理（ESG）报告。⑤《中国环境年鉴》。通过该统计年鉴获得各年度不同地区环境污染治理投资、环境基础设施投资、环境信访和环境法治、环境科技与标准、环境监察执法等数据。另外，通过较权威的门户网站中的绿色发展和生态环境版块获得研究背景方面的资料。

本书以 2009—2019 年我国 30 个省份为研究对象，主要原因为：①在研究对象上，西藏、台湾、香港和澳门数据缺失严重，予以去除，仅选取数据较全的 30 个省份进行研究；②开始年份选取上，由于统计口径以及《中国环境年鉴》统计内容调整等原因，从数据较为稳定、连续性较强的 2009 年开始；③截止年份选取上，囿于《中国环境年鉴 2021》（2020 年数据）在 2022 年 10 月才发布，而此时项目的相关数据处理工作都已经结束，故选择 2019 年作为课题的结束年份。后文第 5 章至第 10 章实证研究中使用的数据年限和研究对象选择不再赘述。

1.5 主要创新

本书以绿色发展新常态下生态环境保护制度创新为基础背景，以企业环境责任履行为研究的切入点，在制度经济学分析框架指导下，从加强企业环境责任履行出发，考量环境规制政策的执行，按照“宏观环境制度—微观企业环境责任—宏观环境制度变迁”的研究思路，从环境规制与企业环境责任履行的契合角度，对两者进行耦合分析，明晰两者有效耦合的模式和路径，剖析两者耦合的地区异质性，检验耦合关系的影响因素及经济后果，以优化地区环境规制策略，为提高环境治理现代化提供决策依据和建议。与已有研究相比，本书的创新点或学术贡献主要体现在以下六个方面：

第一，搭建环境规制与企业环境责任履行耦合关系理论框架，为两者互动关系的探讨奠定理论基石。在既有的研究成果中，学者们大多探讨的是环境规制与环境责任履行两者间单向的影响关系，并未将两者纳入一个统一的系统中探析两者内在的关联与互动机理。本书将环境规制和企业环境责任这两个子系统纳入统一的理论分析框架中，首先在剖析耦合概念的基础上，界定环境规制与企业环境责任履行的耦合及内涵，并从两者耦合的动因基础、要素、信息交流机制、作用机制四个方面阐述两者的耦合机制，进而归纳了环境规制与企业环境责任履行耦合的九种模式。其次，论述了环境规制与企业环境责任履行耦合的理论逻辑，一方面分析了环境规制驱动企业环境责任履行的耦合机理，刻画了基于环境规制驱动的企业环境责任履行的演化路径；另一方面剖析了企业环境责任履行驱动的环境规制耦合机理，构建了企业环境责任履行驱动的环境规制的理论模型。环境规制与企业环境责任履行耦合关系框架的搭建使二者关系研究的边界实现了有效拓展。

第二，系统构建环境规制与企业环境责任履行的评价体系，并对当前我国环境规制与企业环境责任履行现状进行描述，为两者耦合关系分析提供必要的现实依据。既有研究对环境规制和企业环境责任履行水平的评价具有一定的片面性，同时，对于这两者的区域异质性的考量不够深入。本书在已有研究的基础上，将环境规制分为正式环境规制和非正式环境规制两部分，正式环境规制包括行政命令型和市场激励型，非正式环境规制用某一地区收入水平、文化水平和人口水平反映，并采用变异系数法确定权重。在此基础上，从社会影响、环境管理、环境保护投入与支出、污染排放循环经济五个方面对企业环境责任履行情况进行评价，并采用灰色关联法确定各指标权重，构建企业环境责任履行评价体系。借助这两类评价体系分别对我国环境规制水平和企业环境责任履行的基本趋势进行全面评价，并分别评判这两类核心要素的区域异质性。环境规制与企业环境责任履行水平的评价为耦合关系及其异质性特征的深入挖掘奠定了数据基础。

第三，对环境规制与企业环境责任履行耦合的动因进行深入剖析，揭示了两者互动关系的作用机制。以往的研究更加侧重于从单方面分别检验环境规制政策实施与企业环境责任履行的动因，对于二者互动关系的动因探讨尚不够深入。本书首先从政府补贴、融资约束以及行业竞争这三个方面分析环境规制对企业环境责任履行产生影响的动因机理；其次从环境治理效果、税收以及经济发展这三个方面分析企业环境责任履行对环境规制产生影响的动因机理；再次构建结构方程和配适度检验，采用 Baron 三步法、Sobel 检验法以及 Bootstrap 检验法对环境规制影响企业环境责任履行以及企业环境责任履行影响环境规制的中介路径进行检验，并对各中介路径影响程度进行比较。环境规制与企业环境责任履行耦合动因的分析及检验，能够进一步明确政府补贴、融资约束、行业竞争、行业治理效果、经济发展以及税收等关键因素在耦合关系形成过程中所发挥的作用。

第四，探析环境规制与企业环境责任间耦合的时空演变规律和地区异质性，为不同区域实现环境规制与企业环境责任间的有效耦合提供经验证据。本书首先对环境规制与企业环境责任间的耦合状况进行了实际测算，从动态角度分析了两者耦合协调类型的变化，分别从整体、东部、东北部、中部和西部等区域展开耦合度支撑要素的异质性分析，进一步厘清我国环境规制和企业环境责任系统间耦合协调关系地区差异的走向；其次以“空间异质性—空间关联性—空间溢出效应”为研究思路，通过 Theil 指数、Moran’s I 指数、空间马尔科夫模型这三种方法分析了中国四大经济区域环境规制与企业环境责任履行耦合协调性的区域差异性、空间关联性及空间溢出效应，揭示环境规制与企业环境责任履行之间的耦合协调性在不同地区是否存在差异以及导致差异出现的原因。两者耦合关系的深入分析能够为不同区域出台有针对性的环境规制政策，开展有效的环境治理提供更为有效的参考依据。

第五，明晰环境规制与企业环境责任履行耦合的制约性因素及经济后果。本书首先基于“双轮驱动”背景，将制度创新与绿色创新两类要素纳入环境规制与企业环境责任履行耦合关系分析框架中，剖析其对中国环境规制与企业环境责任履行耦合关系的影响及制约程度，为实现生态文明建设过程中更好地发挥制度创新与绿色创新“并驾齐驱”效应提供经验依据；其次将环境规制与企业环境责任履行耦合关系和经济发展的相关理论进行梳理整合，运用PVAR模型和脉冲响应函数等分析方法检验环境规制与企业环境责任履行耦合对经济发展的推动效应，为中国现阶段经济发展及环境规制政策的制定提供经验参考。

第六，从环境规制政策制定、提高企业环境责任履行和加强两者耦合发展三个方面提出了相应的对策建议，以更好地促进环境规制与企业环境责任履行耦合协调发展。首先，在环境规制政策方面，本书提出应该面向流域或区域治理，再造环境目标和标准；建立重大环境政策评估反馈体系，形成协同治理循环运行系统；构建多元互动的环境治理体系，推进现代环境治理机制建设；设置以最优规制效果为导向的环境规制工具组合套餐；考虑行业、地区异质性的环境政策选择；形成多部门联动的环境行为奖惩机制等建议。其次，在提高企业环境责任履行方面，本书提出了树立正确的“环境责任观”，规范企业环境信息披露政策；增强企业的绿色创新能力；提升企业绿色要素整合水平；建立良好的公众关系等建议。最后，在加强两者耦合发展方面，本书提出建立系统性的环境法律体系；优化绿色税制体系建设；完善以绿色技术创新为导向的环境规制政策；官员考核制度“绿色化”，重塑官员政绩观；构建大智慧环保共享平台，奠定智慧环保监管；完善“双向”的生态环境治理监管机制等建议。

第 2 章 理论基础

2.1　概念界定

2.1.1　环境规制

环境规制是指政府为了实现生态环境保护和经济社会持续发展的双重目标所采取的一系列限制和约束相关经济主体活动的手段。在资源环境领域，市场失灵问题是普遍存在的，更多是在微观层面体现出来的，而政府会采取一定的规制措施予以调整和纠正。政府作用的发挥包括宏观调控和微观管制两种方式，宏观调控主要使用的是行政和经济手段，微观管制则借助必要的监管和干预手段，最终能够确保相关主体的长期发展目标得以实现（张红凤和张细松，2012）。

（1）规制的内涵

规制一词来源于英文“Regulation”或“Regulatory Constraint”，是指遵照相应的制度和规则对相关主体的行为进行约束和规范。美国经济学家卡恩（Kahn，1970）在其著作《规制经济学：原理和制度》中将规制定义为：政府制定新的政策，同时不断优化完善既有的制度体系，使市场竞争更加有序，市场主体绩效得以提升。美国经济学家乔治·斯蒂格勒（Stigler，1971）认为规制是政府针对市场失灵所开展的一系列干预工作的总和。日本经济学家植草益（1992）指出，规制是政府根据既有的制度和规则针对商业活动开展的监督管理行为。综上所述，规制是在既定的制度和规则下，行政部门对规制对象的具体行为开展的监督、管控和调节活动，其目的在于确保经济平稳运行和保障社会公众利益，最大化提升社会福利。

作为规制主体，国家行政部门严格落实执行规制内容。政府规制主要关注社会运行和经济活动两个方面。社会运行层面，政府要充分保证社会公共利益和降低负外部性，对于危及社会公众安全健康和破坏生态环境的行为进行有效管制。经济活动层面，政府使用价格机制、市场准入以及质量监督等规制手段，重点对商业活动中的信息不对称和垄断、行业中的无序发展等问题进行规范，以期能够改善市场环境，确保资源的有效配置。随着经济发展水平的不断提升，社会公众更加重视安全、健康以及环境等方面的权益，针对社会运行层面的规制越来越重要，其中，环境规制有着很强的社会规制属性。

（2）环境规制的内涵

生态环境对于人类的作用不言而喻，是人类生存发展空间的重要基础，各种客观存在的自然因素构成了整体的生态环境。生态环境资源具有高度的复合型，在整个社会经济体系中发挥着不可替代的作用。生态环境提供了大量的公共服务和公共物品，例如新鲜的空气、奔腾的河流以及大量的森林草地植被，这些生态资源具有正外部性；而环境污染给生态资源带来破坏的同时，也给社会公众的生存空间带来消极影响，阻碍了社会整体福利的提升，这都属于环境污染的负外部性。环境污染所带来的负外部成本如果不能及时予以内化，将会给人类生存环境带来沉重负担。政府采取有效的环境规制手段，使得生态环境破坏的外部性影响内化至相应的经营或消费环节，从源头上使生态环境得以优化，最大程度提升社会公共利益。

社会文明程度越高，环境规制越重要，面对日益严重的环境破坏和生态失衡问题，环境规制能够有效克服市场失灵问题。环境治理的手段尽管很多，但政府环境规制是提高生态环境质量的相对有效的手段，政府推进环境规制会同时考虑经济发展和环境可持续发展二者关系并进行权衡。Jaffe等（2005）指出，环境规制是政府用来管制和干预负面环境行为的一种手段。Frondel等（2016）指出环境规制是政府履行公共治理职能的重要手段，也是企业技术优化升级的重要动力。Wang等（2016）指出环境规制是政府出手解决环境问题的传统做法，在提升环境绩效的同时也对经济绩效发挥了积极作用。赵玉民（2009）指出环境规制通常由政府主导，采用必要的显性或隐性措施，最终实现外部成本内部化以及生态环境优化保护的目标。由于环境资源具有典型的公共产品属性，企业经营活动有限理性所导致的环境污染行为有着显著的负外部性，这使得利用市场机制解决环境问题会出现失灵，而有效的环境干预此时是非常有必要的（张成等，2011）。环境规制方式通常包括显性方式和隐性方式，显性方式主要包括行政命令型、市场激励型以及自愿主动型这三种类型，具体的规制主体涵盖国家、企业以及产业或行业协会等；隐性方式主要是通过相关手段提升社会公众的环保观念意识，转变社会公众对于环保问题的态度和认知（赵玉民等，2009）。环境规制是社会性规制工作内容的重要组成部分，通常会借助行政手段和社会约束措施，如排污费征收、自然环境资源产权界定以及合理定价等，促使企业的生产经营活动得到有效调节，使企业的生产经营决策能够充分考虑外部性成本，进而达到充分协调社会成本和私人成本、削弱环境污染的负外部性、提升社会总体资源配置效率的目的（傅京燕，2008；张红凤和张细松，2012）。事实上，环境规制的具体范畴不仅体现为政府开展环境管制活动所使用的法律法规和制度政策，同时也包括由于社会公众环保意识的提升给相关责任主体所带来多层次的环境约束，还涵盖了由于技术水平提升所带来的总体环境效率的优化和提升（Ma 等，2019）。

环境规制的构成要素包括了发端、目标、分类、主体和客体以及手段（见图 2－1）。环境污染的负外部性以及市场调节机制的局限性是环境规制推进实施的发端。基于此特征，环境规制最主要的目标是最大限度地减少污染，其在解决生态环境问题，有效提升社会总体福利水平方面发挥着不可取代的作用。环境问题是否严重能够通过环境规制强度反映出来，环境规制实施主体涵盖了政府、企业以及社会公众，政府的主导作用使环境规制实践不断推进，生产者和消费者则是环境规制的重要客体对象。环境规制的手段是多元且全方位的，例如政策约束、违规处罚、排污费收取、环境治理补贴、环保意识提升教育、公众及媒体监督等。根据环境规制政策差异，分为行政命令型、市场激励型以及自愿主动型，行政命令型侧重于行政法规实施，市场激励型需借助必要的市场调节机制，自愿主动型实施的关键在于社会公众环保意识的提升。环境规制实施最终的立足点是实现“节能”与“减排”。结合研究目的与内容，本书认为环境规制应当以生态环境实现有效保护和经济社会得以持续发展作为最终目标，在政府主导下，企业、各类组织以及社会公众能够积极参与其中，有效融合行政命令、市场激励以及自愿主动这三种方式，能够使经济活动所产生的环境负外部性问题有效解决的各项政策、措施和手段的总和。

（3）环境规制手段

既有的研究成果将环境规制手段分成行政命令型、市场激励型以及自愿主动型这三种类型。行政命令型环境规制是指企业必须遵循由政府制定的法律法规和政策制度，以此作为生产经营所参照的环保标准，企业的环保设备以及环保技术应严格按照相关标准进行，如有违背则会受到相应惩罚（傅京燕，2008；赵玉民等，

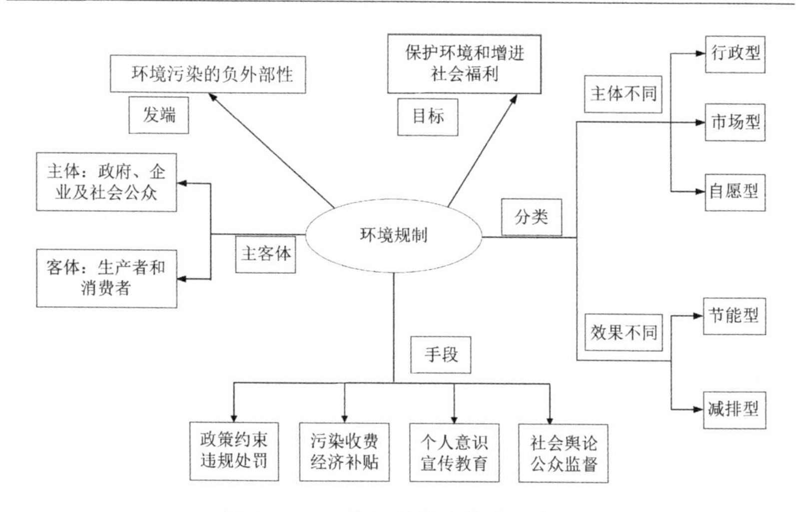

图2-1 环境规制基本构成要素图

2009），例如企业的生产活动应参照《中华人民共和国环境保护法》（以下简称《环境保护法》）《大气污染防治行动计划》《土壤污染防治行动计划》《水污染防治行动计划》，尤其是《环境保护法》中的环境影响评价制度和“三同时”制度。市场激励型环境规制是指政府以市场机制为有效抓手，通过必要的引导激励措施使企业在追求个体利益最大化的同时能够将环境污染损失降到最低（赵玉民等，2009），例如我国从2018年开始正式征收环保税，要求企业办理排污许可证，积极推进排污权交易，对履行环保责任的企业予以相应的补贴等。自愿主动型的环境规制更多地体现为公众参与的主动性和企业环境信息披露的自愿性，多数情况下是由具备一定社会影响力的企业、行业协会或者社会组织所提出的与环境保护相关的承诺、计划或者协议，有很强的灵活性和机动性（赵玉民等，2009）。公众参与环境规制活动并非是强制性的，但其发挥的作用日益重要，例如ISO 4000环境管理体系标准制定、企事业单位环境信息披露、国家重点监控企业污染源监督性监测及信息公开等。

2.1.2 企业环境责任

环境经济理论认为环境资源具有公共产品属性，同时具有外部性，仅依靠市场机制对环境资源进行调节配置是存在局限性的，市场失灵问题难以避免，社会效率难以得到提升，进行必要的制度设计与消解环境破坏的负外部性，实现社会的可持续发展是非常有必要的（Pigou，1920；Samuelson，1954）。企业的生产经营活动必然处于特定的生态环境背景下，作为最主要的污染主体，企业发展与社会可持续发展关系中存在着诸多矛盾。从微观企业角度来看，积极履行环境责任最主要的目的在于将环境外部性问题予以内部化。针对企业环境责任问题，绕不开的三个议题是企业环境责任的内核、应对谁负责以及如何负责。依据这三个议题，国内外相关研究成果可归纳为四类：管理层义务的内涵及边界、企业环境责任范围的界定、如何确保合法性以及如何与战略目标进行契合（Banerjee等，2002；Hoffman 等，2012）。

第一，管理层义务的内涵及边界层面，主要以新古典经济理论和委托代理理论为前提，相关学者认为企业应当以股东权益保障为首要目标，管理层最主要的义务是不断提升股东价值，企业履行环境责任的行为会挤兑企业的稀缺资源，弱化企业竞争力，同时还会成为管理层侵占股东权益的“借口”（Friedman，1970）。同时，上述观点的支持者还认为，企业所披露的环境信息在很大程度上是一种噪音，因为这些信息不仅会对企业价值最大化目标产生干扰，同时并没有对股东价值实现产生任何积极作用（沈洪涛等，2010）。新古典经济学理论框架更偏重于从股东权益层面进行探讨，对股东之外利益相关者的关注度较低，这也是产生市场失灵问题最主要的原因，从可持续发展的角度来看，忽视环境问题而片面追求经济指标并不是长久之计。

第二，企业环境责任范围界定层面，利益相关者权益都是值得被关注的，尤其是涉及环境问题的制度构建，除股东之外，政府部门、社会团体、供应商、社区以及企业员工等其他利益相关者的诉求也应当被给予足够的重视。企业在履行环境责任过程中，应当对其责任行为有合理的认知和界定，更为重要的是，利益相关者也有权知晓企业环境责任履行状况（Gray，1992），即企业认真履行环境责任并按规定披露相关信息是其重要义务及责任，构建重视环境责任履行及其信息披露的双向责任机制是优化环境受托责任观的基础，这也是实现环境负外部性成本内部化的重要前提。部分研究成果并未对企业环境履责的利益相关者进行清晰界定，一些研究只是从道德层面或者社会发展层面对利益相关者的诉求进行片面阐释（Strang 和 Soule，1998）。事实上，不同利益相关者在环境问题上非常容易产生分歧，如何平衡他们之间的关系存在较大难度，有的学者针对此问题特别指出，环境责任履行过程中，发挥主导作用的应当是对生产经营过程中生产资料产生影响的利益相关者（Mitchell 等，1997）。

第三，从合法性视角来看，相关研究认为企业环境责任履行仍然要立足于利益相关者权益的保障，积极履行环境责任能够获得更多的社会认可，同时也能得到更多来自利益相关者的战略性资源，这是有利于企业的可持续生存与发展的（Jennings 和 Zandbergen，1995；Deegan 等，2002）。与企业环境责任范围界定视角不同，合法性视角除了要满足股东权益，更多的还是要考虑诸多利益相关者的权益保障，企业履行环境责任更多是出于满足外部利益相关者对于企业行为合理性的总体评价目的，使其评价能够处于有效的期望区间内，为企业塑造更好的形象，并能够在资本市场和产品市场中获利。企业环境责任范围界定和合法性的保证均能凸显制度环境的重要性。

第四，从战略目标角度来看，企业遵守环境法律法规，积极投身环境治理活动中，是为了能够提升整体业务能力、有效管理并整合资源以及获得持久竞争优势。总体上来看，是基于战略管理目标所实施的一系列价值创造实践活动（Hart，1995；Sharma 和 Vredenberg，1998）。与此同时，企业形成的环境责任履行信息还能够用于企业内部的管理决策，使管理层能够全面了解和评估企业生产经营活动的经济后果（Annandale 等，2004）。

2.1.3 耦合协调机制

我国最早的“耦合”思想出现在北宋时期，王安石撰写的《洪范传》著作中首次出现“耦中有耦”的说法，即存在矛盾的世间万物之中仍蕴含着更加细微的对立面，“耦”在多数情况下用来描述一切事物中对立的关系。“耦合”思想在国外最早被用来描述物理现象，例如，置于两个摆锤之间的导线或者弹簧会存在共振现象，这属于“单摆耦合”；当由两个以上电路所组成的电路网络中的任一电路元件发生变化，或者电流电压不稳定时，其他电路也会受到影响，这被称为“电路耦合”（周宏等，2003）。

物理学科中涉及的耦合关系通常是指多个系统之间发生一系列的内在关联作用，这种内在关联可以是促进关系，亦可表现为阻碍关系，但立足研究目的，学者们更为关注其中的正向耦合关系。近年来，耦合关系的探讨被广泛应用于生态环境学、资源学、人口学、社会学以及经济学等领域。“耦合”作为一个专业术语在很多情况下用来反映产生因果关联的不同系统之间关系，例如物质、能量、资源、信息等因素经过复杂变化以及一系列循环传递过程，最终形成一个内部有机关联的新系统。“系统耦合（System Coupling）”的概念也是由此而形成的（Friedel，2010）。

在“耦合”过程完成之后，不同系统之间已完成结构的重新构筑，耦合而成的系统开始科学而规律地运作，新系统不仅具备了新的结构和优势，同时还能有效调和原有系统间的缝隙和摩擦，达到“1+1>2 的效果”，这个过程又被称为“耦合协调”。“协调”

不仅是提升耦合效果的手段，也是耦合过程的重要目标。子系统之间关系的统一与协调能够提升外部系统的完整性与稳定性，能够更好地实现最终目标，在此过程中，不同的子系统也都作出了妥协与改变。内部子系统实现充分耦合协调是维护系统稳定的重要条件。首先，耦合协调是保证系统稳定性与持续性的重要前提条件，耦合的一个重要作用在于对子系统进行约束与控制，使子系统与整体系统的目标保持协调一致；其次，系统内外部环境可以实现耦合协调，任何系统都会同时受到内外部环境的影响，外部环境对于内部环境干涉影响过多，系统就不能持续稳定地运作，充分协调系统内外部环境，及时调整与化解外部环境对内部环境的影响及干扰，才能更好地实现系统整体效益最大化（Pimentel 等，2003）。系统内部各个子系统有着不同的特征属性，耦合协调性能够实现内部子系统的有机整合，使子系统能够发挥最大效用，同时，系统的整体功能性也能够得到更好的体现。

结合本书来看，耦合协调性体现在两个及两个以上的系统具备了因果关系，在此基础上通过制度、资源、信息等要素的交流与反馈，并经过一系列复杂的演化，最终耦合形成一个全新的系统。在这个全新的系统之中，子系统及其包含的具体要素分工协作、相互促进和制约，以期能够实现系统的整体目标。具体而言，不同的子系统之间如果能够相互促进和依存，就是“良性耦合”关系，在良性耦合系统之中，单个子系统对于其他子系统或者整体系统而言是能发挥积极作用的，即存在正外部性；与之相反，如果内部的关系是制约、摩擦以及负面的，则为“恶性耦合”，这时单个子系统则会产生负外部性。因此，对于不同系统之间相互作用有效性的测度，要同时考虑耦合度和协调度两个方面。耦合度侧重于反映不同系统间的关联程度，而协调度更多反映的是内部子系统由杂乱无章走向协调一致的整体趋势。本书认为，环境规制作为经济社会发展与企业环境责任之间的纽带，通过发挥制约、调节与促进作用与企业环境责任产生关联，环境规制与企业环境责任存在交互影响的关系，两个系统之间存在耦合关系。

2.2 理论基础

梳理环境规制、企业环境责任履行以及影响两者关系的相关理论，得到本书相关理论基础关系示意如图2-2所示。

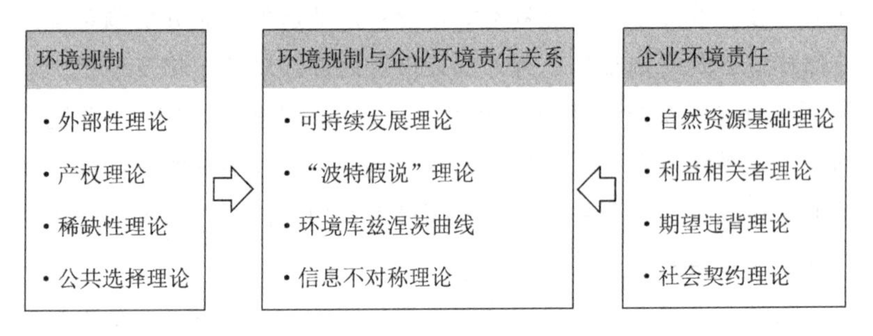

图2-2 本书相关理论基础关系示意

2.2.1 环境规制的理论基础

（1）外部性理论

外部性主要是指当市场交易不存在时，一个微观主体的生产活动或者消费活动会对其他微观主体的生产情况或生活标准产生影响。如果影响是负面的，即带来损害或者使成本增加，则被称为负外部性，如果带来的是收益或使成本降低，则被称为正外部性。外部性产生的最根本原因在于社会收益与社会成本、私人收益与私人成本的不一致。“外部经济”的概念由新古典经济学代表人物阿尔弗雷德·马歇尔（Alfred Marshall）提出，在《经济学原理》著作中，马歇尔指出政策背景、经济环境以及地理位置等这些与企业相关的外部因素都会对企业的经济活动发挥作用，此概念被认为是外部性理论的源头。福利经济学代表人物庇古立足福利经济学进一步阐释了外部性问题。如果一个微观主体或者个人的行为不受任何约束和限制，在其生产活动或者消费环节存在环境污染问题，不履行相应的污染治理责任，并将其负面效应转嫁给社会，导致他人福利受到损失和社会成本的增加，由于生产和消费活动边际私人成本与边际社会成本存在差距，环境外部性由此而产生。微观主体或者个人行为所导致的社会福利损失应当通过必要的市场机制和经济补偿手段进行弥补，将环境外部性成本予以内部化，否则会产生不公平和资源错配等问题（王金南，2015）。

使微观主体生产环节的边际私人成本与边际社会成本保持一致是提升社会整体福利的重要途径。庇古指出，以税收或者补贴方式来有效引导企业的生产活动，使社会收益与社会成本、私人收益与私人成本能够保持一致，实现外部性的内部转化，最终能够促使资源的合理配置和社会福利的总体提升。环境资源有着典型的公共产品特征，针对环境污染破坏问题，通过必要的环境规制手段，减少环境负外部性，成为治理环境污染的有效办法。随着经济快速发展，发达国家和发展中国家都要面临严峻的环境问题，基于“庇古税”而提出的环保税、排污费、排污权交易以及政府环保补贴等环境规制手段正发挥着越来越重要的作用。与此同时，科斯（Coase）在其《社会成本问题》著作中指出，“庇古税”并非解决外部性问题的唯一方法。当交易费用为零时，不考虑产权界定，直接通过协商沟通和市场交易方式即可实现资源的优化配置；当交易费用不为零时，可借助行政手段处理负外部性问题。科斯特别强调，市场失灵并不能够成为政府采取行政干预手段的充要条件，即政府行政干预并不是应对市场失灵问题的唯一途径。事实上，对微观主体进行必要的引导和激励，提升其环境责任履行的主动性和积极性，这也应该成为解决环境负外部性问题的有效方式。

（2）产权理论

产权理论是现代经济理论体系的重要组成部分，由诺贝尔经济学奖得主罗纳德·科斯提出，该理论认为，当交易成本完全不存在时，市场机制能够对资源充分发挥优化配置作用直至达到帕累托最优，众多的学者也对科斯的产权理论作了更为详细的阐释。交易成本学派的代表人物是约翰·威廉姆森，该学派秉持的观点为：交易成本和交易的自由度是保证市场有效运行的最重要的两个因素。广义的交易成本主要由信息收集及获取、事前谈判以及合同履约所导致，狭义的交易成本则是在履行契约过程中付出的时间及代价。威廉姆森认为，当交易成本完全不存在时，资源能否有效配置更多取决于责权利能否被清晰界定。公共选择学派的代表人是詹姆斯·布坎南，该学派对于资源优化配置的帕累托法则持不同意见，他们认为在制定契约环节，所有权是否清晰、能否遵守法律法规是非常关键的。布坎南认为交易自愿和产权明晰是保证资源有效配置的关键，经济学关注的重点应该为产权归属、转让以及合理界定。自由竞争学派的代表人物是西奥多·舒尔茨，该学派认为由交易成本学派所提出的外部性只是市场机制的缺陷之一，影响交易有效性和资源合理配置的其他因素还有很多，例如，从交易成本角度来看，尽管垄断使得市面上的企业数量大大减少，交易费用也随之降低，但从经济常识角度来看，垄断所导致的市场失灵等一系列后果使其不能成为资源配置的一种有效方式。舒尔茨指出，完全竞争的市场是基石，产权清晰是保证，二者相辅相成才能够真正实现资源优化配置的目标。科斯的产权理论是一种理想状态下的设想，交易成本真正为零的情况很少出现，市场机制在资源优化配置层面并不是万能的，市场机制不可能引导相关主体的环保行为，多样化的环境规制手段是生态环境保护工作持续有效开展的重要保证，通过有效的环境规制政策引导企业积极履行环境责任，在很大程度上是对企业环保活动中责任、权力、利益的清晰界定。环境规制使得企业环保行为的边界更加清晰，企业环境责任履行工作更具针对性，提升企业积极性的同时也有效避免了资源浪费。

（3）稀缺性理论

生态环境资源最显著的特征是稀缺性，稀缺性是指现有的可利用的资源并不能够充分满足人们需求的一种状态。在特定的时间与空间内，由于人类无限增长的欲望，有限数量的资源总是稀缺而紧张的。稀缺性是新古典经济学的理论起点，普遍认为绝大多数竞争是由于资源的稀缺而导致的，只有良性竞争才能将资源引入利润最大化单元，有效弥补资源稀缺的劣势，真正实现资源的优化配置。立足西方经济学理论，资源稀缺涵盖物质稀缺和经济稀缺：经济稀缺中的物品并不是不可得的，且资源数量能够满足人类较长时期的需求，只是由于获取成本的约束限制了资源的获取；物质稀缺性是指资源的绝对存量是有限的，无法满足人类较长区间的需求。事实上，资源稀缺是客观且普遍存在的，经济发展实质上也是一个有效平衡有限资源和长期需求的过程。

人类的生存、发展和进步离不开自然资源，作为人类发展最为重要的一项物质源泉，环境资源具有三个方面的作用：第一，自然资源能够为基础工业生产提供能源和原材料；第二，环境资源能够降解和吸纳工业活动所产生的污染物；第三，环境资源能够为整个人类活动提供长期且稳定的“自然服务流”（蔡宁和郭斌，1996）。经济快速发展也导致自然资源的过度和无序开发，部分资源接近枯竭，开发过程所产生的废弃物超过了环境的承载力，环境资源的稀缺性正在逐渐凸显出来。目前，国内外学者对于环境资源稀缺性问题秉持三种观点：第一，环境资源是绝对稀缺的。此观点认为由于人类对于环境资源存量极限并不能够达成共识，很多环境资源的监管者和使用者改变环境质量的意愿是参差不齐的，此时边际收益递减和边际成本递增尚未凸显出来，环境资源的稀缺性并没有真正意义上对经济发展构成威胁，而环境资源存量极限真正到来之时，资源的稀缺性会直接通过成本增加而表现出来。此时，现有环境资源的效用已发挥到极致，边际成本不断上升且无法找到更为有效的替代性资源，直接导致经济发展由于缺少回旋空间而突然停滞。第二，环境资源是相对稀缺的。此观点认为尽管资源质量是在不断变化的，但绝对稀缺的问题是不存在的，资源存量和质量下降时只会带来相对稀缺问题。环境资源在相对稀缺时，单位边际成本会顺势上升，此时，经济系统会寻求替代性资源来对冲资源稀缺风险，物理性的资源稀缺则被转变为价格变化形式的资源相对稀缺。换言之，成本增加会直接对技术进步发挥促进作用，更具优势的替代性资源会被发现，并不会彻底约束经济增长。第三，环境资源稀缺是结构性的。持此观点的学者认为随着经济社会的不断发展，人类社会需要不断统筹安排合理的战略步骤去开发使用资源，此过程最为关键的是对不同要素进行优化组合，使资源稀缺损失能够降到最低。

不论是政府层面的环境规制手段，还是企业环境责任的履行，都会对环境资源的稀缺性进行评估和考量，环境资源的禀赋及存量特征不仅会影响环境规制强度，同时企业也会根据环境资源的变化和经济政策对其环境保护行为进行动态调整。环境规制活动与企业环境治理行为也是以环境资源基本特征为重要前提的，尤其是政府环保政策的制定和优化，企业环保战略方向调整都会充分权衡环境资源的稀缺特征。

（4）公共选择理论

关于市场机制和政府干预历来是经济学家们争论的热点，尤其是在 20 世纪 70 年代的西方学术界，政府干预主义学派对政府干预的必要性、政府干预的目标和手段进行了系统探讨，其核心观点是必要的政府规制能够弥补市场机制不足。传统的古典经济学派依然认为政府干预和规制是无效甚至不利的，经济发展必须借助市场机制的调节作用，依靠市场的力量获得持续发展的均衡点至关重要，市场机制是有着持久生命力的。公共选择理论是对古典经济学派的继承和延续，依然秉持强烈的自由主义观点，尤其是针对政府与市场关系的讨论是与政府干预主义学派完全相悖的。公共选择理论同样认可古典经济学中关于“经济人”的讨论，认为政策制定者必然是具有很强“自利性”的“经济人”，在政策制定或者规制计划执行过程中会将个人利益实现和自我效应最大化作为前提目标。由此可知，执政者在制定政策时，并不会将社会福利提升作为规制目标，具有强烈寻租动机的利益集团将会使政策制定者更加自利，政府部门与利益集团非但不能划清界限，反而可能形成两者共同侵害公共利益的关系。由此可知，公共选择学派是不认同政府干预及规制行为的。公共选择学派的代表人物詹姆斯·布坎南和威廉·尼斯坎南始终坚持“政府规制从长远来看是官僚和消极的”这一观点，不断强调市场机制的有效性。“公共选择理论”是环境规制行为的对立理论，受到很多学者的质疑，也从另一个侧面被学者们检验发现，环境质量提高是不可能借助“无形的手”达到最优状态的，环境规制政策和工具能够提升社会整体福利水平这一观点也是被很多研究所证明的。

2.2.2 企业环境责任履行的理论基础

（1）自然资源基础理论

资源基础理论的观点表明，具备难以复制模仿的能力和资源是公司凸显自身竞争优势和确保持续经营发展的关键（Russo 和 Fouts，1997；Aragon - Correa 和 Sharma，2003）。相关学者一直在讨论企业自身能力与所处的外部环境这两类因素，谁才是企业竞争优势形成的关键，Aragon - Correa 和 Sharma（2003）指出企业必须充分整合协调内外部因素，才能真正形成自身竞争优势。尽管很多学者结合实际案例对企业资源基础理论作了较为深入的研究，分别从政治背景、经济发展、社会制度以及技术进步等方面探析外部因素对于微观企业经营活动的影响，而对于自然环境因素的探讨尚不够充分与深入。面对日益严峻的环境问题，企业不能忽视该问题，企业与自然环境建立良好的互动关系离不开对内外部资源的协调与优化。Hart（1995）基于资源基础理论指出，企业与自然环境能够和谐共处的关系是其自身一项非常难得的优势，在此基础上他还指出污染防治、产业生命周期管理以及可持续发展应当成为企业环境战略的三个重要组成部分。

首先，从污染防治层面来看，企业通过采取积极措施解决污染问题，从短期来看尽管会带来一些成本，但立足长远，污染防治工作是企业实现资源节约的有效途径，同时还能减少与污染监管部门之间的沟通和协调成本，让企业更具成本优势（Hart 和 Ahuja，1996）。事实上，企业进行设备升级改造以达到污染控制和节能的目的，在很多情况下，产出和效率指标也是可以随之提升的（Aragon－Correa 和 Sharma，2003）。Hart（1995）则指出，污染预防工作能够有效减少资源浪费，提升原材料的加工效率，降低废弃物处理的成本，与此同时，生产环节冗余的生产步骤也会得到简化，使生产周期大大缩短。企业响应环境规制部门的要求，积极推进节能减排技术的应用，能确保污染排放量一直维持在合法合规的区间之内，在一定程度上也降低了企业的法律违规风险（徐佳，2018）。综上可知，从财务角度来看，企业积极开展污染防治工作是能够降低成本的，如果效果良好并且能够充分把握持续性时，是能增加企业现金流和提升盈利能力的。结合产业生命周期的不同阶段来看，在产业发展初期，相对较低的环保投入即可取得较为良好的成效；随着经营发展的推进，履行环境责任的内外部压力会增加，污染减排工作的推进会越发的困难，此时，必须通过技术创新和工艺流程升级来确保污染预防效果；当“低排放”和“零排放”成为各个行业环境责任履行的共识，污染减排工作则需要发挥资本的引领作用，由此带动产品研发和技术的拓展升级（Hart，1995）。

其次，从产品生命周期管理层面来看，正如前文所述，在保证生产经营正常运行前提的污染防治工作能够帮助企业孕育新的发展动能，同时也要充分认识到，企业在原材料准备与获取、生产加工、分销零售以及废旧物资处置环节，都可能对环境带来不同程度的影响。因此，企业在生产经营过程中，将外部利益相关者的相关诉求渗透至日常的关键流程中是非常有必要的（Mitsch 和 Jorgensen，2003）。Keoleian 和 Menerey（1993）指出，企业有必要跟踪产品生产的全流程，系统客观评估各个环节的活动对于环境造成的影响，生命周期分析可以作为必要的工具。根据产品所处的不同的生命周期阶段进行严谨的规划，确保各个阶段的成本能够降到最低。例如，在产品设计与开发阶段，就要尽可能减少使用或者避开有毒的、不可再生的或者再生周期长的原材料；在产品生产阶段，能够做到回收材料的再利用，对于环境污染后果严重的项目要及时叫停；整个生产周期要对可能产生的环境污染后果进行动态评估，确保能够将整个生命周期的环境成本降到最低。总而言之，根据产品的生命周期进行有针对性的环境成本优化管理，企业不仅能够建立良好的声誉，同时也更可能生产出具有差异化优势的产品。

再次，从可持续发展角度来看，企业坚持可持续发展战略必然需要根据内外部环境变化作出长期的发展规划，各项目标的实现会带来非常高的成本。尤其是环保投资，具有投入多、周期长以及不确定性强的特点，短期难以看到成效。从长远角度看，采用可持续发展战略的企业是更有“后劲”的，该战略在逐步落实过程中，使企业现有资源得以优化升级，长期的账面价值和收益率指标更加理想。可持续发展理念使得企业眼光更加长远，为企业绿色转型升级奠定了扎实的基础。

综合自然资源基础理论来看，如果能够处理好与生态环境之间的关系，对于企业而言将会形成有利于自身发展的重要优势。企业履行环境责任，一方面是积极响应环境规制政策的结果，另一方面也是形成竞争优势的重要手段。积极履行环境责任，使企业各阶段的资源都能够得以优化配置，在实现绿色转型升级的同时，真正提升自身竞争力。

（2）利益相关者理论

自然资源基础理论中的观点表明，重视环境战略的企业是能够充分考虑利益相关者的环保诉求的，同时也能积极协调与利益相关者的关系的（Hart，1995）。Freeman（1984）在其代表作《战略管理——利益相关者方法》（Strategic Management：A Stakeholder Approach）中指出，企业与利益相关者是存在互动关系的，企业行为会对利益相关群体或个人带来直接影响，而利益相关者作出的反应或者反馈也会影响企业的经营和绩效。在利益相关者相关概念提出之后，众多学者开始将企业管理理论和实践与其结合，开展了诸多讨论，例如委托代理问题（Hill 和 Jone，1992）、企业社会责任（Buysse 和 Verbeke，2003）、自然资源基础观（Hart，1995）的相关研究。利益相关者理论认为，企业生产经营管理活动要将利益相关者作为重要考虑对象，与此同时，企业很多关键资源是受利益相关者掌握和支配的；利益相关者与企业建立良好的关系，投入资源或者参与企业管理决策活动，企业也要对利益相关者具体诉求和期望予以积极回应（Frooman，1999）。

企业环境责任战略与决策通常也是在充分考虑利益相关者相关诉求之后经多方权衡而制定的，企业生产活动所产生的负外部性后果是能够直接被社会公众、政府等利益相关者观察和感知到的，企业也会因此受到相应的惩罚。基于利益相关者的态度和反应，积极履行环境责任是企业谋求更好发展的重要途径。除政府与社会公众外，根据利益相关者的定义，企业员工、社区、机构投资者以及媒体等群体也会对企业环境责任履行发挥一定的作用。任何企业利益相关者群体都是呈现出多元化特征的，但不同群体对于企业环境责任履行的影响是存在差异的，如果利益相关者对自然环境相关的诉求越强烈，对于企业生存和发展发挥的作用越大，那么其对于企业环境责任履行的影响力也就越大。

Carroll（1979）提出了利益相关者金字塔层次模型，共包含四个层次。该模型对于利益相关者的分类与马斯洛的需求层次模型类似，自上而下清晰展现了利益相关者的不同层级和重要性。企业存在的首要目的是获利并保证持续运营，因此位于金字塔第一层级的是与企业经济责任相关的利益相关者，企业日常的生产经营活动应创造价值，如果价值创造功能缺失的话，那么其他层级也不可能存在。第二层级是法律责任方面的利益相关者，企业的各项决策以及经营管理活动都应在法律规定的范畴内实施和执行，企业应当遵守维护国家和地方层面的法律法规，坚守合法性原则。第三层级是事关伦理责任的利益相关者，遵纪守法和按照行业规则行事是企业经营发展的最基本要求，在此基础上还应以更加严格的道德标准去规范生产经营管理的方方面面。第四层级是慈善活动方面的利益相关者，能达到这一层级的企业是非常成功的，不管是商业行为还是开展的社会公益活动，都能提升社会总体福利水平。

企业会基于不同层次利益相关者的考虑作出不同决策，利益相关者也会对企业发挥不同的作用，这取决于利益相关者掌握资源的多寡和强度（Freeman，1984）。根据利益相关者资源掌握情况可以分为三种类型，分别为所有权关联型（包括公司股东、董事会和经理层等）、经济利益型（包括员工、客户、供应商以及消费者等）、社会利益型（包括政府、社会公众和媒体等）。Clarkson（1995）则按照利益相关者与企业之间的交流形式将利益相关者划分为直接型与间接型，直接利益相关者包括员工、客户以及供应商等，而间接利益相关者则包括政府、社会公众和媒体。

Michelle和Agle（1997）在对利益相关者进行打分后，按照分值对其进行分类。打分前首先按照权利、合法性以及紧迫性三个指标对利益相关者进行初步分类，权利是指企业经营决策被利益相关者影响的程度，合法性是指企业的剩余索取权是否在法律制度框架内，紧迫性是指企业管理层对于利益相关者诉求的关注程度。这三个指标值越高，则说明利益相关者越重要。按照三个指标的最终得分，利益相关者可分为绝对利益相关者（三个指标得分都很高）、一般利益相关者（三个指标中两个指标得分较高）、潜在利益相关者（三个指标中只有一个指标得分较高）。按照上述方法对不同企业利益相关者的特征属性进行研究后发现，企业对于利益相关者的定位会随时间和环境的变化进行动态调整（Buysse 和 Verbeke，2003）。

国内学者也对利益相关者设定了一些分类方法，例如，李心合（2001）指出，利益相关者之中是存在合作与威胁两个属性维度的，按照这两个维度进行划分，利益相关者可以分为合作型、对抗型、混合中立型以及边缘型利益相关者。吴玲和陈维政（2003）按照重要性对利益相关者进行分类，分为关键、重要、一般和边缘利益相关者。陈宏辉（2003）基于 Michelle 和 Agle（1997）的研究，将利益相关者划分为重点利益相关者、潜在利益相关者以及边缘利益相关者。赵德志（2015）指出，既有的利益相关者的分类标准存在一定的功利性，对于社会责任的考虑并不充分，员工、客户、供应商、债权人以及股东等主体是处于法律契约关系之下的，其权益可以得到有效保障，而社会公众、特殊社会群体、社区、自然环境等主体并没有能力充分参与法律的横纵向缔约。因此，后一类主体应当得到企业更多关注，同时更要基于社会责任履约的目的保障其权益。

事实上，针对企业利益相关者的讨论大多都在关注企业如何为股东创造价值这一主题上，对于其他类型的利益相关者有所忽略。McGee（1998）指出，企业管理层应当拓宽视野，尽可能满足更多其他类别利益相关者的诉求，企业应当关注消费者权益、社会公众满意度、守法合规度以及环境责任等相关利益诉求。着眼于企业环境责任的相关研究也开始逐渐关注其中的利益相关者了（孔慧阁和唐伟，2016；曹霞和张路蓬，2017；何枫等，2020；Giacomini等，2021；Steiner等，2022）。

从利益相关者视角审视企业环境责任问题，企业履行环境责任不到位，生产过程所带来的大量的污染排放势必会影响利益相关者的权益，同时对于企业自身而言也会产生一系列的不良后果。第一，从股东层面来看，企业不注重环保问题，给生态环境带来严重破坏，其不良行为如果被媒体报道，最直接的后果就是企业声誉受损，股价降低，股东和机构投资者权益受损，对企业产生信任危机，如果问题得不到解决，企业在资本市场上的表现可能会更加不理想（Hamilton，1995）。第二，企业注重环境保护，积极履行环境责任能够更好地体现出公司的担当与责任，具有担当责任意识的公司才能得到更多人才的认可，如果企业履行环境责任态度消极或者存在诸多环境破坏行为，将难以留住优秀人才（Basheer等，2020）。第三，环保理念较强的消费者更愿意购买无污染和绿色的产品，对于积极履行环境责任企业的产品，消费者也愿意为其支付溢价；与此同时，对于那些在环保方面声誉较差的企业，消费者也会抵制其产品（Aragón - Correa等，2013；Vandermerwe和Oliff，1990；Greeno和Robinson，1992）。第四，如果竞争对手均开始注重环境责任履行，投入大量资源进行环保技术升级和改造，而目标企业仍无动于衷，环境责任履行的积极性很差，那么该企业就会在所属行业逐渐失去竞争优势（Garrod，1997）。企业履行环境责任的动力一方面来源于政府的强制性规制，另一方面则是来源于微观层面利益相关者给企业带来的压力。与此同时，企业履行环境责任在很大程度上也是对不同层级和不同类型利益相关者切身利益的深层次考虑，例如企业积极推广采用污染减排技术，首先是出于对社会公众环境权益的考虑，其次是坚持合法性、合规性原则的最直接体现，最后也是基于声誉机制建立和股东权益保护的考虑。

（3）期望违背理论

期望通常是用来描述特定个体或群体在给定条件下对于某类事项的预期，而期望违背则是指企业行为与利益相关者群体期望不符或者超出利益相关者的预期范围。按照期望违背的相关理论，期望源于利益相关者对于组织特征属性的理解与认知，组织行为与利益相关者的期望发生偏离会进一步提升利益相关者对于组织的关注程度（Duncan，1972）。企业履行环境责任必然要考虑利益相关者所作出的反应，不同的利益相关者群体对于良好的生态环境的诉求是存在差异的，企业在生产经营过程中给生态环境带来的威胁不仅破坏既有的社会规则，同时也是有悖于利益相关性的期望的。

尽管期望违背理论常用于解释不同个体间由于沟通不畅所衍生的问题，但近年来的相关研究通常将企业视为具有独立人格的个体，是具有个体意识的社会角色，将该理论用于解释利益相关者与企业因沟通而产生的诸多问题。企业环境责任期望违背受两类因素影响：利益相关者对企业环境责任的判断与评估、企业环境责任行为与利益相关者期望相背离的程度。当企业在环境责任履行方面的表现超出利益相关者的预期判断时，则会产生正面的期望违背，企业会获得一系列的积极的反馈与回报；反之，当企业的表现没有达到利益相关者的预期时，消极的期望违背会随之产生，那么企业的行为则不会得到正面的反馈。

企业通常被认为是稳定的、可靠的以及受法律和道德约束最多的社会组织，利益相关者对于企业的期望较高，评估与判断标准也更为严苛。利益相关者在与企业交往活动中对于消极的期望违背会更加关注，例如，企业和非营利组织都会参与环保活动，对于非营利组织（尤其是政府）而言，利益相关者认为其积极参与环境治理，提升社会整体福利是其职责所在，利益相关者对于非营利组织履行环境责任的期望是有限的，声誉机制所产生的作用一般（Lin－Hi 等，2015）。与非营利组织相比，企业履行环境责任不积极，甚至存在环境污染等不良行为，利益相关者对于企业会产生更为消极的期望违背，如果企业能够不断增强环保意识，积极履行环境责任，则能有效缓解消极期望违背给企业带来的损失（Wei 等，2017）。

（4）社会契约理论

社会契约理论常用于解释政府的起源和作用，从卢梭到罗尔斯，很多伦理学家都秉持以下观点：任何不同的社会形态都有其固有的社会契约，社会契约是文明社会得以存续的基础。社会契约理论表明，人类社会从一种随机而无序的状态逐渐过渡到一种有序而受约束的状态，彻底摒弃无政府的状态，开始遵从统治阶层的管制，并以此为起点逐步进入文明社会阶段。在文明社会阶段，社会公众期望政府能够提供公共物品，个人权益和财富能够得到有效保护，政府能够保障社会的有序运行。

美国匹兹堡大学哲学家 David Gauthier 于 1986 年出版了专著《协定道德》（Moral by Agreement），该著作从经济学视角探讨了契约道德问题。他指出，社会个体大多都会以利益最大化作为行动指南，这是经济人固有的自利性所导致的。市场中资源是稀缺的，确保获利的同时又不会伤及他人是存在一定难度的。此时市场中的经济主体之间应当以有效的契约来保证共赢，只有各方行为能够得以限制，共赢目标才能最终达成。这种同时兼顾“自利”和“共赢”，并且基于自愿合作前提的道德被称为“契约道德”。荷兰应用伦理学家 Henk van Luijk（1997）的研究指出，与政治、法律以及社会规则对比，道德同样可以成为社会秩序的“稳定器”。社会个体都在为自身谋求利益，对于其他个体追逐利益的行为也是能够认可的，绝大多数个体也都认为对自身行为进行约束和限制是为了保障其他个体的权益。Henk van Luijk（1997）指出，这种对于个体行为限制的普遍认同被称为协商伦理。协商伦理是对契约道德的继承和拓展，因为前者单纯考虑市场行为，后者将其拓展至了社会个体合作的范畴，具有更加广泛的指导意义。

企业是社会发展到一定阶段的产物，与社会密不可分，契约理论是能够用于优化企业环境责任行为的。作为推动社会进步的重要力量，企业不仅要履行各项法律规章制度，同时也要考虑社会各方对企业的期望和诉求，其行为只有对社会发展更有利才能获得进一步发展的动力。社会公众会对企业的经营发展进行监督，企业的各项行为决策均要在考虑各方利益相关者的基础上才能做出。企业一旦一意孤行，不尊重社会整体利益诉求，不履行必要的责任和义务，必然会面临指责，将自身陷于不利局面。法律是最低的道德，而道德是最高的法律，各项规制政策是企业环境责任履行的基本保障条件，而道德层面的约束能够使企业获得更强的履行社会责任的内生动力，将企业环境责任履行水平提升到更高的层次。

第一，基于道德认知共识而形成的社会契约会使企业环境责任履行依据更为充分。企业在面对受道德约束的环境责任时，必须充分考虑各方社会契约达成的一致性。与此同时，一方面，不管是各项环境规制政策出台，还是企业环保决策的制定与执行，社会公众对于双方行为都会有很高的期望。另一方面，企业环境责任履行水平高低会对社会公众财产安全及个人自由产生影响。因此，企业环境责任行为不仅会考虑社会公众的利益诉求，更会注意受社会公众高度关注的政府环境规制政策。

第二，社会契约与企业环境责任效率提升。理性的社会个体深知，伦理认知共识的形成是经济持续发展和社会稳定的基础，企业的持续发展需要有彼此信任的商业环境的支撑，市场得以有序运行均是以彼此信任为前提的，否则任何交换行为都不可能发生。信任普遍缺乏之下的商业环境，机会主义会随之产生，交易成本和风险会更高。总而言之，社会个体间的充分信任意味着交易各方要认同社会契约。企业环境责任的履行是企业遵守社会契约的表现，同时也是深化企业与利益相关者信任关系的有效途径，利益相关者的信赖也能促使企业更加遵从政府的环境规制。

综上所述，站在企业的角度，遵循社会伦理与企业效率提升确实存在关联，企业提升道德水准更有利于企业目标的实现，这点是毋庸置疑的（陈燕，2006）。企业树立较高的道德准绳能够有效抑制义务逃避和投机主义行为，提升企业利益相关者的信心，为企业带来更多的市场需求，同时也降低了企业的管理成本。在道德水准的约束之下，积极履行环境责任并避免投机主义行为的企业能够形成十分显著的竞争优势，反之，不受任何道德约束的企业，即便有各项规制政策的约束，在履行环境责任时也可能会出现投机主义行为。

2.2.3 环境规制与企业环境责任关系的理论基础

（1）可持续发展理论

可持续发展理论是人口、资源与环境经济学的重要基础，“可持续发展”概念是在1980年世界自然保护联盟起草的《世界自然保护战略》（World Conservation Strategy）中率先提出的，经过40多年的发展，可持续发展理论在人口、经济发展和生态环境保护领域被广泛应用和讨论。可持续发展思想同时兼顾市场机制的适应和以人为本的发展理念，尤其是当今社会面临严峻的资源环境问题、经济发展不协调、社会日新月异的变迁速度，可持续发展问题被人们更多地讨论。可持续发展的概念是在1987年由世界环境与发展委员会在日本东京召开的第八次大会中通过的，在其发布的《我们共同的未来》（Our Common Future）报告中指出“可持续发展的基本原则是在保障当代人需求的前提下，不会对后人的基本需求带来危害”。联合国环境规划署1989年发布的《关于可持续发展的声明》（Statement on Sustainable Development）指出，可持续发展要能够对自然资源基础合理使用、维护并提升，在政策制定和发展规划中能够纳入对环境问题的考虑和关注，此次声明针对可持续发展概念的界定有着较高的权威性，也成为1992年在里约热内卢环境与发展大会中制定的《21世纪议程》（Agenda 21）的重要基础和依据。随后，1994年我国政府作出履行《21世纪议程》的庄严承诺，2000年国务院发布了《中国21世纪人口与发展》白皮书，可持续发展真正成为纳入我国经济社会发展长远规划的重要战略。近几十年来，国内外不同领域的学者纷纷对可持续发展观念进行了扩充与深化，不同学科涌现出大量针对可持续发展问题的研究成果。中国科学院可持续发展战略研究组会定期结合国家重大改革和经济社会发展趋势发布《可持续发展战略报告》，对不同领域的可持续发展问题进行权威解读。可持续发展理念绕不开的一个基本问题就是不同代际间如何进行有效的资源配置，资源与环境如何才能够为人类社会提供永续性的服务，可持续发展也是企业环境责任的重要部分。在经济学层面，面对人口、资源与环境可持续发展问题，迫切需要解决的一个问题就是，在既定的资源环境禀赋条件之下，如何有效处理人口、环境和经济发展要素之间的关系。美国著名的经济学家乔治·恩德勒特别指出，环境责任履行的宗旨是致力于可持续发展，不仅要降低自然资源的消耗，还要使自然环境中废弃物的承受量降到最低。

为何要进行环境规制，其根本原因在于市场和政府均不能完全解决失灵问题。众所周知，“公地悲剧”是市场解决环境问题失灵的最直观的体现，企业基于“理性经济人”的假设将自身利益最大化，由此衍生而来的外部性问题只能通过市场调节和政府干预手段予以解决，尽管这两个重要抓手对于缓解环境资源滥用发挥了一定的作用，但其缺陷也是难以掩饰的。有效的市场调节需要具备一系列前提条件，比如充分反映价值的交易市场、完备的产权制度，但基于经济社会运转的复杂性，该前提条件往往难以立足。例如，资源和环境产权的清晰界定存在很大难度，即便产权可以确定，但产权的维护要付出较多的交易成本；与此同时，在对资源和环境进行定价时，须同时兼顾多项有形因素和无形因素，客观公允地体现资源与环境的价值是有很大难度的。政府干预方面，行政管制和经济政策激励作为两种基本干预手段，也会受到一系列因素限制。第一，管制者与管制对象之间的信息不对称直接带来较高的管制成本，政府管制甚至可能会失效。企业坚持自身利润最大化的目标基本不会改变，这与政府所强调的社会利益整体目标产生冲突，直接导致“政府管制博弈”问题。例如，政府制定排污标准强行控制企业的排污行为，政府的管控成本和有效信息的获取会直接影响环境管制的效率。企业会设法逃避政府监控，政府则会尽力履行监控责任，这个过程双方都会付出一定代价。第二，政府的激励手段更多的是采用税收和收费方式使得外部成本能够融入排污企业的成本收益之中，将外部成本内部化，同时有效政策的制定还要充分考量企业的排污量和边际污染治理成本。此外，经济激励政策落实过程中，政策的时效性往往难以保证，企业的寻租行为时有发生，这些因素都会降低政策的有效性。总而言之，可持续发展离不开政府的环境规制，而信息不对称和较高的规制成本必然导致效率的损失，无法充分弥补市场调节的缺陷，政府行政管控和市场干预这两种基本思路在可持续发展理念的实现上存在一定的局限性，跳出“经济人”假设，重新审视企业的作用十分有必要。

企业积极履行环境责任，将成为超越政府行政管控和市场干预的“第三种力量”，它能够在政府降低监控成本和削减企业外部性方面发挥重要作用，是可持续发展目标实现的另一股重要推动力。第一，积极履行环境责任能够让企业更加自律。企业日常生产经营活动难以与生态环境完全剥离，积极履行环境责任，引导企业从人与自然和谐共处的理念出发去规范自身行为，提升生态环境保护的自觉性。此时，环境责任履行是企业出于社会利益考量而产生的主动行为，该行为无须外部力量的强行干预，使企业的环保理念从“要我做”转为“我要做”，政府环境规制过程由于信息不对称而产生道德风险的概率将大大降低，降低了政府的监督和监控成本。企业环境责任履行主观能动性的提升将对可持续发展的推进产生难以估量的作用。第二，企业环境责任履行能够发挥渗透作用，企业重视环境责任履行对于自身发展会产生潜移默化的柔性效应，企业员工的价值取向也会逐渐转变，主动树立可持续发展意识，支持企业的环保措施，遵守环保规章，使得环境责任履行真正成为企业文化的重要组成部分，企业内部的管理成本也将有效降低。第三，企业环境责任履行对于员工能够发挥持久的激励作用，环境责任理念的培育与形成是一个循序渐进的过程，一旦形成将在较长时期内影响员工，使不同部门更有动力对控制污染技术进行改造，形成企业长期的行为准则。

总而言之，政府实施强有力的环境规制是为企业环境责任履行树立规范和标杆的重要基础。企业维护与社会的共生关系日益重要，利润的追求和环境责任的履行将不再是一种替代关系，立足长远视角，环境责任也是培育企业竞争力，实现企业可持续发展的重要源泉。因此，实现真正意义上的可持续发展，需要有效的环境规制以及企业环境责任的充分履行，二者应充分发挥合力作用。

（2）“波特假说”理论

很多新古典经济学派的经济学家持有这样的观点，企业生态环境保护行为必然导致生产运营管理成本的增加，这些环保投入本该由社会公众或者污染源责任方承担，但最终通过产品转嫁给了消费者，这种将外部环境治理成本内部化的行为必然导致企业生产成本增加，盈利能力降低以及市场竞争力的减弱。上述现象产生的原因主要基于两类效应：约束效应与挤出效应。约束效应是指由于政府的环境管制，使得企业不得不调整自身的生产经营管理决策，可能导致企业生产和管理活动受限，使企业发展受到约束；挤出效应是指当企业整体资源有限时，生态环境保护投入的增加必然会减少其他项目资源的投入，企业整体效益也会受到影响。由此可知，企业顺应环境规制的要求履行环境责任必然会导致成本费用增加、环保投资比重上升。美国哈佛大学的迈克尔·波特针对环境规制与企业竞争力关系开展了理论研究，其结论与传统新古典经济学有很大差异，他的观点被称为“波特假说”。波特认为企业积极推进环保工作与其自身竞争力提升并不矛盾，尽管企业响应环境规制的要求履行环境责任会付出一定的代价，但环境规制也会引导企业进行技术创新与升级，以此来弥补治污成本，企业的竞争力也会因此而提升。波特指出，环境规制对企业产生积极作用，其原因主要包括五个方面：第一，环境规制政策能够让企业更为客观地了解自身的优势与不足，获得创新动力；第二，环境规制唤醒企业的环保意识，进而又可优化环境规制，形成了良性循环；第三，企业很多投资活动都有一定的不确定性，而环境规制能有效降低这种不确定性；第四，环境规制不仅是企业进行技术创新的动力，也会给企业带来较大压力；第五，传统的竞争模式会给生态环境带来很强的负外部性，有效的环境规制可以优化改良竞争环境，进而降低生态环境面临的压力。事实上，“波特假说”将环境规制与企业竞争力提升进行了有机融合，打破了环境治理与经济发展关系的传统思维范式，为经济发展与生态环境治理保护提供了新的方法和思路。

“波特假说”提出之后，很多学者对其进行不断地延伸与扩展，其主要观点包括如下几个方面：第一，环境治理与企业竞争力提升是可以齐头并进的。传统经济学通常坚持静态视角，假设企业经过长期发展实现了经营成本最小化，此时，生产技术、工艺流程、产品定位以及市场需求等要素已经非常稳定了，如果在这种稳定状态之下企业增加环保投资，必然会导致竞争力被削弱。但纵观当前的经济发展形势，经济发展更多是建立在创新能力动态提升的基础之上，有效的环境规制能够推进企业的创新活动，更加有助于企业竞争优势的形成。第二，企业技术创新工作和效率提升必须坚持从动态角度予以落实。波特坚持认为，新古典经济学中所提倡的静态竞争模式是不切实际的。任何企业所处的环境都是不断变化的，企业各类要素的投入亦应当与时俱进，及时进行优化调整。身处复杂的产业环境之中，企业竞争力不可能一成不变，创新成果的持续积累以及创新能力的稳步提升至关重要。从短期来看，环境规制导致企业治污成本增加并对竞争力提升带来一定的阻碍是不可避免的；但立足长远发展，由环境规制而激发出来的企业创新动力和技术进步效率在很大程度上是可以抵消环保投入的，企业绿色经营理念的培育及形成必然会使企业获得更加持久的竞争优势。第三，政府应当在企业绿色发展过程中充分发挥作用。传统观点认为，企业基于利润最大化的目标诉求，在市场机制的充分引导下就能发现更多机会，政府的规制政策是不被需要的。“波特假说”的观点则认为，信息不对称、技术进步的时滞性、短时期内经营的高成本都不利于企业作出最合理的决策。与此同时，企业环境责任履行和绿色创新能力提升方面是缺乏主动性的，需要政府制定相应的规制政策予以引导和鼓励。政府通过行政命令、市场激励以及必要的引导手段使企业提升环保意识、主动推进生态环境治理以及积极开展绿色技术创新，使企业决策得以优化，更快更好地形成竞争优势。

（3）环境库兹涅茨曲线

很多学者指出，环境恶化与现代工业发展是相伴而生的，当经济增长方式趋向于更加合理时，环境质量也会有所优化，这些学者秉持观点的理论假设前提是环境库兹涅茨曲线（EKC）。环境库兹涅茨曲线在20世纪50年代由诺贝尔经济学奖获得者西蒙·史密斯·库兹涅兹提出。他指出在经济发展早期，经济越发展，收入差距会越大；当经济发展到一定规模时，经济越发展，收入差距会越小，总体来看，个体收入与外部经济增长呈现出一种倒“U”形关系。20世纪90年代，美国经济学家吉恩·格罗斯曼借助全球环境监测系统提供的二氧化硫和烟尘等空气污染数据对北美自贸区的环境效应进行实证检验，研究发现烟尘和二氧化硫这些污染物的排放量与地区人均收入水平呈现出“U”形关系，在低收入国家，经济发展水平越高，污染物排放量越多；在经济发达国家，两者则呈现出负相关关系。Panayotou（1993）将库兹涅茨曲线引入到宏观经济和环境质量领域，研究发现环境质量与经济发展两者间也会呈现倒“U”形关系，即当一国经济发展水平相对较低而环境质量较好时，随着该国经济不断发展，环境质量会越来越差；当一国经济发展到特定拐点时，对环境问题会比较重视，环境治理效率增加，环境质量得以优化，该曲线是真正意义上的环境库兹涅茨曲线。Shafik（1994）指出，当环境污染治理技术和投资不发生改变时，经济规模扩张必然会导致环境恶化；随着人们生活水平的提升，环境治理诉求增加，环保投资也会随之增加，与此同时，环境规制强度得以提升。

在环境库兹涅茨曲线相关假设被提出之后，众多学者使用宏观区域数据对其进行验证。Selden 和 Song（1994）以二氧化硫、氮氧化物、一氧化碳以及悬浮颗粒的空气监测结果为基础，通过实证检验发现污染排放活动与经济发展水平呈现出显著的倒“U”形关系，并特别指出全球污染物的排放水平将在很长一段时间内呈现出上升态势。Porter 和 Linde（1995）以环境库兹涅茨曲线为研究载体，将跨国界污染物转移纳入其中，研究发现不论是发达国家还是发展中国家，其能源需求目标都会通过工业产成品的进出口贸易方式得以实现，而发展中国家的贸易增长率相对较高；发达国家能源需求更多依赖于进口贸易，而发展中国家则更依赖于产品出口，这直接导致环境库兹涅茨曲线呈现出向上倾斜的态势。Andreoni 和 Levinson（1998）则提出，技术进步是导致环境库兹涅茨曲线变化的最主要原因，外部性和政治制度因素所产生的影响微乎其微。

事实上，在污染物选取样本不断增加以及研究对象逐渐扩充的趋势之下，很多研究明确指出，倒“U”形关系并不是任何情况下都能通过实证检验的。例如，Harbaugh 等（2002）使用涉及全球范围不同国家的空气污染面板数据，将国民生产总值与污染物排放之间的关系进行实证检验后发现，倒“U”形关系并不存在。David（2004）研究指出，环境库兹涅茨曲线既有研究成果在统计样本和方法选择层面是存在缺陷的，例如部分发展中国家参照发达国家的标准去探讨自身的环境问题，同时统计方法选择的考虑不够周全，最后得到的相关结论比发达国家还要理想。近年来，用于检验经济发展和环境问题的模型不断推陈出新，“U”形、“N”形、“倒N”形、“单调递增”以及“单调递减”的关系随不同区域的差异性不断得以验证，使得立足环境库兹涅茨曲线的“经济发展与环境问题”的理论不断得以扩展和深化。环境规制政策的推陈出新是政府基于上述基本问题的权衡与考虑，从微观层面来看，企业环境责任履行会受到外部宏观经济政策的影响，环境规制与企业环境责任履行之间的耦合系统在很大程度上亦会受环境库兹涅茨曲线规律的影响，该理论也为我国经济实现高质量发展与生态环境科学治理提供了重要的理论依据。

（4）信息不对称理论

依托于信息经济学的信息不对称理论如今已经成为探讨市场经济局限性和政府规制必要性的主流理论基础。信息不对称理论着眼于市场经济发展过程中的“柠檬问题”，詹姆士·莫利斯、威廉姆·威克瑞以及迈克尔·斯宾塞等学者分别获得了1996年和2001年的诺贝尔经济学奖。萌生于20世纪70年代的信息经济学的核心观点是：在市场经济背景之下，各类人员或主体在信息获取方式和渠道上是存在差异的，经济活动中的不同的参与主体掌握的信息也是参差不齐的。相对于信息资源匮乏者，能够充分掌握信息的市场活动参与者所处的地位就会更具优势。信息不对称理论认为，市场活动的供需双方掌握的信息并非一致，如果供给方比需求方掌握更多的信息，那么供给方就可凭借自身的信息资源优势获得超额收益。总而言之，信息不对称导致的最直接的后果就是交易双方掌握信息的水平并非是对等的，交易双方会对涉及自身利益的经济活动进行权衡与评判。市场经济体制下，信息的互通有无能够弥补信息不对称的缺陷，使经济活动能够有序、高效运行。立足生态环境保护问题，人类对于生态系统的认知始终是片面的，甚至是陌生的。自然生态系统中很多运行规律对于人类而言是“灰箱”或者“黑箱”，人类对于自然规律的认知永远都是非常有限的。生态系统的复杂性和人类认知水平的有限性的实质是人类与生态系统之间的信息不对称，这是很多环境问题产生的根本原因。

信息不对称问题在企业与利益相关者之间是普遍存在的，从委托代理关系来看，作为代理人，企业对自身情况的知悉程度较高，但是作为委托人角色，不同的利益相关者对于企业情况的了解程度是参差不齐的（张弛等，2020）。企业应当协调好与不同利益相关者之间的关系，减少彼此间信息不对称的问题，才能获得利益相关者的信任与支持，企业向利益相关者传递他们难以获取的信息，以表明前者对于后者的重视。事实上，企业积极履行环境责任就是向利益相关者积极传递信号，表明企业对于环境问题是非常重视的，只有这样才能与利益相关者建立更加和谐稳定的关系。与此同时，企业会根据一系列明示的或者隐含的约定与利益相关者建立起合作关系，给予利益相关者一定的决策权，根据利益相关者提供资源的能力和服务质量来支付相应的报酬（Jensen 和 Meckling，1976）。按照“委托人对代理人进行适当的激励与监督，使两者间的利益偏差能够有效降低”的观点，利益相关者中的投资人根据企业环境责任履行情况来引导自身的投资行为，并使企业的市场价值受到影响。企业严格按照政府的环境规制要求积极履行环境责任，违法违规风险能够有效减少，企业不仅能够获得政府的支持，投资人权益由于有效保障会与其建立更加稳固的合作关系，企业的市场价值也能稳步提升；反之，不能积极履行环境责任的企业，政府对其信任度会降低，与投资者的关系将无法保证持续稳定，市场价值也会受到影响（胡俊南和王宏辉，2019）。企业积极履行环境责任是政府与企业委托代理关系中的重要一环，企业积极创造税收、提供就业以及在市场机制的引领下在产业结构优化方面发挥积极作用，企业在社会整体福利提升过程中发挥着不可取代的作用，但是企业对于生态环境所带来的负外部性是不可避免的，很多情况下，政府环境规制行为的把握应当维系并保持一个合理的力度，规制政策过于宽松，环境治理将不能收到良好成效，环境规制过于严格又会在无形中给经济发展目标实现设置障碍。

从政府层面来看，相关部门会基于可持续发展要求并考虑经济发展水平，出台不同类型的环境规制政策，各类规制政策能够发挥一定的引领和规范作用，企业则会顺应各类环境规制细则的要求进行绿色技术创新和积极履行环境责任，企业行为对生态环境带来的有利或不利影响在及时反馈给政府部门之后，政府会对既有的环境规制政策进行调整优化，这是一种理想化的状态，即政府环境规制系统与企业环境责任履行系统实现了较好的耦合协调。但是，由于信息不对称问题的普遍存在，企业可能没有充分了解和掌握政府环境规制的具体要求。与此同时，企业还会综合考虑环保资金、战略方向以及经济政策不确定性等因素，导致环境责任履行不积极甚至给生态环境带来严重破坏；尽管政府制定了严格的环境监测方案，但监测技术受限、企业对污染行为的瞒报与谎报等情况，可能直接导致政府部门不能全面系统掌握生态环境状况，导致环境规制政策没有得到更好的调整。由此可知，政府与企业建立更为通畅的交流反馈机制直接关乎政府环境规制与企业环境责任能否实现充分的耦合协调。

2.2.4 环境规制与企业环境责任博弈关系探讨

（1）环境规制央地博弈关系分析

生态环境具有竞争性和非排他性的公共物品特征，这就使得消费主体普遍具有“搭便车”心理，因此生态环境治理仍然需要政府发挥关键作用。财政分权改革的持续推进使得中央与地方的利益格局产生偏离。一方面，中央政府积极制定完善各类生态环境保护制度，设立各类环境保护试点。另一方面，地方政府普遍存在对中央环境保护政策履行力度不足，在以经济绩效为核心的官员履职考核机制下，地方政府官员更重视地方财政收入和经济绩效等问题，这就导致中央政府与地方政府在环境治理方面存在博弈行为。中央政府能够代表国家和社会公众的基本利益，地方政府的利益存在双重特征，即在与中央保持一致的同时，也会有其独立性。在地方经济利益最大化目标驱动下，地方政府有时会超越中央政策边界，开展一些自主性的投资扩张活动。中央和地方政府针对环境治理的博弈是影响环境规制与企业环境责任关系的重要因素。

①环境规制央地关系序贯博弈分析。

针对环境规制问题，中央和地方政府之间的博弈关系属于序贯博弈，即环境规制的实施范围和强弱程度需要中央政府进行确定，地方政府基于地区发展利益最大化的目标对中央政府出台的规制政策进行权衡，综合考虑经济发展和环境保护之间的关系，最终中央与地方政府之间的策略集为{重视环境效益，重视经济效益}、{强规制，弱规制}（见表2－1）。

表2－1　中央政府与地方政府的决策矩阵

地方政府 / 中央政府	重视环境效益	重视经济效益
强规制	X_{11}，Y_{11}	X_{21}，Y_{21}
弱规制	X_{12}，Y_{12}	X_{22}，Y_{22}

地方政府层面，其收益函数主要包括：经济发展水平（G）、财政收入（F）、中央财政转移支付（T）、就业率（J）、社会舆论（O）、职务晋升（P）或降职（－P）。在上述因素中，当地方政府

官员能够严格执行中央政府各项环境规制政策时，职务能够晋升，同时还可能获得中央财政转移支付作为奖励。当处于弱规制条件下，中央政府不会给予地方政府过多的激励措施，地方政府选择重视经济发展或者环境保护对其职务晋升和中央财政转移支付不会产生显著影响，并且在弱规制条件下，中央政府监管成本较低，同时，地方政府的收益要素可以进行加总。

在强规制条件下，地方政府重视中央政府的环境规制带来的中央财政转移支付、职务晋升、正面的社会舆论等收益，同时也会导致 GDP 放缓、财政收入规模减小以及就业率降低等成本，最终的净收益 $Y_{11}=T+P+O-G-F-J$；地方政府更重视经济发展会带来 GDP 增加、财政收入规模扩大以及就业率上升等收益，同时产生中央财政转移支付降低、官员降职以及负面的社会舆论，最终的净收益是 $Y_{21}=G+F+J-T-P-O$。由此可知，中央实施强有力的环境规制，地方政府重视环境问题将会带来更多收益，即 $Y_{11}>Y_{21}$。在弱规制条件下，地方政府重视环境问题仅能得到一些正面的社会舆论，其环境治理行为并不会带来职务晋升以及中央财政转移支付，环境治理相应的成本包括 GDP 放缓、财政收入规模减小以及就业率降低，净收益 $Y_{12}=O-G-F-J$；此时，地方政府更加重视经济发展的收益，主要包括 GDP 增加、财政收入规模扩大以及就业率稳定等因素，成本方面则仅包括负面的社会舆论，由于环境规制程度较弱，地方政府即便不重视环境治理也不会因此而被降职和减少中央财政转移支付，最终的净收益为 $Y_{22}=G+F+J-O$，由此可知，中央政府环境规制程度较弱，地方政府重视经济发展会带来更高的净收益，即 $Y_{22}>Y_{12}$。

从中央政府层面来看，其收益函数主要包括：环境效益（E_1）和经济发展（M_1），强规制和弱规制分别耗费的资源成本为 S 和 O。中央政府实施强有力的环境规制，地方政府予以充分响应，则中央政府的收益和成本分别为 E1 和 S，给经济发展带来的损失为

M_1，最终的净收益为 $X_{11}=E_1-S-M_1$。如果地方政府不重视环境问题，更加注重经济增长，则中央政府所获得的收益是 M_1，成本是 S，由于发展经济所导致的环境破坏的代价为 E_1，最终的净收益 $X_{21}=M_1-S-E_1$。如果中央政府实施较弱的环境规制，当地方政府更注重绿色发展时，则中央政府的收益和成本分别为 E_1 与 M_1，最终的净收益为 $X_{12}=E_1-M_1$；如果地方政府更注重经济发展，中央政府的收益和成本则分别为 M_1 和 E_1，其净收益为 $X_{22}=M_1-E_1$。当中央政府更加注重绿色发展时，环境效益 E_1 大于经济发展 M_1，前者所溢出的部分是能够弥补强规制下所耗费的资源 S 的，此时，$X_{11}>0$，$X_{22}<0$，同时，$X_{11}>X_{22}$；当中央政府更加重视经济发展时，$M_1>E_1$，此时，$X_{11}<0$，$X_{22}>0$，同时，$X_{11}<X_{22}$。

上述分析属于常见的序贯博弈分析过程，对此过程进行简化分析示意如图 2-3 所示。

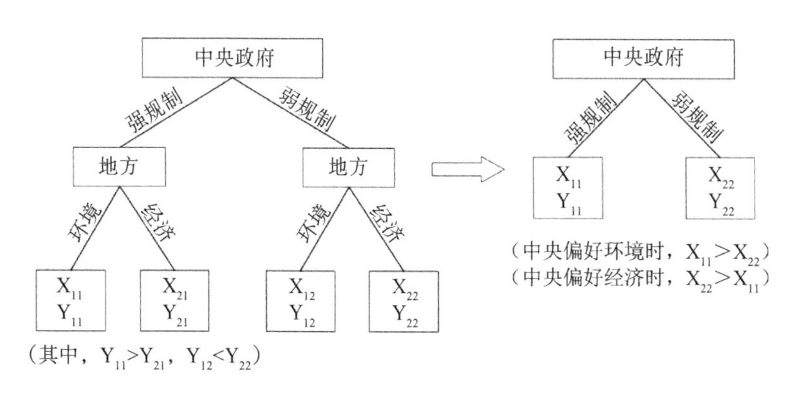

图 2-3 环境规制央地关系序贯博弈分析示意

图 2-3 左侧两个决策结及其相应的收益简化为必然得到收益的形式。在图 2-3 右侧中，当中央政府更加重视环境问题时，$X_{11}>X_{22}$，环境规制博弈的纳什均衡为（强规制，重视环境效益）；当中央政府更加重视经济发展时，$X_{11}<X_{22}$，此时环境规制博弈的纳什均衡则为（弱规制，重视经济效益）。总而言之，通过对上述

序贯博弈过程进行系统梳理后发现，博弈均衡是由中央政府环境规制强度所决定的，此时，我们深入思考后会发现新的问题，即哪些因素会影响中央政府环境规制的强度，中央政府自身博弈力量的提升和规制力度的强化通过哪些方式可以实现，地方政府将使用哪些博弈工具来保障地方利益，因此，下面需要围绕央地博弈工具对环境规制中博弈均衡的实现路径作更进一步讨论。

②环境规制中博弈均衡实现路径分析。

通过前述央地博弈模型我们可以发现，中央政府环境规制力度的强弱是环境治理最终实现博弈均衡的决定性因素，即中央与地方博弈关系的力量对比最终会决定能否形成博弈均衡。基于此，本书试图充分展现央地博弈的现实状况，以央地博弈工具作为分析问题的切入点，权衡双方博弈力量的强弱，探析上述两种博弈均衡状态的边界条件。从实际情况来看，中央政府会借助行政晋升激励、财政政策以及制度规范这三个层面的博弈方式强化自身实力，使自己在央地博弈过程中更具主动性。

首先从行政晋升激励来看，围绕官员行政职务的变动及其相应的考核能够成为官员行为的有效约束。我国政治管理体制最显著的特征为中央高度集权，在此背景下，地方官员的任命、晋升与免职均由中央政府实施执行，地方政府官员在此管理体制下，能否忠诚并有效地执行中央政府的各项决定，是其获得中央肯定并获得晋升机会的决定性因素（孔繁成，2017；丁海等，2020）。在这种政治背景之下，地方政府官员如果背离中央政府指令和决策，将难以获得晋升机会，甚至会被处以贬职或罢免，付出巨大代价，地方政府官员严格按照中央政策和指令开展工作是其利益最大化的最优选择。这对环境规制相关的问题也同样适用，中央政府在环境规制央地博弈关系中是非常强势且主动的。

其次从财政政策来看，如何激励地方官员按照中央决策指令行事至关重要，有效的财政政策和工具能够充分发挥激励作用。自实施分税制改革以来，中央权力增加，地方财政资源有相当一部分要流向中央，地方政府财政对转移支付的依赖性日益增加，中央财政资金的分配与运用成为中央政府管控地方政府的重要手段。地方政府获得中央政府转移支付的水平在很大程度上取决于地方政府对中央政府政策指令的执行情况。从环保问题来看，中央政府针对不同地区制定不同的转移支付方案，有效引导地方政府按照中央的环保政策开展各项工作。例如，财政部在2017年印发的《中央对地方重点生态功能区转移支付办法》中明确提出，地方政府所获得转移支付额度与其生态治理效益直接关联。

最后是规范、科学合理的制度设计通常都会同时考虑激励和约束两个层面，“奖惩并重”是对代理主体实现有效管理的重要举措。环境保护相关的激励与约束应关注事前、事中以及事后这三个阶段。事前激励与约束主要是指，中央政府会针对地方政府环境治理制定相应的目标，给出事前承诺或约定。在环保治理效果考核阶段，按照既定的目标确定最终的奖惩结果，将环境污染的外部性予以内化，并与地方官员自身利益最大化的成本进行挂钩。事中激励与约束主要是指，中央在地方政府实施环保治理过程中履行必要的监督与考察责任。中央政府在监督与考察过程中，使用“运动式治理”模式，对地方政府环境治理机制缺陷进行查漏补缺，避免地方官员出现敷衍和拖沓行为。事后激励与约束主要是指，按照相关区域的环境治理绩效考核结果，对责任官员进行奖惩，尤其是在既定目标未完成时，对相关官员提出更进一步的要求，确保其完成目标。

地方政府为了确保自己在与中央政府博弈过程中获得一定的主动权，通常也会使用一些博弈工具，例如对社会稳定问题的考量、信息优势的掌握以及非正式关系的运用。

首先，社会稳定是国家各项工作开展的前提保证，同时，稳定发展也在中央和地方政府治理层面占据着非常重要的位置，开展科学有效的环境治理工作不能忽略稳定问题，维护稳定是央地双方共同的政治任务。作为双方谈判中的弱势方，地方政府在讨价还价环节可将稳定作为重要筹码。在区域发展问题上，地方政府会依托其信息优势，向中央政府故意传递甚至捏造环境规制政策对于地方稳定具有负面作用的信息，进而在央地博弈关系中迫使中央政府基于稳定因素的考量而放松相关环境规制要求（冯猛，2017）。地方政府在向中央政府传递环境规制的负面效果时，通常会出现两种情况：第一，严苛的环境规制会激化地方政府与企业间的矛盾；第二，过于严格的环保管制可能会造成大量员工失业，对所在地区稳定发展带来隐患。

其次，博弈关系的走向在很大程度上取决于能否掌握信息优势，掌握信息更多的一方在讨价还价中更有主动权。针对环境治理问题，地方政府通常会将信息不对称和信息的错误解读作为增强博弈力量的惯用手段。事实上，环境治理要以强有力的技术因素为基础，地方政府不仅有较强的技术手段，同时还掌握着非常丰富的区域信息。与此同时，对于衡量地方政府环境治理能力的指标（如减排和能耗指标）中央监管部门并未形成统一的评价标准，这很容易导致地方政府对环境监测信息进行人为操控以达到自身目的。地方政府利用自身的信息优势使得中央政府在整个博弈过程中呈现出显著的信息劣势特征。

最后，地方政府会凭借自己的非正式关系和资源使其在与中央政府的博弈过程中更有讨价还价的底气，使地方政府的博弈力量显著增强。中国的政治运作是由正式政治力量和非正式社会关系交融推进的，尤其是非正式的社会关系在央地关系互动过程中发挥着重要作用（Kornai，1992；钟灵娜和庞保庆，2016）。地方政府官员为了能够在与中央政府博弈过程中获得更多的主动权和话语权，通常会使用大量资源并通过多方面渠道建立与中央官员之间的非正式关系，并持续进行经营，以此种方式使彼此间严格的科层制关系得以弱化。这种非正式关系一旦稳定，地方政府更容易在讨价还价的过程中使用“游说”和“收买”手段，以此来拓展自身的政策实施空间，使自己在博弈局势中占有更多优势。

综上所述，央地之间的博弈工具是存在差异的（见图2-4）。当中央政府在博弈工具层面占据优势时，中央政府能够实现强规制的目标，央地博弈关系遵循的均衡路径为（中央政府强规制，地方政府加强环境治理）；当地方政府在博弈工具层面占据优势时，中央政府在环境规制方面力度较弱，央地博弈关系遵循的均衡路径为（中央政府弱规制，地方政府放松环境治理）。

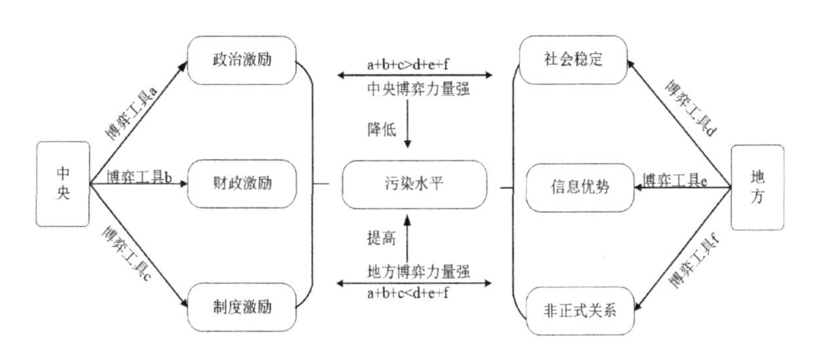

图2-4 环境治理过程中央地博弈关系图

③环境规制博弈均衡经验事实分析。

从上述两个层面来看，一旦中央和地方政府结合自身优势展开博弈，环境治理均衡还会发生何种变化？治理的实际情况又会是怎样的？很显然，最终均衡结果是由力量较大一方所决定的，那么中央政府与地方政府的力量哪一方更强呢？我们猜想中央政府在整个环境规制与环境治理博弈过程中具有更强的力量，因为中央政府具有更多的话语权和主动权，监管的动机和力度也要更强一些，最终形成的博弈均衡为（强规制，重视环境问题）。博弈均衡具体经验事实如下：

中央政府期望地方政府对其各项政策均能够保持忠诚，环境政策也不例外。中央政府通过强有力的制度设计来不断提升行政晋升激励、财政政策以及制度规范力度，弱化维护社会稳定、信息优势以及非正式关系等因素在央地博弈关系中的所发挥的作用。从中央政府层面来看，我国自实施分税制改革以来，中央政府在实现财权集中的同时，不断提升财政转移支付水平，地方政府环境治理绩效会直接影响中央对地方的财政转移支付规模，财政政策的激励作用愈发明显；与此同时，环境绩效是中央政府考核地方官员的重要参考指标，会直接影响官员的任命、晋升与免职，尤其是与环境治理政绩相挂钩的“一票否决制”“目标责任制”也使中央政府行政晋升激励的效果进一步增强；中央政府针对环境治理的相关制度不断进行优化升级，例如近年来推出的环保机构监测监察执法垂直管理制度、中央生态环境保护督察制度以及环保治理地方党委政府负责制等，均为环境治理提供了新方向和新思路，中央对地方政府制度激励成效显著。上述三个方面的举措使中央政府在环境治理层面的博弈力量得以巩固和增强。

除了提升自身博弈力量，中央政府也会使用相应的举措削弱地方政府在双方博弈关系中的优势。信息优势方面，中央政府投入大量资源用于区域环境质量实时监测，监测网络不断延伸扩大，截至2020年，我国共有城市空气质量监测点位1436个，“十四五”期间将增加至1800多个，国家、省、市、区（县）四级环境空气监测网覆盖了全国337个地级及以上城市；与此同时，环境监测机制不断被优化，自2017年开始，地方空气质量监测事权已经全部上交中央，中央政府在地方环境质量信息获取方面的劣势已经逐渐得到改善。非正式关系层面，中央政府出台严厉的反腐措施以及官员异地交流任职制度，用以打击不同层级政府间的共谋行为。在维稳层面，近年来中国经济持续稳定发展，产业结构升级效果显著，服务型行业对社会劳动力的吸纳能力明显增强，严苛的环境规制所带来的高污染和高能耗企业整顿关停或者迁移，对于所在区域的负面影响是逐渐减弱的，地方政府难以再借助维稳之名对环境规制政策予以排斥。

通过上述分析可知，在央地环境治理博弈关系中，中央政府具有更多的话语权和主动权，监管的动机和力度也要更强一些，具备对地方政府实施强规制的条件，因此最终形成的博弈均衡为（强规制，重视环境问题），使得地方实际污染水平低于基准污染水平。

（2）环境规制政企博弈关系分析

除了央地关系之外，环境治理的另外一组重要关系就是地方政府与企业之间的博弈，其中最典型的就是地方政府对企业污染行为所实施的环境规制，一套合理的环境治理激励机制应包括奖励和处罚两个方面，分别为正向和负向的规制措施。也就是说，政府可针对不同情况，有选择地使用“大棒”和“金元”的手段来增加企业的治污成本或者收益。如果企业积极履行节能减排和污染治理责任能够带来更多的增量收益，那么企业均会将履行环境责任作为最优选择。在考察地方政府与企业之间在环境治理方面存在的博弈关系时，本书分别从负向规制措施和正向规制措施两个方面展开讨论。

①负向规制措施下地方政府与企业之间的博弈关系。

涉及环境治理的负向规制措施，大多数情况是采用一些处罚的方式使企业能够关注环境问题，重视节能减排，积极履行环境责任。其中最典型的就是针对污染行为所采取的罚款和赔偿措施，属于行政命令型的环境规制措施。罚款主要针对的是企业违反环境保护法律法规行为，对其采取的经济制裁；赔偿则是企业向其污染行为的受害方或损失方进行经济补偿。赔偿通常涉及企业与居民或者其他经济主体间的关系，而罚款主要介于政府与企业之间。本部分内容主要以污染罚款为例，探讨负向规制措施下的地方政府与企业之间的博弈关系。

第一，模型假设。假定博弈关系中参与双方分别为地方政府和企业，其收益函数分别设定为U和V，如果双方都是理性经济人，那么必然会关注各自的所得及回报，地方政府关注的回报主要为社会经济福利水平的提升，企业最终关注的是利润能否实现最大化，双方之间的博弈过程也不可能脱离各自对期望收益的考量。地方政府和企业各有两种选择：政府方面会选择作为和不作为，企业会选择污染和不污染。同时，假定企业存在污染行为时，政府的例行检查肯定能够发现。

第二，模型参数设定。如果地方政府对企业污染行为积极采取管制行动，最终的收益为 R_1，如环境质量得到提高、能提升区域价值、塑造政府勤政为民的好形象等。C_1 是政府采取行动针对企业产生环境问题进行管制所带来的成本，其中涵盖了直接成本和间接成本。直接成本主要为管制实施过程中产生的组织和管理成本，间接成本主要为实施管制或者管制措施调整所带来的福利损失及效率降低。C_2 是企业对环境进行治理所带来的成本，主要为污染控制或治理设备发生的装配及保养费和人工劳务费。R_2 是企业积极履行环境保护及治理责任所带来的收益，也可以视同为企业不积极进行污染治理所产生的机会成本。事实上，如果企业在环境污染治理方面态度不积极，政府对其采取措施也会在一定程度上降低企业声誉，其市场占有率也会受到负面影响。M是政府对企业污染行为罚收的处罚金。

当地方政府通过对企业的污染行为采取必要的规制措施进行管制时，企业的收益水平为 C_2-M，地方政府的收益水平为 $M+R_1-C_1$。如果地方政府对于当地企业的污染行为不进行管制，则企业的收益水平为 C_2，地方政府的收益水平为0。如果企业积极履行环境责任的同时地方政府也实施了必要的管制手段，企业可获得的收益水平是 R_2，地方政府最终的收益水平为 R_1-C_1。如果企业积极履行环境责任，同时地方政府不进行管制，则地方政府与企业的收

益分别是 R_1 和 R_2。地方政府与企业之间的博弈关系如表2-2所示。

表2-2　　地方政府与企业的决策矩阵

地方政府 \ 企业	污染	不污染
管制	$M+R_1-C_1$, C_2-M	R_1-C_1, R_2
不管制	0, C_2	R_1, R_2

当地方政府对环境污染问题开展严格管制时，企业最优的策略是不污染；反之，当地方政府不进行管制时，企业的最优策略是无须考虑环境污染问题，甚至可以选择污染；当企业积极履行环境责任，选择不污染的策略时，则地方政府的最佳选择是不进行管制；当企业环境责任意识较差，存在污染行为时，地方政府此时的最优选择就是开展积极的环境污染管制工作。从上述四种情况来看，地方政府与企业之间的博弈并没有体现出纯策略纳什均衡关系特征。更多情况下，地方政府和企业会随机选择应对策略，该博弈关系中存在着混合策略纳什均衡。

由于地方政府是否进行规制以及企业是否选择污染具有随机性，存在一定的概率分布特征，假定地方政府是否进行规制的概率分别为 p 和 1-p，企业是否选择污染的概率分别为 q 和 1-q。

地方政府的期望收益函数为：

$$U=q\cdot p\cdot(M+R_1-C_1)+q\cdot(1-p)\cdot 0+(1-q)\cdot p\cdot(R_1-C_1)+(1-q)\cdot(1-p)\cdot R_1$$
$$=q\cdot p\cdot(M+R_1)+R_1-P\cdot C_1-q\cdot R_1 \quad (2-1)$$

式(2-1)对 p 变量求导，可以得到：

$$\partial U/\partial p=q\cdot(M+R_1)-C_1 \quad (2-2)$$

令 $\partial U/\partial p=0$，可以得到：

$$q^* = \frac{C_1}{M+R_1} \tag{2-3}$$

企业的期望收益函数为：

$$\begin{aligned} V &= q\cdot p\cdot(C_2-M)+q\cdot(1-p)\cdot C_2+(1-q)\cdot p\cdot R_2 \\ &\quad +(1-q)\cdot(1-p)\cdot R_2 \\ &= q\cdot p\cdot(C_2-M)+q\cdot(1-p)\cdot C_2+p\cdot R_2+(1-p)\cdot R_2 \\ &\quad -q\cdot[p\cdot R_2+(1-p)\cdot R_2] \end{aligned} \tag{2-4}$$

式（2-4）对 q 变量求导，可以得到：

$$\begin{aligned} \partial V/\partial p &= p\cdot(C_2-M)+(1-p)\cdot C_2-[p\cdot R_2+(1-p)\cdot R_2] \\ &= -p\cdot M+C_2-R_2 \end{aligned} \tag{2-5}$$

令 $\partial V/\partial p=0$，可以得到：

$$p^* = \frac{C_2-R_2}{M} \tag{2-6}$$

由上述函数可知，最终的混合策略纳什均衡最优解为（p^*，q^*），即在均衡状态下，地方政府实施环境规制的概率 $p^*=\frac{C_2-R_2}{M}$，企业生产经营活动产生污染的概率 $q^*=\frac{C_1}{M+R_1}$。

如果地方政府与企业间的关系处于纳什均衡状态，将最优解（p^*，q^*）代入地方政府的期望收益函数公式（2-1）中，最终可以得到地方政府的期望收益为：

$$\begin{aligned} U &= q\cdot p\cdot(M+R_1)+R_1-p\cdot C_1-q\cdot R_1 \\ &= R_1\cdot[1-C_1/(M+R_1)] \end{aligned} \tag{2-7}$$

根据企业在生产经营过程中实现纳什均衡而选择污染的概率 q^*，以及式（2-7）中呈现出的地方政府期望收益可以看出，企业生产经营中选择污染的概率以及政府进行治理和规制的概率，都与政府实施环境规制的成本 C_1 与收益 R_1 有关。假定在实施环境规制的一个特定的时间区间内，成本 C_1 与收益 R_1 不发生改变，如果增加对污染企业的处罚力度，处罚金 M 增加，此时，政府的期望收益将增加，企业污染环境行为发生概率将降低。事实上，政府应不断增加对企业污染行为的罚款力度，促使企业能够主动减少排放并积极参与治污工程，生态环境治理结果能够为经济社会持续发展奠定良好基础。在此纳什均衡状态下，地方政府与企业逐渐开始进行各类合作，环境规制与企业环境责任履行的契合度会更高。

严苛的处罚制度一定能够对企业的污染行为产生威慑作用吗？根据地方政府在纳什均衡状态下进行环境管制的概率为 p^* 这一事实可知，地方政府开展环境监督检查的力度与最终的罚款金额存在反向关系，即污染行为处罚力度越大，则其他类型的环境管制活动实施越少。如果政府在总体环境规制水平较低时处以较高的罚款，在此背景下，由于巡查监督所发现的污染企业，以及存在污染行为但并未被发现的企业，前者与后者所面临的境况将截然不同，这会加剧环境规制与企业环境责任履行过程中的不公平性，从法理和经济这两个层面而言均是不公平的。与此同时，寻租问题也会由此而滋生，环保腐败问题难以避免。正如前文“央地博弈关系”中所探讨的，财政分权体制使得地方政府及其官员更加看重所在区域经济发展，以环境污染的代价换取 GDP 政绩的行为非常普遍，地方政府对区域环境污染问题持相对开放包容的态度，也愿意以简单的罚款替代繁琐的环境监管和规制流程，导致环境规制行为的片面性和局部性，不利于提升所在地区整体的生态环境质量。

第三，负向规制措施的局限性。政府实施的环境污染惩罚策略是有一定局限性的。如图 2-5 所示，横轴代表政府实施环境规制策略的概率 p，概率分布区间介于 [0, 1]，政府不实施环境规制策略的概率为 1-p。纵轴表示政府实施环境规制不同概率水平下，企业选择污染策略所达到的期望收益水平。例如，图 2－5 坐标轴中点 C_2 到 C_2-M 的直线代表不同的环境规制概率水平下（横坐标），企业污染行为最终的期望收益（纵坐标）。可以看出，该直线与横轴的交点 P 代表地方政府与企业实现博弈均衡时，政府开展有效环境规制的概率值，此时，企业选择污染策略时最终的期望收益值为 0。通过前面的分析可知，纳什均衡状态下，地方政府的期望收益值为 $R_1 \cdot \left[1-\frac{C_1}{(M+R_1)}\right]$。如果此时罚金力度较大，政府能够获得更高的期望收益，政府此时若坚持理性措施，那么最终罚款水平会越来越高，即 M 值会越来越大。

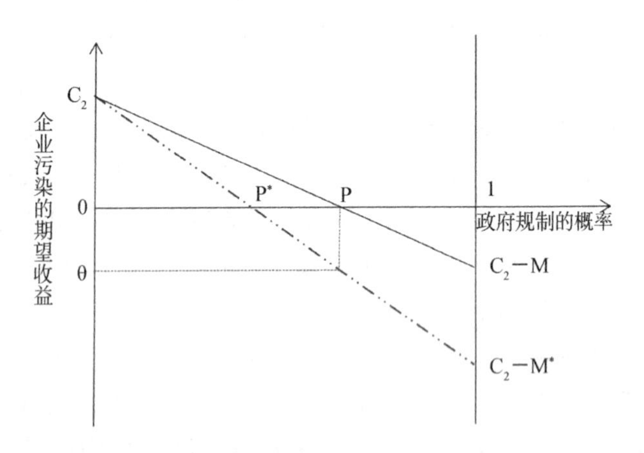

图 2－5　政府进行环境规制的混合策略

当政府针对企业污染行为收取的罚金水平从 M 增加到 M^* 时，企业的污染活动所带来的收益水平为 C_2-M^*，此时，点 C_2 到 C_2-M 的直线的右侧会向下位移。在这种情况下，如果地方政府环境规制的策略是既定的，企业污染活动所带来的收益值必然会减少，从 0 下降到 θ 的位置，此时 θ 是小于 0 的，企业将选择不污染的策略，按照政府环境规制要求积极履行环境责任，不断降低排污水平，积极参与环境治理。此状态如果延续较长时间，政府又会产生懈怠心理，环境规制水平可能又会下降，图2－5中表现为政府实施环境规制的概率由P下降到P*处。企业如果长期坚持履行环境责任，其期望收益水平也会逐渐下降，作为理性经济人，企业必将重新对其策略进行权衡，混合策略重新被采用，污染行为期望收益值又将重回0点，博弈关系实现了新的均衡。

从长远发展来看，负向环境规制策略中的强制性罚款手段对于企业污染行为的遏制作用是非常有限的。正如硬币的两面，从短期来看，必要的惩罚手段是能够有效降低企业污染行为发生概率的；较高的罚款金额也能够有效节约其他规制手段所带来的成本，如劳务费、巡查费以及检测费等。总而言之，负向环境规制措施中罚款手段尽管有一定的局限性，但其积极作用也是应当予以充分重视的。

②正向激励机制下地方政府与企业之间的博弈关系。

作为一种典型的负向环境规制措施，罚款对于企业污染行为有一定的威慑作用，但是不能从根本上促使企业积极参与环境治理。美国著名经济学家布坎南指出，一场游戏需要有规则支撑，游戏能否升级的关键在于规则能否被改变。这说明改变参与人对于游戏结果并不会产生显著影响，游戏规则能够被改变才是关键。推进企业积极参与污染治理，负向规制措施可以与正向激励因素充分结合，即推行双管齐下和奖惩并用的举措。2015年1月1日开始实施的新《环境保护法》第十一条明确规定，个人或单位在环境保护领域成绩或者贡献突出的，可获得人民政府颁发的奖励。这属于根据正向激励机制制定的最直接的法律制度。美国著名心理学家斯金纳曾指出，如果个人或单位行为的最终结果对其有利，那么该行为就会多次出现；反之，这一行为则会消失，究其原因，是激励在其中发挥了作用。奖励是对特定主体良好积极行为给予的肯定，能使相关主体保持这种积极行为。因此，在环保机制中融入必要的激励手段，对于提升企业履行环境责任的积极性而言是非常有必要的。

在正向的环境规制背景下，地方政府与企业的博弈关系中加入变量 T，代表地方政府对积极履行环境责任的企业给予的奖励。企业未被查出污染行为主要分为三类情况：其一，地方政府进行环境管制，企业不存在污染环境行为；其二，地方政府不进行环境管制，企业不存在污染环境行为；其三，地方政府不进行环境管制，企业存在污染环境行为。企业在这三种情况均可获得政府的环保奖励，政府也要有相应的环保奖励财政支出，都为 T，这也是与负向环境规制手段相比最主要的差距。不同策略下，地方政府与企业之间的博弈关系如表 2－3 所示。与负向环境规制类似，该博弈关系中存在着混合策略纳什均衡。

表 2－3　　奖励机制下地方政府与企业的决策矩阵

地方政府＼企业	污染	不污染
管制	$M + R - C_1$，$C_2 - M$	$R_1 - C_1 - T$，$R_2 + T$
不管制	$-T$，$C_2 + T$	$R_1 - T$，$R_2 + T$

在上述博弈关系中，地方政府的期望收益值为

$$U = p \cdot q \cdot (M + R_1 - C_1) + (1 - p) \cdot q \cdot (-T) + p \cdot (1 - q) \cdot (R_1 - C_1 - T) + (1 - p) \cdot (1 - q) \cdot (R_1 - T)$$

$$= p \cdot q \cdot (M + R_1 + T) - p \cdot C_1 + R_1 - T - q \cdot R_1 \quad (2-8)$$

式（2－8）对 p 变量求导，可以得到：

$$\partial U / \partial p = q \cdot (M + R_1 + T) - C_1 \quad (2-9)$$

令$\partial U / \partial p = 0$，可以得到：

$$q^{**} = \frac{C_1}{M + R_1 + T} \quad (2-10)$$

此时，企业的期望收益函数为：

$$V = q \cdot p \cdot (C_2 - M) + q \cdot (1-p) \cdot (C_2 + T) + (1-q) \cdot p \cdot (R_2 + T) + (1-q) \cdot (1-p) \cdot (R_2 + T)$$
$$= -q \cdot p \cdot (M + T) + q \cdot C_2 + R_2 + T - q \cdot R_2 \tag{2-11}$$

式（2-11）对 q 变量求导，可以得到：

$$\partial V / \partial p = -p \cdot (M + T) + C_2 - R_2 \tag{2-12}$$

令$\partial V / \partial p = 0$，可以得到：

$$p^{**} = \frac{C_2 - R_2}{M + T} \tag{2-13}$$

由上述函数可知，最终的混合策略纳什均衡最优解为（p^{**}，q^{**}），与负向环境规制机制下博弈均衡最优解（p^{*}，q^{*}）相比，由于

$$p^{**} = \frac{C_2 - R_2}{M + T} < p^{*} = \frac{C_2 - R_2}{M} \tag{2-14}$$

$$q^{**} = \frac{C_1}{M + R_1 + T} < q^{*} = \frac{C_1}{M + R_1} \tag{2-15}$$

上述关系表明，正向的激励措施能够有效减少其他类型环境规制的使用概率，企业的污染活动也有所降低，并且均低于罚款策略下的概率。从对比结果来看，正向激励的效果是显著优于负向规制措施的。

进一步从期望收益角度来看，如果采用正向激励方式，政府进一步开展环境规制以及企业选择污染的概率分别为 p^{**} 和 q^{**}，如果达到纳什均衡，政府最终的期望收益为：

$$U = p \cdot q \cdot (M + R_1 + T) - p \cdot C_1 + R_1 - T - q \cdot R_1$$
$$= R_1 \cdot \left(1 - \frac{C_1}{M + R_1 + T}\right) - T \tag{2-16}$$

与负向规制机制分析类似，如果政府进行环境规制的成本和收益分别为 C_1 和 R_1，由此可知，若地方政府采取了必要的奖励或者激励措施，最终的期望收益可能会小于罚款方式下的期望收益，即必要的激励手段能够提升企业环境治理的积极性，同时政府环境规

制压力也能够到有效缓解，但最终政府的期望收益降低了。由此可知，采用市场激励型环境规制手段时，尤其应当注意激励成本和奖励额度，需要将其控制在一定的范围内。

③博弈结果总体评价。

从前面的分析我们可以了解到，以罚款为主的行政命令型的规制方式和以正面奖励为主的市场激励型的规制方式，都能在一定程度上使企业履行必要的环境责任，但也存在一定的局限性。

在行政命令型的规制方式下，当博弈达到均衡时，地方政府与企业各自的概率分别为 p^* 和 q^*，从前面的博弈关系来看，企业污染的概率与罚款金额呈反向关系，采取强制性的罚款措施能够有效降低企业的污染水平。但这并不意味着高额罚款能够彻底解决污染问题，罚款力度越大，其他类型的规制手段的使用概率越低，坚持以罚款方式限制污染行为，这种情形是不利于社会公平的。在市场激励型的规制方式下，当博弈达到均衡时，地方政府与企业各自的概率分别为 p^{**} 和 q^{**}，从前面的博弈关系来看，对企业积极履行环境责任的行为予以一定奖励，能够有效降低地方政府环境规制的力度，同时，企业发生污染行为的概率也能有效降低。地方政府在行政命令环境规制下所获得的期望收益显著高于市场激励机制下所获得的期望收益。因此，针对环保行为的过度奖励也会造成财政资源浪费，不利于社会福利提升。因此，行政命令型和市场激励型的环境规制应发挥相辅相成的作用。

2.3 文献综述

对关于环境规制与企业环境责任履行的文献进行梳理，文献脉络如图 2-6 所示。

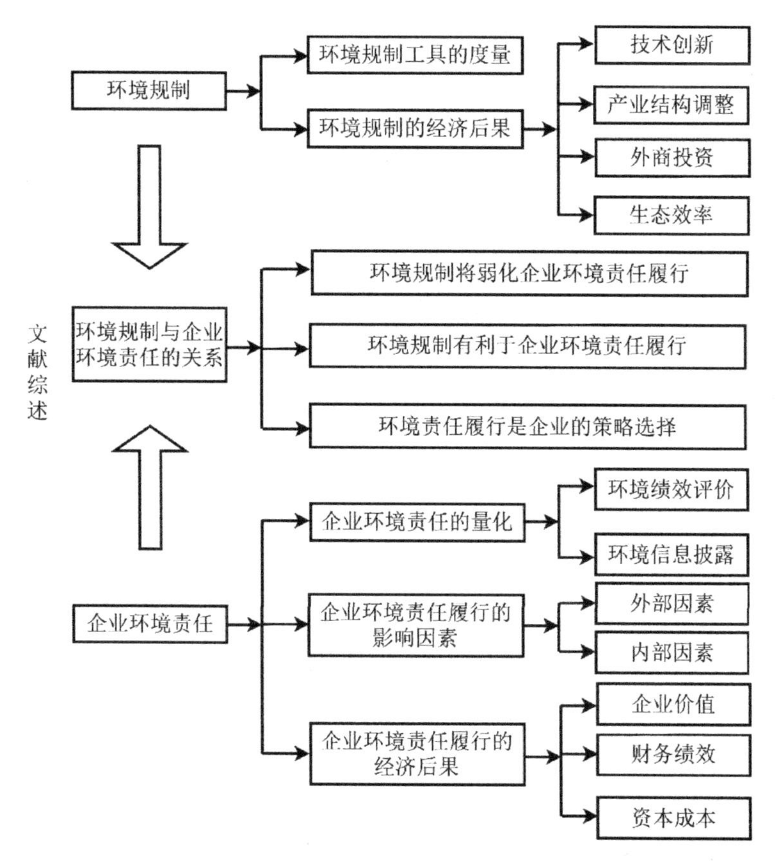

图2-6　关于环境规制与企业环境责任履行的文献脉络

2.3.1　关于环境规制的研究

（1）环境规制的度量

环境规制变量的有效度量是开展环境规制实证研究的必要前提，然而，环境规制工具是伴随政策调整而不断演化的，如何对环境规制因素进行有效度量是开展相关研究的基础。既有的文献，大多按照环境规制工具的三种类型分别对政府环境规制水平进行衡量，也有一部分文献选取相应的间接指标对环境规制进行综合量化。

环境规制通常包括三种具体类型，相关研究分别选取不同的替代变量对这三种规制方式进行衡量。第一，命令控制型工具，主要关注通过立法、政策制定及执行所形成的强制性规制措施，以此作为环境规制量化的基础。包群等（2013）以 1990 年以来国内省级人大所确定的 84 份环境立法文件为基础，使用倍差分析法对地方政府环境管制效果进行分析评价，研究发现，环境立法只有在执法力度较为严格的省份才会对环境质量提高带来正面效应，部分省份的污染排放并未由于环保立法而得到抑制。金刚和沈坤荣（2018）采用政府查处的环境违法企业数占当地工业企业数的比重来对地方政府环境规制程度进行衡量。第二，市场激励型工具，主要借助市场机制下的经济治理工具，例如环境税、排污许可证以及排污收费等制度。相关研究结论表明，与其他制度相比，排污收费制度在国内污染治理方面发挥了较为稳健的正面作用（Dasgupta 等，2001；李永友和沈坤荣，2008）。2002 年，我国开始推行二氧化硫排放权交易试点建设工作，自 2013 年起，北京、天津、上海、广东、湖北、重庆等省市先后启动了碳排放权交易试点，涂正革和谌仁俊（2015）研究指出，既有的碳排放交易政策的污染治理效应并未开始显现。2018 年《中华人民共和国环境保护税法》开始正式实施，吴茵茵等（2019）构建了考虑不完全竞争市场、成本异质性及差异化环保税的微观理论模型，研究发现中国所采用的差异化环保税能借助产能转移效应降低污染排放，但幅度相对较小。第三，公众参与型工具。社会公众在一定程度上会通过“用手投票”或“用脚投票”的方式对地方政府环境治理政策带来影响。郑思齐（2013）研究指出，国内社会公众对于环境问题关注度的提升，会增加政府对于环境问题的关注度，而政府则会通过优化产业结构，增加环境治理项目投资来缓解区域环境污染问题。

如果从环境规制指标综合量化方式来看，目前学术界对于环境规制的衡量方式主要包括如下几个方面：第一，利用单一的绝对数衡量环境规制强度。一方面是利用环境规制政策数量及执行情况衡量环境规制强度，例如受理的地区环保处罚案件数、环境信访次数、环保法规的严格程度等。Brunnermeier 和 Cohen（2003）根据政府对排污企业情况的检查和监督次数对其进行衡量。李胜兰（2014）采用累计设立的环保法规数测度环境规制水平。另一方面是根据污染物的排放量衡量环境规制强度，例如 Domazlicky 和 Weber（2004）以及查建平（2013）以固体废弃物和二氧化硫排放量作为环境规制的替代变量。第二，利用相对指标衡量环境规制强度。例如采用治理污染的总投资与经济产值的比例，Berman 和 Bui（2001）以及 Lanoie 等（2008）利用治理污染投资额与企业收入占比来测度环境规制水平。何玉梅和罗巧（2018）则使用每千元工业污染治理投资效率来衡量环境规制强度。第三，利用综合指标来考察环境规制水平，例如傅京燕和李丽莎（2010）使用了 ERS 综合指数和废水、废气、废渣三个指标层构建的环境规制综合指数。朱平芳等（2011）和赵霄伟（2014）通过计算多种污染物的排放强度来测量环境规制。郝寿义和张永恒（2016）以及任晓松等（2020）则利用熵值法对工业废水排放量、工业二氧化硫排放量以及工业烟尘排放量进行处理得到综合指标衡量环境规制。第四，采用文本分析的方法对环境规制指标进行量化，如陈诗一和陈登科（2018）、邓慧慧和桑百川（2019）利用政府工作报告中与环境保护相关的词频或者占比来衡量环境规制水平。

（2）环境规制的经济后果

环境规制会对企业行为乃至经济增长产生深远影响，著名的波特假说明确指出合理的环境规制能够促使企业进行技术创新而获得竞争优势（Porter 和 Linde，1995）。波特假说的提出，进一步引领诸多学者探讨环境规制所带来的多方面的经济后果，其中除了技术创新之外，还涵盖了产业结构转型、外商投资、生态效率等方面。

技术创新方面，环境规制对其同时具有抑制作用及促进作用。抑制作用方面，Gary（1987）选取美国电力行业和制造业企业为研究样本，研究发现环境规制使其环保投资增加，研发支出降低，企业创新及成长空间都受到一定程度的抑制。伍格致和游达明（2019）使用空间自回归模型分别检验了三种环境规制政策对于技术创新的影响，研究结果显示这三种规制手段对于我国企业研发及创新活动都有一定的阻碍作用。促进作用方面，自波特假说提出以来，众多学者验证了环境规制政策能够促使企业实施研发与创新战略，创新绩效能在一定程度上弥补企业环保投入，尽管环境规制在短期内会导致企业污染治理成本增加，但也促使企业不断改进高能耗和高污染的生产工艺，通过技术研发以及设备升级改造来降低企业的污染排放，有效减少治污成本。Berman（2001）使用美国油气冶炼行业研发投入以及全要素生产率的数据对 Porter 的观点进行验证，发现环境规制能够促进技术创新。张同斌（2017）研究指出，严苛的环境规制能够使污染企业更加重视治污及清洁技术创新，创新收益能在一定程度上弥补治污成本，短期损失不可避免，但经济效益却是长久的。邓玉萍和王伦（2021）将“节能低碳”政策作为切入点进行实证研究，发现该政策能够显著提升企业的绿色创新能力，政策执行所带来的创新收益能够有效弥补其中的遵循成本。

与此同时，环境规制类型不同，最终对技术创新产生的影响也是存在差异的。张成等（2015）研究发现，环境规制对技术创新的影响具有一定的不确定性，而这种不确定性主要是由不同类型环境规制强度不一致所导致的。张娟等（2019）对环境规制与企业绿色技术创新的关系进行检验后发现，环境规制实施初期，企业进行绿色创新动力不足，随着环保理念的不断渗透，企业绿色技术创新产出将会逐渐增加。郭进（2019）指出，财政、税收以及环保收费等规制手段在一定程度上是能够提升绿色技术创新水平的，而部分惩罚性质的规制手段反而削弱了企业绿色创新的动力。彭星和李斌（2016）同样也认为，市场激励型和自愿主动型的环境规制更能激发企业进行绿色技术创新，而行政命令型环境规制则不会发挥作用，同时，不同类型和不同区域的环境规制所发挥的作用也存在一定差异。王锋正和姜涛（2015）聚焦资源类企业，研究发现环境规制能够提升初级产品加工行业绿色技术创新效率，而在开采洗选业中，环境规制则不利于绿色技术创新。李青原（2020）指出，企业针对不同类型的环境规制政策有着不同的应对方案，排污费制度在给企业带来外部压力的同时，也能使企业形成有力的内部激励措施，使其能够积极推动绿色技术创新，而环保补贴则有可能导致企业产生刻意迎合政府的机会主义行为，削弱企业进行绿色创新的动力，两项政策带来了不同的后果。

产业结构转型方面，主要集中在对于“污染避难所假说”的检验，环境规制差异直接导致污染密集型行业的转移。Zheng 和 Shi（2017）使用省际面板数据进行分析后发现，“污染避难所假说”的有效性受不同类型环境政策和产业特征的影响。Kheder 和 Zugravu（2012）检验了环境规制与企业选址之间的关系，研究发现企业选址行为存在着“污染避难所”效应。李虹和邹庆（2018）检验了资源型城市环境规制对于城市产业转型的影响，并指出可将环境规制作为一种倒逼机制推进城市的产业转型发展。郑金玲（2016）使用多城市面板数据检验环境规制与产业结构升级间的关系，若不考虑空间效应，两者为正相关关系，若考虑空间效应，环境规制对相邻地区产业结构的影响程度大于本地产业。李虹和邹庆（2018）按照是否属于资源型城市对二者关系进行检验后发现，环境规制均能推动产业结构升级，城市产业转型效果显著。钟茂初等（2015）研究指出，环境规制与产业结构升级之间存在“U”形关系，环境规制对于产业转移的效果更为显著，而环保投资则是推动产业升级的有效工具。李眺（2013）研究发现，环境规制能够显著提升第三产业的发展水平，进而带动整体产业结构的优化，与此同时，东部和西部地区的环境规制政策效应比中部地区更为显著。另外，部分学者直接讨论了环境规制的产业调整效应，例如，原毅军和谢荣辉（2014）认为，政府环境规制能够在产业群体中发挥强制性的筛选作用，最终实现优胜劣汰和产业结构调整。范玉波和刘小鸽（2017）分析指出，环境规制会产生显著的产业结构空间替代效应，促使污染型企业向西部进行转移。

外商投资方面，环境规制对于外商投资的影响有两种观点：第一种观点认为环境规制会对FDI流入产生显著的抑制效应。Cole等（2006）通过对包含33个国家的面板数据进行分析后发现，如果某地环境规制政策相对宽松，则会吸引污染密集型产业外商的进入。第二种观点则认为，环境规制与FDI流入的关联度不高，甚至认为严格的环境规制政策更能吸引FDI流入。Elliott和Shimamoto（2012）分析了日本对外投资情况，以向东盟国家投资为例，发现环境规制并不会显著影响对外投资的规模。Dam和Scholtens（2012）研究指出，环境规制对于FDI流入的影响并不显著，跨国公司更加关注投资地区的经济发展水平、市场化程度、政治因素以及资源禀赋。Dijkstra等（2011）指出，严苛的环境规制政策会使本国企业生产成本增加，但对于外商而言，实施跨国生产与经营成本相对较低，环境规制对外部投资政策影响较小。魏玮等（2017）认为，FDI流入是存在国别差异的，垂直型FDI流入会受环境规制政策影响，呈现出一定的阻碍性，而水平型FDI流入则很少受环境规制影响，在我国中西部地区，在吸引外资方面“逐底竞争”现象较为普遍。

生态效率方面，目前，针对环境规制对生态效率的影响主要体现在提升作用、约束作用以及非线性关系这三个方面。

第一，环境规制能够有效提升生态效率。一些学者认为，有效的环境规制促使企业优化升级生产技术，不断提升管理水平，其产生的积极后果在增强盈利能力的同时还可抵消环保成本，使资源利用效率得以提升，区域生态效率也得到改善。李静和沈伟（2012）研究指出，工业绿色生产率是能够与环境规制水平同步提升的。王群勇和陆凤芝（2018）研究指出，从国家层面来看，环境规制能够有效推进我国经济高质量发展，从区域发展来看，相对于东部地区，在中西部地区采用相应的环境规制政策，对经济高质量发展的促进作用更为显著。张妍和张立光（2015）的研究同样是支持波特假说的，他们认为有效的环境规制政策工具是能够提升全要素生产率的，工业研发投入在其中发挥了较好的中介作用。屈文波（2018）则指出，有效的环境规制能够发挥正面的溢出效应，使用SDM模型检验环境规制与生态效率之间的关系，前者对后者具有显著的提升作用，与此同时，提升效果在本地不显著，但对于相邻区域生态效率提升效果显著。

第二，环境规制约束了生态效率的提升。相关研究认为，针对企业的环境规制具有一定的成本约束作用，相关的规制政策可能导致企业削减生产规模或者进行产业转移，正面和负面产出同时下降，生产效率也会有所降低，不同区域确保环境规制的一致性是不发生产业转移的重要前提。Wally和Whitehead（1994）指出，环境规制必然导致企业环保成本增加，创新投入规模削减，企业整体效益受损，对外部生态效率带来负面影响。徐彦坤和祁毓（2017）使用双重差分模型和准自然实验方法，检验环保重点城市限期达标这一环境规制手段的经济后果，研究结果表明该政策的实施显著降低了样本企业的生产效率。

第三，环境规制与生态效率存在非线性的关系。弓媛媛（2018）研究指出，从整体来看，环境规制对绿色经济效率发挥了一定的推进作用，但这种推进关系呈现出边际递减趋势，与此同时，三种传统的环境规制手段对绿色经济效率的影响呈现出显著的异质性和非线性关系。张英浩等（2018）研究指出，环境规制与绿色经济效率的关系呈现出倒“U”形曲线特征，即先促进后抑制的特征，东部、中部、西部地区呈现出明显的差异化特征，东部为下降阶段，中部和西部分别为平稳上升和快速上升阶段。张子龙等（2015）研究发现，从短期来看，环境规制不利于提升生态效率，但从长期看，两者是正相关的关系。Li 和 Wu（2016）选取中国 273 个地级市，采用空间杜宾模型对两者关系进行检验后发现，在政绩考核严格地区，环境规制能够显著提升绿色全要素生产率，部分地区环境规制手段具有显著的空间溢出效应，尤其是自愿主动型的规制手段对于本地及临地均能发挥正面作用。姚晓辉和汪健莹（2016）使用面板门槛模型，以中国省际面板数据作为研究样本，将研发投资、对外开放水平以及外商投资规模作为门槛变量，研究发现在门槛左侧，环境规制与生态效率负相关，而在门槛右侧，两者正相关。任海军和姚银环（2016）研究发现，资源依赖度比较高的地区生态效率显著偏低，显现出“资源诅咒”的特征，环境规制对于生态效率的改进效果并不显著。

另外，部分学者研究了异质性环境规制对生态效率的影响。除了空间、时间差异外，不同类别的环境规制手段在成本和后果方面也是具有异质性的。蔡乌赶和周小亮（2017）研究发现市场激励型和自愿主动型环境规制政策与全要素生产率因素分别呈现出“U”形和倒“U”形的关系，而行政命令型的效果则不够显著，与此同时，三种环境规制手段都会通过研发创新、要素调整以及外商投资等因素对绿色全要素生产率产生影响，作用方向一致但作用效果各不相同。吴磊等（2020）研究指出，市场激励型和自愿主动型的环境规制政策与绿色全要素生产率均呈现出显著的“U”形关系。任胜钢等（2016）使用我国 30 个省份的面板数据，分别检验三种环境规制手段对生态效率的影响，研究结论显示，最终结果能否验证波特假说理论与所在地区经济发展水平和资源环境禀赋因素有密切关系。任小静和屈小娥（2020）使用空间滞后模型，以我国多省份的面板数据为研究样本，研究结果显示，从全国层面来看，三种环境规制手段对绿色生产效率是能够发挥显著提升作用的，但从省际层面来看，不同省份下，关于不同环境规制手段对于绿色生产要素影响的最终结论各不相同。

2.3.2 关于环境责任履行的研究

（1）企业环境责任的量化

目前在理论界和实务界并没有一种被广泛接受和使用的企业环境责任量化体系，相关研究在对企业环境责任履行情况进行量化时通常包括两种方式：第一，环境绩效评价层面，参考专业机构对企业环境绩效的评级或者评分，或者综合考虑环境投入产出水平，来对环境责任履行情况进行衡量。第二，环境信息披露层面，使用内容分析法对其进行评价，或者根据专业机构的环境信息披露评分，侧面反映环境履责情况。

在环境绩效评价层面，国外专业机构的环境绩效评分主要包括MSCI—KLD评级、道琼斯ESG评价办法、FTSE2GOOD指标、Domini 400指数等。创立于1990年的多米尼400社会指数（Domini 400 Social Index）是美国第一个针对环境责任设立的指数，分别从有毒物质排放、罚款情况、废弃物处理及减量、废弃物处理成果、资源回收成果以及环保服务和产品等方面来构建指标体系（黄世忠，2021）。联合国环境规划署从能源利用、水资源使用、废弃物利用、臭氧层破坏物质排放以及温室气体排放这五个方面来构建环境效率指标体系（颜鹰，2011）。洛威尔可持续发展研究中心（LCSP）的学者们依照企业可持续发展报告将企业环境责任指标进行层级划分，共分为五个层级，分别为企业环境合规性、企业材料使用和污染情况、企业环境治理和组织结构、企业供应链和全生命周期环境绩效、环境战略及可持续发展指标（Veleva等，2003）。

Lindgreen 等（2009）专门针对环境绩效开发了量化考核表，包括六个方面，分别是在政府环境法规之外自愿履行更多责任、经营决策中兼顾环保问题、组织绩效中考虑环保绩效、给予环保活动经济支持、合理评估企业自身环境绩效、降低组织活动对环境的影响。在诸多的指标体系中，MSCI—KLD 评级办法在实证研究中使用最为广泛（Sharfman 和 Fernando，2008；Chava，2014；Fernando 等，2017）。MSCI—KLD 指标体系的构建借鉴了政府机构、科研机构、企业年报、企业可持续发展评价报告以及媒体报道等不同渠道的资料，所衡量的主题包括公司所处的外部生态环境、公司治理水平以及社会环境这三个方面。国外学者通常使用 MSCI—KLD 指标体系的绿色产品、清洁能源技术推广使用、环境质量管控体系、可循环及再生材料的使用以及生产工艺流程等因素来衡量企业环境治理的前瞻性表现，使用指标体系中的环境违规处罚、排污情况、气候负面影响以及 NGO 抗议等因素来衡量企业环境治理的缺陷与不足。国外学者认为，企业可以通过提高环境治理的前瞻性表现得分或者降低环境治理的缺陷与不足得分来提升环境绩效总分值，但这两种路径会给企业经营带来不同的后果（Goss 和 Roberts，2011；Zyglidopoulos 等，2012），因此，国外学者在实证分析中通常会将上述两种情况进行区分并对因变量作差异性检验。

我国相关机构在企业环境绩效评价体系上的探索与实践起步较晚，目前主要有中国工商银行发布的 ESG 评价体系、融绿—财新 ESG 美好 50 指数、中央财经大学绿色金融国际研究院 ESG 评价体系、南开大学上市公司绿色治理评价体系、上海国家会计学院企业社会责任指数、和讯网的年度社会责任报告，上述评价体系的普遍特征是公司的涵盖面不全，数据的可获取性不够理想。除了参考上述指标体系外，相当一部分学者借用特定的指标或者测算办法对企业环境绩效进行衡量。在实证研究方面，国内研究更多采用环境投入及经济后果指标对环境绩效进行衡量。从环境投入指标来看，黎文靖和路晓燕（2015）、胡珺等（2017）使用企业年报中环保投资增加值作为环境绩效评价指标；从经济后果指标来看，主要通过污染物种类、排放量、环保奖励及荣誉、环保行政处罚等指标对环境绩效进行衡量（胡曲应，2012；吴红军，2014；沈洪涛等，2017）。部分学者则使用层次分析法、内容分析法和专家打分法构建企业环境绩效指标体系（陈璇，2013；武剑锋等，2015），分别从环境管理、节约资源能源、降污减排以及环保产品等方面对其进行衡量。与此同时，和讯网每年都会定期发布社会责任报告，国内部分学者借鉴此报告中的环境责任评分用以衡量企业环境责任的履行水平（谢芳和李俊青，2019；吴昊旻和张可欣，2021）。该指标体系从五个维度对企业环境责任进行衡量，主要包括环保意识、环境管理体系认证、环保投入金额、污染排放种类以及能源节约种类五个维度，评分取值范围为0—30分，分值越高，说明环境责任履行水平越好。另外，北京大学民营经济研究院同时结合环保投入占销售额比重以及能源使用效率对企业环境责任进行综合评价，上海国家会计学院将内外部治理环境、环保产品、有害物质回收、废旧原料利用以及能耗管理作为企业环境责任的衡量指标（李长青，2018）。针对企业环境责任选择，姜雨峰和田虹（2014）根据上市公司是否通过ISO14000环境管理体系认证来衡量企业是否承担环境责任。贺立龙等（2012）将环境责任分成三个部分，分别是环境守法守规责任、环境资源优化配置责任、公益声誉及内控责任，以此为基础构建环境责任指数。关阳（2012）分别从依法建设、生产流程、污染防控、环境管理以及环境影响这五个方面构建企业环境法律责任指标体系，并设置了较为详细的二级指标。事实上，国家早在2003年就颁布了《排污费征收使用管理条例》，该条例颁布的目的就在于鼓励企业通过资源优化配置强化环境管理，履行环境责任，根据该制度，国家重点监控行业的企业排污费都会在生态环境部官方网站进行披露，数据获取较为便利。因此，张兆国等

(2019)、胡曲应（2012）在实证研究中使用营业收入排污费率来衡量企业环境责任。

与此同时，环境信息披露是环境责任履行水平的重要体现。目前，国外学者通常使用内容分析法来设置不同维度对企业环境责任信息披露质量进行衡量（Clarkson等，2008）。国内外相关研究通常会对企业年报、社会责任报告以及环境履责报告中的相关内容进行梳理和规整，归纳相应的条目并进行赋权打分，以此为基础框架形成环境责任评价指标体系。2012年，环境保护部在《上市公司环境信息披露指南》中分别从环境管理、重大环境问题、环保守法等方面对企业环境责任进行管理。国内相关研究也会重点参照《环境信息公开办法（试行）》中的相关规定，区分强制性和自愿性披露的具体条目，依照企业环境治理目标、环保投入、生态环境及资源消耗、污染物排放种类和数量等明细内容对具体披露情况进行评价（毕茜等，2012；沈洪涛等，2014；吴红军等，2014）。相关研究还会对企业的披露行为作进一步细化，将披露方式和披露载体作为重要切入点，将披露方式区分为定性披露和定量披露，将披露载体区分为企业年报、企业社会责任报告、企业环境责任报告以及可持续性发展报告等形式。与此同时，还有一部分研究使用润灵环球责任评级体系（RKS）中的企业社会责任板块中的环境责任评分来对该层面的信息披露质量进行衡量（曹亚勇等，2012；谢华和朱丽萍，2018）。润灵环球责任评级体系（RKS）分别从整体概况（M）、内容翔实度（C）、技术水平（T）以及行业规范（I）这四个方面对涵盖企业环境责任信息披露的内容进行整体评级打分，但不具备直接用来衡量环境责任信息披露的专项衡量指标，既有的实证研究多用于评价涵盖环境责任在内的社会责任信息披露情况。

（2）企业环境责任履行的动机和影响因素

目前，国内外学者研究认为，企业履行环境责任的动机通常包括三个方面：合法性动机、竞争性动机以及道德动机（Bansal和Roth，2000）。首先，合法性动机指的是在既有的法律制度、社会道德以及公众认知标准下，企业确保其行为合理性的内在需求。由此可知，企业积极履行环境责任的目的在于遵循环保法律法规以及满足利益相关者绿色发展的利益诉求，避免由于违背环保制度受到行政处罚以及给企业声誉带来负面的作用，使企业能够健康稳定持续发展。其次，为了维持自身竞争地位不受威胁，企业积极履行环境责任确保能够获得市场的正面反馈，维持竞争优势的同时使自身盈利水平得以稳定提升。最后，在道德动机的驱动之下，为确保社会整体福利水平得到有效维护，企业积极履行环境责任，使其能始终保持正面的生态环境价值观，同时满足管理者的生态环境道德观。基于上述三个方面的动机，相关研究发现企业环境责任履行分别受制度层面的外部因素，以及企业自身特征层面内部因素的影响。外部因素主要包括政府机构、市场背景、媒体监督、社会舆论、行业特征、所属地区以及全球化程度等，内部因素主要包括企业文化、治理结构、资源禀赋以及自身能力等。环境责任履行的内外部影响因素主要基于前文所讨论的自然资源基础理论、利益相关者理论、期望违背理论、委托代理理论以及社会契约理论等。

①外部因素。

环境资源具有显著的外部性以及公共物品特征，单纯依靠市场机制难以有效实现负外部性的有效内化，环境绩效改善的空间非常有限，政府应及时发挥必要的调控作用。政府通过制定政策性法规，实施有针对性的管控，合理运用财政及税收手段，发挥“有形之手”的调控作用，奖励和惩罚方式“双管齐下”，使鼓励和监督作用得到更好地发挥，企业开展环境治理的积极性显著提升，更好地抑制了资源浪费和环境污染破坏行为。学者们普遍持有这种观点，即发展中国家仍处于社会变迁和经济转型阶段，市场机制是不成熟、不健全、不稳定的，企业在政府的监督与激励之下，有序开展环境治理和推进绿色生产转型升级是非常有必要的（Hepburn，2010；Zhu 等，2007）。Hughes 等（2001）研究发现，国家对于企业环境信息披露问题较为重视，审查及监管力度也较大，企业会按照相关规定进行强制性披露，并不断提升自愿性信息披露的水平。Patten 和 Crampton（2003）指出，企业出于避免政府惩罚动机，会严格按照各项规制政策履行环境信息披露责任。全球化进程的日益推进为发达国家与发展中国家的交流和协作创造了机会，贸易格局的升级使企业环境责任履行动机得以增强。发达国家有着较为完备的环境制度体系，国民层面有着很强的环保意识，与发展中国家相比，发达国家企业在环境信息披露方面有更强的主动性。Matthew 等（2006）研究发现，发达国家比发展中国家的企业对于环境问题有着更高的责任意识，其环境信息披露工作更加严谨。在全球化背景之下，发达国家信息披露水平在本土和海外存在显著差异，前者的披露质量会更好一些。例如，Gelb 等（2008）以美国本土企业为研究样本，发现本土企业由于面临的环境规制政策更为严格，其信息披露质量优于海外分部企业。另外，全球化进程促使很多发展中国家走出国门开展海外贸易业务，发达国家严苛的环境法规促使这些“走出去”的企业主动提升其环境信息披露质量。例如，Weber（2014）研究指出，发展中国家一旦提升其国际化程度，企业为有效应对跨国供应商及国外消费者的环保诉求，会主动改进其环境信息披露水平。

在环境保护政策实施研究领域，西方学术界积累了较多的理论及实践经验。国外学者结合合法性理论，伴随政策法规的制定与完善，相关研究发现环境履责不力的企业将面临诸多风险和不确定性后果，环境破坏问题也推动企业不断完善认知，强化自身环境保护意识和环境治理的主动性（Porter 和 Kramer，2006）。我国企业所面临的严苛的环境监管也对其环境责任履行带来了较为显著的影响，本书对国内研究成果进行了系统梳理。潘红波和饶晓琼

（2019）对2015年实施的被称为“史上最严”的新《环境保护法》对企业环境绩效的影响进行实证检验后发现，前者对后者有显著的提升作用，这种正向的激励作用在环保投资综合水平低、法治化程度高以及经济发展水平高的省市更加明显。刘媛媛等（2021）研究发现，随着新《环境保护法》在我国的全面实施，企业环境保护意识普遍提升，尤其是企业整体的环保投资水平显著增加，法治化程度较高的地区这种关系更加显著。曾辉祥等（2021）专门从企业环境履责不力的角度探讨新《环境保护法》与企业环境绩效间的关系，研究发现该法的实施有效缓解了重污染企业环境责任履行不到位的情况，有效避免了一些严重失责行为的出现。李志斌和黄馨怡（2021）则从企业环保技术创新角度探讨了环境规制与企业环境绩效间的关系，研究发现新《环境保护法》的实施能够显著提升企业环保技术创新水平。王建明（2008）通过问卷调查法构建了环境信息披露指标体系，实证检验政府规制与监管对该类信息披露质量的影响，研究发现前者能对后者产生显著的正向推动作用。肖华等（2008）立足企业环境违规视角，结合当年的环境污染热点事件——松花江水污染事件，研究发现企业存在环境违规问题并被外部发现后，能够主动提升环境责任信息披露质量，以缓解负面事件带来的消极影响。

企业行为会受社会公众诉求与媒体舆论的影响，其环境责任行为也不例外。刘蓓蓓等（2009）探讨了利益相关者环保诉求对企业环境绩效的影响，研究发现前者对后者会产生显著的压力效应，来自社会公众和消费者的压力能够显著提高相关区域的环境质量。Pondeville等（2013）研究指出，外部利益相关者所传递的诉求和压力对企业环保战略具有显著影响。从产业链角度来看，Rodrigue等（2013）研究发现，企业的客户或者供应商，除了会要求企业积极保证供应链优势以外，也会要求企业不断优化生态环境保护流程，确保整个产业链的可持续性。Zhu等（2007）则指出，全球化背景下，发展中国家的企业也处于国际化的产业链条中，而发达国家层面的利益相关者对于发展中国家的环保行为提出了很高的要求，促使发展中国家企业主动改进自身的环境绩效。自从我国加入世界贸易组织以来，全球化的程度日益增强，国际贸易占比增加的同时，企业通过提升自身环境绩效作为与国际市场接轨的一个重要切入点，国际贸易环节中的供应商和客户等利益相关者给我国企业也带来了较高的环保压力，促使国内企业将环保责任履行纳入公司总体战略目标之中，Lin 等（2014）研究发现，国际贸易因素是推动企业提升自身环境绩效的重要因素。

②内部因素。

良好的文化氛围是企业积极履行环境责任的重要驱动力，环境道德是企业文化的重要组成部分，Enderle（1993）认为企业环境道德具体表现为与生态环境和谐友好共处的内在价值观。企业通过长时间经营发展形成的环境伦理和道德价值观对于企业环境责任履行动机和行为发挥着重要影响。秉持环境道德伦理观念的企业，能够更看重长远利益，积极履行包括环境保护在内的社会责任，维护利益相关者的权益。Chen 和 Chang（2013）指出，企业在探究自身发展与生态环境之间的关系时，环境道德伦理观念能够在其日常经营决策中发挥有效引导作用，会给企业的组织文化和战略目标带来深远影响，企业积极开展环境保护治理、实施绿色技术创新的动机会更强。Wang 和 Young（2014）认为，具有环境道德伦理观念的企业高层会潜移默化地影响企业的环保及绿色行为，会通过不断完善和优化环境管理制度，对组织成员进行必要的激励，减少环境履责不力的行为。

按照利益相关者理论和代理理论的相关观点，企业治理结构也会对环境责任履行产生影响。Jo 和 Harjoto（2012）结合上述两种理论检验了公司治理水平对包含环境履责在内的企业社会责任的影响，研究发现两者关系受冲突解决观与过度投资观的影响。冲突解决观以利益相关者理论为基础，该观点认为企业环境责任的履行能够有效维护股东利益，同时也能满足其他利益相关者的诉求，利益相关者中不同群体间的利益也可以得到调和与权衡，总而言之，该观点认为合理的治理结构能够提升环境履责水平。基于该观点，一些研究还对公司治理的外延进行拓展，指出环境责任履行行为也是公司治理的重要内容，企业秉持良好的环境道德观念，很好地协调了不同利益相关者之间的关系，本身也是提升公司治理水平的体现。过度投资观以代理理论为基础，该观点认为企业管理层过度重视环境履责以达到维持企业声誉的目的是有损股东权益的，而良好的公司治理机制对于经营管理中的机会主义行为是能够发挥监督与缓解作用的，包含环境履责在内的企业社会责任水平会由于治理水平提高而降低。不过从总体来看，大部分的研究均认为良好的公司治理能够显著提升企业环境责任履行水平。Jo 和 Harjoto（2012）以美国 1993—2004 年将近 3000 家上市公司为研究样本，发现公司治理能显著正面影响包含环境责任在内的企业社会责任，并对企业价值产生正面作用，为冲突解决观提供了有效证据。另外，还有相关研究分别从董事会特征、高管薪酬以及股权结构等具体治理因素方面探讨企业治理水平对企业环境责任履行的影响。Zahra 和 Pearce（1989）指出，董事会能够对企业高管发挥监管作用，同时还能给企业带来优质资源，董事会成员多元化且规模较大的企业更容易产生眼光长远且重视环境问题的领导者，这类企业也更愿意投入资源进行环境治理和环保升级改造，提升整体环境履责水平。Elsayed 和 Paton（2009）也基本同意上述观点，尽管较大的董事会规模将使企业付出更高的管理和协调成本，但企业环境履责水平仍与董事会规模呈正相关关系。也有学者提出相反的观点，例如 Kassinis 和 Vafeas（2002）研究发现，企业董事会规模越大，其环境违规和诉讼案件反而会增加。Johnson 和 Greening（1999）以董事独立性为切入点，指出企业中的董事会成员有着较强的专业素养，同时对于环境污染问题有着很低的容忍度，通过实证检验后发现，企业董事会规模越大、独立性越强，则会对企业环境保护问题予以更多的关注，使企业环境责任履行能够维持在一个较高的水平。作为企业环境责任履行决策的执行者，管理层必然会对企业环境责任履行水平带来影响，最常见的一种做法就是通过必要的薪酬激励手段提升管理层环境责任履行的动机，使经营管理中的代理成本得以降低，Berrone 和 Gomez - Mejia（2009）的研究证实了该观点。相关学者发现，治理结构中股权集中度和机构投资者持股比重也会对企业环境责任履行产生影响，Neubaum 和 Zahra（2006）研究发现，机构投资者投资比例与企业环境责任履行呈现出显著的正相关性。我国学者也从不同角度探讨了治理因素对企业环境履责的影响，廖小菲和晏维莎（2015）以我国制造业 A 股企业为样本，研究发现国有股份占比会对企业环境责任履行产生显著影响。余怒涛等（2017）研究发现产权类型、机构投资者持股情况以及董事会规模都会对企业环境责任履行产生显著影响。Zou 等（2015）以我国上市公司为研究样本，探讨高管薪酬激励对于企业环境责任履行的影响，研究发现货币薪酬与企业环境责任履行显著正相关，而股权薪酬与企业环境责任履行则显著为负，行业竞争越激烈，上述两种关系越显著。周晖和邓舒（2017）以公司外部治理环境为切入点，研究发现高管薪酬与企业环境责任履行呈现出显著的倒“U”形关系，法治化程度和必要的政府干预能够对这种倒“U”形关系发挥调节作用。如上述研究成果所示，大多数学者聚焦公司治理的某一方面与企业环境责任履行的关系，Walls 等（2012）则选取公司治理中股权结构、董事会特征以及高管薪酬等因素，探讨这些因素共同作用下对企业环境责任履行所产生的影响。

结合资源基础理论中的观点，企业掌控的资源及其能力水平也会对其战略选择产生影响，环境责任战略也不例外。资源匮乏的企业，必然更重视短期效益，且容易忽视关乎企业长远利益的环境问题，环境履责的积极性会相对不足。Buysse和Verbeke（2003）指出，企业所掌控资源的多寡是能够直接影响环境责任履行的，资源使用约束条件较多的企业，其环保行为多数维持在合法性的临界点上；公司资源约束主要体现在资金和人力资源这两个方面，资源充足的企业也更有动力推进研发和技术创新。Christmann（2000）指出，相对于小型企业，掌握诸多重要资源的大型企业更有动力履行环保责任，后者所开展的环保行为也更具前瞻性。潘楚林和田虹（2016）从人力资源的角度指出，不管是企业高管还是基层员工，绿色创新决策的滞后和环保意识的缺乏，都不利于企业形成更具前瞻性的环保履责战略。杨东宁和周长辉（2004）也认为员工业务能力和职业素养的增加有利于公司环境战略的有效实施。

（3）企业环境责任履行的经济后果

①企业环境责任履行与企业价值。

企业环境责任履行与企业价值间的关系存在两种不同的观点，这两种不同的观点分别源于传统学派和修正学派（Wagner等，2002）。传统学派以新古典经济学理论为概念框架，认为企业环境责任履行不利于提升企业价值。Friedman（2007）强调指出，创造利润是企业应当履行的最为重要的社会责任，任何偏离这一核心的投入和成本都是对股东价值的无视和忽略，涵盖环境责任在内的其他社会责任成本均应当由政府和社会公众承担。有的学者则指出，企业环境责任履行直接给企业带来更高的成本负担，竞争优势会被削弱，进而会对企业价值产生负面的影响。Cohen（1995）研究指出，企业为环境保护所投入的各项资源的增加额与最终的效益增长并不成正比，排污技术改良升级和污染处理技术的采用只会无端增加企业的运营成本。有的研究则从代理成本角度对此问题进行阐释，Kruger（2015）指出，很多企业高管履行社会责任的出发点是满足个人私利，很多环保投资项目并不能有效提升股东价值，甚至一度出现环保过度投资问题，给企业价值带来负面影响。

修正学派秉持的观点是企业积极履行环境责任是能够提升自身价值的。Porter 等（1995）是该观点支持者的代表，其认为企业积极开展环保技术升级创新活动能够在很大程度上盘活各项资源，生产成本能够得到有效降低，其形成的先进的环保技术也可以通过出售而获取收益，以长远的眼光来看，环保行为并不会成为企业的负担。Hart 和 Ahuja（1996）将资源基础理论（RBV）进一步拓展成为自然资源基础理论（NRBV），认为企业在专注提升环境绩效的过程中，企业综合实力也可得到平稳提升，例如高管的组织协调能力和员工的学习能力等，同时还能形成差异化的、高附加值的、难以取代的长期“硬实力”，为企业可持续发展奠定稳固基础。还有研究从利益相关者理论出发，Jones（1995）指出企业积极履行环境责任，能够在企业和利益相关者之间形成一条稳固的关系纽带，更利于企业从利益相关者层面获得经营发展所必需的资源，企业价值随之提升。从政府管制层面来看，企业积极履行环境责任会给自身减少负面规制，同时也能获得投融资和减税方面的优惠条件；从消费者层面来看，企业积极推进环境责任履行，向市场推出的产品更注重绿色技术创新，也能有效提升产品溢价（田言，2021）。

相关研究对修正学派的观点进行了拓展与延伸，认为企业积极履行环境责任与自身价值分别呈现出“U”形和倒“U”形的关系（Fujji 等，2013；Trumpp 等，2017）。第一，“U”形关系层面，随着企业环境责任履行成本的增加，企业价值呈现出递减的趋势，当环境责任履行达到一定水平时，企业环境责任履行开始促进企业价值的提升，整个趋势呈现出显著的“U”形结构。其主要原因是，企业开始意识到绿色转型升级的重要性时，会为之付出大量的物质和时间成本，满足利益相关者的绿色诉求和进行绿色资源配置具有较高的机会成本，企业经营风险也会随之增加；与此同时，环境责任履行产生的正面效果是需要较为长期过程的积累，相关知识的沉淀和经验才能的增加不仅需要付出较长时间进行潜心研发，还需要逐步转变员工的认知和理念，梳理和协调利益相关者之间的关系，最终形成自身的绿色竞争优势，核心竞争力得以提升。短期内的绿色绩效难以显现出来，尤其是财务绩效会被削弱，出现“U”形关系中左侧下降的部分；随着时间的推移，企业在履行环保责任过程中积累的技术和经验会初显成效，最终实现量变向质变过渡的趋势，环境责任履行成本的增速低于经营绩效的增速，环境治理和绿色技术研发的成本开始得到弥补，转折点开始显现，企业价值得到反哺。当企业对环境责任履行轻车熟路时，与前期环保投入相对薄弱的公司相比，履行环境责任所带来的收益逐渐趋于稳定，最终企业达到了环保绩效和经营绩效的双丰收。第二，倒“U”形关系层面，企业积极履行环保责任的成效初期就能得以显现，企业价值稳步提升，当到达环境责任推进企业价值提升的临界点后，企业价值达到制高点，环保投入和绿色技术研发逐渐成为企业的一项负担，边际利润呈现下降趋势，企业价值反而会被环境责任履行成本所吞噬。在对战略管理的相关文献进行梳理后发现，企业环境责任履行所带来的正面作用与履行过程的执行成本密切相关。环境责任履行所产生的积极效应只有在利益相关者的预期范围内，才有利于企业价值的提升，超出特定的范围只会使得环境履责边际收益小于边际成本，企业价值也会随之下降（Hillman 和 Keim，2001）。另外，结合代理成本理论进行考虑，公司高管与股东对于公司风险的认知是具有显著差异的，公司高管通常是厌恶风险的，而公司股东更多时候对风险持中立的态度（Wiseman 和 Gomez - Mejia，1998）。由此可知，如果企业积极履行环境责任所带来的经济效应已经呈现出显著的递减趋势，但企业在环境风险管控方面的能力未发生变化，那么企业高管出于个人私利目的，会通过采取激进的环保投资战略以及牺牲股东价值的方式来缓解经营风险，企业价值此时会被反噬。

②企业环境责任履行与财务绩效。

在企业环境责任履行与财务绩效关系上，学者们使用基于历史财务数据计算得出的财务绩效指标或者基于未来成长指标计算的结果探讨两者间的关系，最终存在以下三种观点：第一，企业积极履行环境责任能够提升企业的财务绩效。Nehrt（1996）使用企业清洁能源的投资年限衡量环境履责水平，使用净利润增长率衡量财务绩效，发现两者呈现出显著的正相关关系。Hart 和 Ahuja（1996）则使用 TRI 有毒物质的排放水平来衡量企业环境履责水平，使用 ROE、销售回报率和资产净利率综合衡量财务绩效，也发现两者呈现显著的正相关性。Tang 等（2012）则使用社会责任水平 KLD 数据库中的相关指标和 ROA 值及 Tobin Q 值分别对核心变量进行衡量，同样验证了两者间的正相关性。张弛等（2020）使用营业收入排污费率和总资产息税前利润对核心变量进行衡量，发现两者呈显著的交互跨期的正相关关系。第二，企业履行环境责任不利于财务绩效的提升。李大元等（2015）使用工业增加值 COD 排放量衡量环境履责水平，使用 ROE、ROA 以及销售增长率进行财务业绩衡量，发现两者间呈现出显著的负相关关系。尹建华等（2020）使用营业收入排污率和 ROA 分别对核心变量进行衡量，也得出同样的结论。第三，部分学者发现两者间并未呈现出单一的线性关系，而是呈现出差异化的关联性。李正等（2006）根据企业社会责任报告中的关键指标构建了企业环境责任履行水平的评价模型，以 Tobin Q 值衡量企业绩效，发现两者在当期呈现出负相关性，而长期则为非负相关关系。温素彬等（2008）则使用 ISO14000 环境认证体系中的相关指标和 ROA、Tobin Q 值衡量二者的关系，发现在当期为负相关关系时，长期则呈现出正相关关系。Kim 和 Statman（2013）通过实证检验发现两者呈现倒“U”形的关系。另外，Gilley 等（2000）使用《华尔街日报》对企业环境治理行为的报道量和股票报酬率对核心变量关系进行检验后发现，两者并不存在显著的相关性。

③企业环境责任履行与资本成本。

目前国内外学者探讨企业环境责任履行与资本成本关系时，主要从债务资本成本和股权资本成本两个方面展开进行。第一，在债务资本成本方面，综合学术界既有的研究成果来看，积极履行环境责任的企业，其借款成本更低、信贷期限更长、抵押要求更为宽松。国外研究方面，Goss 和 Roberts（2011）探讨了涵盖环境责任在内的企业社会责任对债务融资成本的影响，研究发现环境责任履行低于平均水平的企业，其银行贷款利息要高出 7%—8%，即债务融资成本会增加。Nandy 和 Lodh（2012）以 KLD 数据库中的环境数据对企业环境责任进行衡量，按企业环境责任履行水平将研究样本分为高水平和低水平两组，发现环境责任履行高水平组企业贷款利率更低，获得的信贷额度更高，限制性条款更为宽松。Chava（2014）同样按照环境责任履行水平对样本进行分组，发现环境责任履行水平较高组，债务融资情况并没有显著的优势，环境责任履行水平较低组，银行要求的贷款利率水平会更高。Hoepner 等（2016）使用 Oekom 指标体系对企业环境责任水平进行衡量，研究发现随着环境规制程度的提升，环境责任履行水平较高的企业在环境治理成本控制和规避环境违规方面更具优势，对于企业声誉维护发挥了积极作用，银行会对此类企业给予更多贷款方面的优惠条件。Hamrouni 等（2020）通过实证检验发现，环境信息披露质量较高的企业也可获得较低利率的贷款。国内研究方面，沈洪涛等（2015）依据《企业环境行为评价技术指南》等文件构建环境绩效评价指标，从制度背景及非经济要素层面探析企业环境表现与企业债务融资间的关系，研究发现环境责任履行较好的企业，其长期贷款新增情况也较为理想。Du 等（2017）选取我国的民营上市公司，检验了企业环境绩效与债务融资水平间的关系，发现两者呈现出显著的负相关性，同时，有效的内控制度能够削弱这种负相关性。Huang 等（2017）研究指出，由于早期中国企业环境责任行为形式大于实质，对于企业风险管理所发挥的正面效应非常薄弱，企业环境责任意识的稳固需要较长时间，信贷机构对于企业环境责任的认知也是一个循序渐进的过程，这就使得企业环境责任履行水平与企业贷款利率呈倒“U”形关系。第二，在权益资本成本方面，国内外学者在此领域的成果较多，大多数研究认为企业环境责任履行能够有效降低企业的权益资本成本，也有学者对此提出不同观点。Connors 和 Gao（2011）使用美国电力行业的企业数据，研究发现企业环境信息披露和环境绩效水平提高都能显著降低权益资本成本。Fernando 等（2008）以美国 267 家标准普尔 500 指数公司为研究对象，使用资本资产定价模型对企业权益资本成本进行衡量，分析企业环境责任履行对其产生的影响，研究结果表明两者呈现出显著的负相关关系，进一步发现企业环境责任履行能够有效吸引机构投资者的注意，同时还能降低系统性风险，进而驱动权益资本成本的降低。El Ghoul 等（2011）同样指出，企业较好地履行环境责任不仅能够有效缓解信息不对称问题，还能吸引注重长期效益的投资者的关注与认同，这些都能够使企业的权益资本成本有效降低。Yeh 等（2020）则以我国 A 股上市公司 2008—2011 年的数据为样本，检验了包含企业环境责任在内的社会责任对权益资本成本的影响，发现两者关系并不显著，并分析了其中的原因，我国企业社会责任履行更多是基于合法性要求，其履责绩效并未在资本市场中体现出来。韩金红等（2018）以《CDP 中国百强气候变化报告》中提及的企业作为研究对象，综合使用 PEG 和 OJL 模型衡量企业的权益资本成本，研究发现企业积极履行碳信息披露责任能有效降低权益融资成本，进一步研究发现市场化程度、机构者投资以及强有力的政府监管都能在上述关系中发挥积极的调节作用。

2.3.3 关于环境规制与企业环境责任关系的研究

（1）环境规制将弱化企业环境责任履行

庇古的福利经济学理论和科斯的新制度经济学理论是传统环境经济学理论形成的基础，早期学者对于基于两者观点而形成的外部性内部化理论是普遍接受的。不管是庇古的征税手段还是科斯的产权交易观点，站在企业角度来看，其根本做法就是借助政府或者市场的力量来应对环境污染问题，将外部成本交由企业承担。由企业消化外部成本最直接的影响是，在企业技术不发生改变的约束条件下，企业按照各项环境保护规章制度开展生产经营，实现环保目标的同时，企业成本会有所增加，进而转嫁到商品和服务之中，企业在市场中的竞争力会有所削弱（沈洪涛和黄楠，2018）。

环境规制的本质是政府部门将环境资源赋予经济物品的特性，通过必要的定价及付费机制使得环境资源能够进行有偿交易（沈小波，2008）。在该机制下，企业要对生产设备进行升级改造、研发或引入污染治理技术、获得污染物排放权以及缴纳环保税费，通过上述环保投入将环境治理成本予以内化，支撑环境责任履行的各类要素投入使得企业成本增加。企业生产技术如果维持现状，同时又努力满足各项环保规制政策，企业生产率必然将会降低；与此同时，成本增加所导致的价格上升会降低消费者需求，利润也会随之下降（Christainsen 和 Haveman，1981）。此外，企业按照环境规制要求对其战略进行调整，既有的生产技术、工艺以及流程都有可能进行升级或改造，改变是把“双刃剑”，生产效率可能提升亦可能下降，因此，环境规制会给企业生产经营带来的是不确定性（Rhoades，1985）。

企业按照环境规制要求进行技术升级或者参与排污治理活动导致其生产成本增加，产品或服务市场竞争力被削弱，企业则可能转向环境规制程度较低的国家或地区开展生产经营活动。如果某个国家或者地区针对环境保护设定了较为严格的规章制度，企业为了响应政策要求进一步规范生产行为，减少污染排放，优化升级减排技术，这必然会增加企业生产成本；与此同时，相关国家或地区的整体生产成本也会随之增加，对于其他一些优质或者有潜力的项目则会产生挤兑作用；环境规制政策较为严格的地区，企业会面临更大的外部压力，对生产经营效率和市场竞争力都会产生负面影响，这类企业参与区域外市场竞争的动力不足，这说明环境规制所带来的社会整体福利并没有提升（Walley 和 Whitehead，1996）。Jenkins 和 Barton（2002）专门探讨了环境规制与经济全球化、产业竞争之间的关系，提出了三个核心观点：第一，产业外逃。严格的环境规制必然会对企业生产经营成本产生影响，企业经过充分权衡与考虑之后，如果环境规制所带来的成本比重较大，在同等条件下，企业会选择搬迁至环境规制政策相对宽松的地区。第二，竞争力的削弱。在经济全球化的背景下，企业一方面要按照环境规制的要求进行必要的环保投资，相关投入都将内化为产品或服务成本，另一方面，也要应对国内外激烈的市场竞争，环境规制强度有着显著的区域化特征，同等条件下，区域规制强度较高的企业是不具有竞争优势的，尤其是面对竞争激烈的国际市场，规制强度较低的外部环境；企业竞争力会更强。第三，产业内转移。基于环境规制区域差异性的考虑，在国际分工日益深化的背景之下，充分考虑产业链价值创造的权重，企业通常会将污染较为严重的环节或者部门转移到环境规制相对宽松的区域或者国家，以期能够消化负的外部成本。Mulatu（2018）研究发现，环境规制政策会对厂商利润最大化目标产生阻碍作用，与之相对应的企业必然会依据环境规制的严格程度动态调整生产经营策略。与此同时，相关研究实证检验了环境规制与产业发展之间的关系，例如，环境规制直接导致低效制造类企业生产率的下降（李俊青等，2022），严苛的环境规制倒逼企业进行技术转型升级（Rhoades，1985），严格的环境政策会对国内经济发展产生阻碍（Jorgenson 和 Wilcoxen，1990），这些实证研究均佐证了制约假说。

在环境规制的推动之下，企业开展污染治理，增加环保投资，积极履行环保责任，最直接的结果就是企业成本的增加。环境规制的强弱会产生不同的结果，过于严苛的规制政策所带来的社会福利不足以抵消环境责任履行所付出的代价。企业环保层面的投资必然会对正常的生产经营投资产生挤兑，相当一部分的环保投资与实际生产流程关联度较低，这也可能阻碍企业正常的生产活动，不利于生产效率的提升，环境责任履行最终导致企业经济福利的削减。Walley 和 Whitehead（1996）研究指出，企业的资源总是有限的，环境责任履行必然导致企业资源的占用，社会责任和自身竞争力的提升难以两全；如果环境责任履行能够给企业带来可观的成效，利润最大化的目标会驱使企业开展环境治理和减排技术升级，环境规制所发挥的作用是有限的，由此可知，环境规制政策超出企业的可承受范围，只会增加企业的负担。

总而言之，一系列环境规制政策的出台在一定程度上削弱了部分企业的竞争力，由于企业是经济发展目标得以实现的关键主体，政府在出台政策时难以同时兼顾企业竞争力提升和环保目标的实现，即经济发展指标理想化可能导致环境治理目标的难以实现，反之亦然。纵观国内外的实践经验，环境规制政策制定，需要充分权衡政企之间的博弈过程，严苛的环保要求必然会导致部分企业的抵制。部分地区经济经过多年发展，已经形成较为稳定的产业布局，环境规制必然会对产业发展的稳定性产生负面影响，也导致相当一部分企业在环境责任履行方面行动迟缓、态度不积极甚至是抵触（林玲等，2017）。从微观层面来看，面对环境规制所表现出的消极态度，是由于企业战略目标的短视性所导致的，企业应该从更长远的角度去正确认识环境责任履行所产生的正面效应（胡元林和康炫，2016）。

（2）环境规制有利于企业环境责任履行

美国著名管理学家 Porter 对于“环境规制会削弱企业竞争力”这一观点是持质疑态度的，其在新古典经济静态分析框架中引入动态创新调整变量，结合多个国家的案例，系统构建了竞争优势动态理论模式，并指出基于静态效率和固定约束指标的企业决策并不能经受外部市场的考验，企业竞争优势的形成取决于在动态约束条件下能否持续地进行技术升级和管理创新。在此基础上，Porter（1991）提出了创新补偿理论，认为政府结合经济社会发展的现实出台的环境规制政策能够引导企业积极进行技术创新与升级，尽管从短期来看会给企业带来一定的成本和负担，但从长远来看是能够提升企业生产效率的。与此同时，效率提升所带来的持续获利能力是能够弥补企业最初响应和遵循环境规制而产生的经营成本的，环境规制给企业带来的一系列连锁反应对于其竞争优势的积累是能够发挥积极作用的。Porter 的创新补偿理论能够引导企业立足长远发展，避免短视行为。进一步地，Porter 和 Linde（1995）指出，环境污染是企业生产经营过程的消极负面因素，企业产生过量的污染物本身就是效率低下的表现，如果此状态得不到改善，其持续经营发展必然会受到限制；企业如果充分认识到“环境污染”的本质，通过技术升级或者设备的更新换代减少污染排放，对废弃物进行妥当处置或者再利用是能够实现企业整体的转型升级的，在合理的环境规制的引导之下，企业能够获得长久持续的创新动力以及更好的发展前景。因此，“环境规制会给企业带来成本，阻碍企业发展”这种观念是片面的、缺乏远见的。创新补偿通常表现为两种情况：第一，污染的负面效应产生之后，基于环境规制的遵循，企业为环境污染治理付出了较高的代价，为了“亡羊补牢”，企业对现有工艺技术进行改进与升级，避免日后付出更高的代价。第二，在环境规制的引导下，企业主动开展技术升级和环保评估认证，不断优化工艺流程，对自身污染行为进行动态监控跟踪，最终的结果是有效避免了环境污染，同时使企业整体的生产经营基础更加稳固（郑展鹏等，2022）。后者是 Porter 的创新补偿理论的主旨与核心。有效的环境规制能够引领企业的良性发展，还能从根本上提升企业及其利益相关者的环保意识。从国家层面来看，当政府对于环境保护给予足够的重视，并在此基础上开展有针对性和更加有效的环境规制时，企业如果能够积极响应，必然能够更好地满足国内利益相关者的诉求，与此同时，该国也能够在国际市场上获得更强的绿色产品竞争实力，为海外市场开辟创造更加充分的先决条件（郑田丹和白欣灵，2019）。

在 Porter 提出基于创新补偿理论的观点后，国内外学者围绕环境规制与企业行为的关系开展了大量的实证研究。例如，Judge 和 Douglas（1998）以美国本土企业为研究样本，检验了环境规制对微观企业具体表现的影响，研究指出企业遵循环境规制是其战略导向的一个重要方面，从长远来看，企业按照环境规制要求进行的环保投资能够提升其环保绩效，对财务绩效最终也会产生正面影响。Lee 和 Tang（2017）使用 1998—2007 年美国企业绿色绩效面板数据，对环境规制与绿色绩效的关系进行检验后发现，环境法规在企业环境责任履行层面发挥了重要作用，特别是一些针对使用可再生能源的强制性要求使得企业的绿色经营绩效得以提升。Lyubich 等（2018）研究指出，环境规制倒逼企业制定更为严苛的环保标准，在严格标准之下，企业会更加主动地进行新技术的研发与应用，在污染物得以控制的同时，经营绩效也随之提升了。蒋为（2015）指出，企业在高强度的环境规制之下，更加倾向于进行创新研发，研发投资额规模也更大，在此基础上，企业实现了工艺流程改进和产品创新。李鹏升和陈艳莹（2019）研究发现，在短期内，环境规制不利于企业绿色全要素生产率的增加，但从长期来看，前者对后者有显著的促进作用。上述学者的观点均表明，环境规制并不会完全阻碍企业发展，尤其是在技术创新方面的激励作用是显而易见的，这在一定程度上与 Porter 的观点是一致的。

企业通过生产工艺流程标准化、生产工艺流程及时升级、清洁生产的推行、绿色产品的开发、自然资源回收利用以及绿色环保产品的研发等途径积极履行环境责任，使公众环境利益得以维护，环境资源价值充分体现，真正实现了环境污染成本的内部化（郭凌军等，2022）。很多观点依然坚持环境责任承担必然会给企业带来额外成本，企业正常投资必然会受到挤兑。但结合 Porter 的观点来看，合理有效的环境规制会对企业产生正面的引导作用，企业按照环境规制要求进行要素配置的过程中必然会伴随生产技术、工艺和流程的创新，如果形成良性循环，生产方式还能得以彻底升级。良好的环境规制不仅能够将污染成本予以内化，同时也提升了绿色产品的产出效率，这直接提升了社会整体福利（石华平和易敏利，2019）；而且合理的环境规制促使绿色全要素生产率得以提升，生产成本也有效降低了，对于整个生产过程也是受益的（刘伟江等，2022）。总而言之，环境规制同时实现了生产活动的产品补偿和过程补偿，企业的社会成本在此过程中得到弥补。事实上，有大量企业的发展会受制于生产技术和规模，很多机会和资源并未真正发挥成效，帕累托改进空间依然存在。政府是推动环境规制的主要力量，企业为实现资源的合理配置会与政府进行合作博弈，以期能够实现双赢（毛建辉和管超，2019）。因此，环境规制与企业环境责任履行必然是存在双向影响关系的，进一步探讨两者耦合关系是非常有必要的。

（3）在已有的环境规制下，环境责任履行是企业的策略选择

Porter 的“创新补偿”和“先动优势”观点认为，环境规制能够有效引领企业进行技术升级和产品创新。然而也有部分学者并不认同 Porter 的观点，他们认为企业作为理性的自主决策者，认识到履行环境责任需要资源投入后，会降低企业的利润。Fischer（1993）指出，Porter 的观点有值得肯定的地方，但是也有一定的局限性，如当环境规制政策的改进空间被充分发掘之后，环境规制对于整个社会环境福利提升所发挥的作用也将是非常有限的。相关学者使用实证研究方法对 Porter 的观点进行证伪，如 Jaffe 等（1995）对环境规制与制造业发展的关系进行实证检验后发现，环境规制必然会带来企业污染治理成本的增加，其他生产要素的价格

也会随之提升；同时，企业为解决环境污染问题所投入的人、财、物等资源并未给企业带来产出贡献，环境规制所产生的挤兑作用使企业生产经营层面的投资规模缩减了。在一些国家，已出台的环境规制政策被中途废止，这也能反映出环境规制对产业发展可能带来负面影响。很多环境规制政策对企业技术升级的要求更多体现在污染减排方面，对于产品生产技术创新并不能发挥实质性的促进作用。

学者们针对环境规制与企业行为之间关系的研究中包含的一个重要观点是：企业发展会受经济政策、产业特征以及自身资源等因素的影响，环境规制政策对于企业发挥的作用不可能一边倒的全部为“正面”或“负面”，更多的是不确定性，正面效应和负面效应都有可能发生（沈芳，2004）。其中的原因主要为：第一，企业的环境责任战略会充分考虑其中的成本及收益，管理层会充分权衡技术升级所带来的收益以及环境规制所带来的成本；第二，企业所处的行业背景和市场结构不同，环境规制对于企业发挥的作用也是存在差异的，不同行业背景下的企业污染形成机理不同、强度不一，其污染治理成本也是参差不齐的，采用生产工艺流程升级或技术创新的方式去应对环境污染问题的成效也将存在差异，总之，环境规制对于企业绩效的影响不确定性因素较多（孙丽文等，2019）；第三，环境规制包含不同的规制工具，对于企业技术创新和环境治理发挥着不同的效应，因此，规制的强度和规制工具的选择会对环境规制与企业环境责任之间的关系产生影响（闫莹等，2020）。

综上所述，发展规模、所处阶段以及愿景规划的不同都会对企业履行环境责任产生影响，与此同时，经济政策、产业特征以及资源要素禀赋也会对企业履行环境责任发挥作用。环境规制会给产业环境和企业本身带来诸多不确定性，涉及环境责任承担问题，企业将面临一系列的权衡与策略性选择，企业与环境规制者之间会存在博弈，合作博弈与非合作博弈的情况都会出现。本书认为，环境规制与企业环境责任之间并不是单向的传导、促进或者阻碍的关系，而是作为两个完整而独立的系统，彼此之间的要素会发生相互作用和影响。探析两者之间的耦合协调关系，才能为环境规制优化和企业环境责任意识的强化提供经验证据。

2.3.4 文献评述

在对相关研究成果进行系统梳理后发现，目前学术界在环境规制领域开展的研究主要集中在环境规制的度量以及环境规制经济后果这两个方面。在企业环境责任领域主要集中在企业环境责任的量化、企业环境责任履行的动机、影响因素以及经济后果。对两者关系进行探讨则集中体现为三种观点：环境规制将弱化企业环境责任履行、环境规制有利于企业环境责任履行、环境责任履行属于企业的策略性选择。相关研究呈现出多层面、广角度的趋势，但仍存在一些局限性：第一，研究视角上，已有文献更多关注环境规制与企业环境责任履行的平行研究，两者间交叉关系的探讨则不够深入，且更注重环境规制对企业环境责任行为影响机理和路径的研究，立足环境规制目标群体行为对政策制定的反馈影响的探讨则相对薄弱。同时，尚未真正将环境规制与企业环境责任履行纳入到统一的系统中，剖析其内在机理和规律。第二，研究内容上，在环境规制层面，已有研究更侧重于环境规制对企业技术创新、产业结构转型、外商投资以及生态效率等因素的影响，针对企业环境行为层面的探讨相对缺乏；在企业环境责任层面，对于企业环保行为回应环境规制的行为选择的研究尚不够充分；涉及环境规制与企业环境责任两者互动关系的分析更多是从互动性和契合性角度切入，真正着眼于耦合关系的研究相对较少。第三，研究深度上，更多的成果侧重于环境规制与企业环境责任履行关系的笼统描述和浅层次挖掘，部分研究对环境规制和企业环境责任的系统量化与评价较为薄弱；

缺乏对环境规制和企业环境责任履行耦合关系的深层次挖掘，并未将两者纳入一个统一且完备的系统中，来探讨耦合关系的空间异质性、驱动因素和经济后果。基于此，为解决上述问题，本书以"最严格环境规制"新常态为制度背景，在制度经济学、资源与环境经济学以及企业可持续发展分析框架指导下，从加强企业环境责任履行出发，考量环境规制政策的执行，按照"宏观环境制度—微观企业环境责任—宏观环境制度变迁"的研究思路，从区域环境规制与企业环境责任履行的契合角度，进行两者耦合分析，明晰两者有效耦合的模式和路径，剖析两者耦合的地区异质性，检验耦合关系的驱动因素和经济后果，以期能够为提高环境治理现代化以及优化地区环境规制策略提供决策依据和建议。

2.4　本章小结

本章在对环境规制与企业环境责任履行耦合的基本理论进行了系统性的阐述。一是概念界定。界定了环境规制和企业环境责任的概念内涵，对于规制、环境规制和手段进行了分析；基于不同理论视角剖析了企业环境责任的内涵，进而提出本书所认为的企业环境责任内涵；明晰耦合、耦合协调机制内涵，为下文深度分析两者耦合关系奠定基础。二是深刻剖析了环境规制与企业环境责任履行的理论基础。分别结合外部性理论、产权理论、稀缺性理论以及公共选择理论对环境规制进行深入剖析；从自然资源基础理论、利益相关者理论、期望违背理论以及社会契约理论这四个方面奠定环境责任履行的理论基础；结合可持续发展理论、波特假说理论、环境库兹涅茨曲线以及信息不对称理论，对环境规制与企业环境责任间的关系进行分析；探讨环境规制与企业环境责任履行的耦合机理，并进一步地从央地关系、政企关系进行博弈分析，为两者的有效耦合提供理论支撑。三是梳理了环境规制的研究、环境责任的研究、两者关系的文献，指出已有交叉研究少、直接效应研究少、缺乏对环境制度地区异质性背景的深入剖析的研究现状，有必要对区域环境规制与企业环境责任履行的耦合模式、路径等作进一步研究。

中国环境规制与企业环境责任的制度变迁分析

在前述文献综述和理论基础分析之上，环境规制与企业环境责任履行之间存在相互关系已经不难理解，但如何从两者发展的轨迹探究两者耦合的现实基础，仍需要做进一步的阐述。本章首先总结中国环境规制的演进轨迹，其次归纳中国企业环境责任履行的演进历程，最后通过上述两个演进轨迹，初步判断两者具备耦合的现实基础。

3.1　中国环境规制的演进轨迹

作为不合理的资源利用方式和经济增长模式的产物——环境问题，本质上是经济结构、生产方式和消费模式问题。各国的环境保护史本质上是一部环境与经济的关系史。每一次重大环境事件的发生，都会推动环境与经济关系的重新调整。而我国环境规制的发展，就是在统筹国内国际两个大局的基础上，一方面参与国际环境保护合作与治理，另一方面还根据国内经济形势的变化及时出台相关的环境政策，进行环境治理。具体而言，中国环境规制演进包括以下四个阶段。

3.1.1　起始阶段（20 世纪 70 年代初至 20 世纪 80 年代初）

1972 年 6 月 5 日至 16 日，瑞典斯德哥尔摩召开联合国人类环境大会，通过了人类环境宣言，确立了人类对环境问题的共同看法和原则，这是人类第一次有关保护环境的国际会议。当时，我国正处于文化大革命“左倾主义思潮”时期，当时很多人认为“社会主义没有污染”“说社会主义有污染是对社会主义的污蔑”，但周恩来意识到环境污染的严重性，强调环境问题是大事，环境保护刻不容缓。我国派出代表团参加了人类环境大会，接受人类环境大会的理念，并结合当时的国情，指出了我国环境问题的严重性，中国城市和江河污染程度不比西方国家轻，而在自然生态某些方面破坏的程度甚至在西方国家之上。由此，周恩来明确表示：对环境问题再也不能放任不管了，应当把它提到国家的议事日程上来，并指示要立即召开全国性的环境保护会议，这开启了中国环境保护事业的序幕。

1973 年 8 月 5 日至 20 日，第一次全国环境保护会议在北京召开，首次承认中国也存在着比较严重的环境问题，同样需要认真治理。同时，会议确定的“全国规划，合理布局，综合利用，化害为利，依靠群众，大家动手，保护环境，造福人民”的 32 字环境保护工作方针，指明了中国环境保护事业方向，确定了环境保护的目标和任务。会后，从中央到地方各级政府，都相继建立了环境保护机构，将环境保护列入各级政府的职能范围，着手对一些污染严重的工业企业、城市和江河进行初步治理。这是中国开创环境保护事业的第一个里程碑，也是中国环境规制的开端。这一阶段中国环境规制的重大历史事件如表 3－1 所示。

表 3－1　　起始阶段：中国环境规制的重大历史事件

时间	部门	政策法规及标准名称	价值	核心观点
1973 年 8 月	国务院	《关于保护和改善环境的若干规定》	中国第一个综合性的环境保护行政法规，标志着中国环境规制的开始	“三同时”原则

续表

时间	部门	政策法规及标准名称	价值	核心观点
1973年12月	国务院	《工业“三废”排放试行标准》	中国第一个环境标准	对工业污染源排出的废气、废水和废渣的容许排放量、排放浓度等所作的规定
1974年10月	国务院	国务院环境保护领导小组	中国第一个环境保护机构	制定国家环境保护规划、环境保护的方针政策，并监督相关制度的贯彻执行；各省份建立了类似的环境保护机构
1978年3月	全国人大	《中华人民共和国宪法》第一章第11条	第一次在宪法中对环境保护作出明确规定	国家保护环境和自然资源，防止污染和其他公害
1979年9月	全国人大	《中华人民共和国环境保护法（试行）》	中国环境保护正式进行法治化时代	引进“环境影响评价”和“污染者付费”原则

3.1.2 雏形阶段（20世纪80年代初至20世纪90年代初）

1983年12月31日至1984年1月7日，第二次全国环境保护会议在北京召开，将环境保护确立为基本国策，制定了中国环境保护“经济建设、城乡建设、环境建设，同步规划、同步实施、同步发展，实现经济效益、社会效益和环境效益相统一”的总方针、总政策，奠定了一条符合中国国情的环境保护道路的基础。会议还提出了以合理开发利用自然资源为核心的生态保护策略，要建立健全环境保护的法律体系，加强环境保护的科学研究，把环境保护建立在法治轨道和科技进步的基础上。1984 年 5 月，国务院环境保护委员会成立。1984 年 12 月，城乡建设环境保护部环境保护局改为国家环境保护局。1988 年 7 月，将环保工作从城乡建设工作中分离出来，成立了独立的国家环境保护局。

1989 年 4 月 28 日至 5 月 1 日，第三次全国环境保护会议在北京召开，通过了《1989—1992 年环境保护目标和任务》和《全国 2000 年环境保护规划纲要》，形成了环境管理要“坚持预防为主、谁污染谁治理、强化环境管理”的“三大环境政策”。“预防为主”是指在国家环境管理中，通过计划、规划及各种管理手段，采取防范性措施，防止环境问题的发生；“谁污染谁治理”原则是指对环境造成污染危害的单位或者个人有责任对其污染源和被污染的环境进行治理，并承担治理费用；“强化环境管理”是指要制定法规，使各行各业有所遵循，建立环境管理机构，加强监督管理。此外，会议认真总结了实施建设项目环境影响评价、“三同时”、排污收费三项环境管理制度的成功经验，同时提出了五项新的制度和措施（环境保护目标责任制、综合整治与定量考核、污染集中控制、限期治理、排污许可证制度），形成了我国环境管理的“八项制度”。

总而言之，这一时期中国的环境政策以点源治理和制度建设为主，中国的环境规制初步建立和形成。中国环境规制贯彻“谁污染谁治理”原则，致力于建立环境标准、法规和加强环境的监测与统计，制定并执行企业污染治理的“三同时”政策、排污许可证制度、环境影响评价制度、开征排污费、企业环保考核和城市环境综合整治定量考核等制度。同时，对污染进行集中控制和限期治理，充分发挥环境治理中的规模经济效益，降低污染治理成本，并由各级政府分别限定污染源的治理期限。这些宏观环境规制政策随着各地环境治理不断的深化和细化，形成了各具地方特色的环境政策和环境管理制度。这一阶段中国环境规制的重大历史事件如表 3 -2 所示。

表 3-2　　雏形阶段：中国环境规制的重大历史事件

时间	部门	政策法规及标准名称	价值	核心观点
1981 年 5 月	国家计委、经委、建委、环境保护领导组	《基本建设项目环境保护管理办法》	规定了环境影响评价的基本内容和程序	建设单位及其主管部门对基本建设项目的环境保护负责，编制基本建设项目环境影响报告书，经环境保护部门审查同意后，再编制建设项目的计划任务书
1982 年 2 月	国务院	《征收排污费暂行办法》	奠定了中国环境管理的基础	经济手段是加强环境保护的有效方法
1982 年 8 月	全国人大	《海洋环境保护法》	为了保护和改善海洋环境，保护海洋资源，防治污染损害，维护生态平衡等而制定	在重点海洋生态功能区、生态环境敏感区和脆弱区等海域划定生态保护红线，实行严格保护。国家建立并实施重点海域排污总量控制制度，确定主要污染物排海总量控制指标，并对主要污染源分配排放控制数量
1983 年 12 月	国务院	第二次全国环境保护会议	正式确定环境保护为基本国策	三大基本原则：预防为主、防治结合；谁污染谁治理；强化环境管理
1984 年 5 月	国务院	《关于加强环境保护工作的决定》	成立环境保护委员会	明确保护和改善生活环境和生态环境，防治污染和自然环境破坏，是我国社会主义现代化建设的一项基本国策

续表

时间	部门	政策法规及标准名称	价值	核心观点
1984年11月	全国人大	《水污染防治法》	防治水污染，保障饮用水安全	坚持预防为主、防治结合、综合治理的原则，优先保护饮用水水源，严格控制工业污染、城镇生活污染，防治农业面源污染，积极推进生态治理工程建设，预防、控制和减少水环境污染和生态破坏
1987年5月	全国人大	《大气污染防治法》	以改善大气环境质量为目标	坚持源头治理，规划先行，转变经济发展方式，优化产业结构和布局，调整能源结构，加强大气污染的综合防治，推行区域大气污染联合防治，对大气污染物和温室气体实施协同控制
1988年	国家环保局	《水污染物排放许可证管理暂行办法》	水污染物排放许可制度	通过排污申报登记，发放水污染物排放许可证，逐步实施污染物排放总量控制
1989年	国家环保局	《排放大气污染物许可证制度试点工作方案》	排放大气污染物许可制度	规范排污者的排污行为，加强对排污者稳定达标的长效管理，削减排污总量

续表

时间	部门	政策法规及标准名称	价值	核心观点
1989 年 4 月	国务院	第三次全国环境保护会议	形成了“三大环境政策”和我国环境管理的“八项制度”	三项政策：环境管理要坚持预防为主、谁污染谁治理、强化环境管理；八项制度：环境保护目标责任制、综合整治与定量考核、污染集中控制、限期治理、排污许可证制度环境影响评价、“三同时”、排污收费
1989 年 9 月	国务院	《环境噪声污染防治条例》	防治环境噪声污染，保障良好的生活环境，保护身体健康	环境噪声标准和环境噪声监测、工业噪声污染防治、建筑施工噪声污染防治、交通噪声污染防治、社会生活噪声污染防治以及法律责任
1989 年 12 月	全国人大	《环境保护法》	环境保护规划纳入国民经济和社会发展计划，使环境保护工作同经济建设和社会发展相协调	保护环境是国家的基本国策，坚持保护优先、预防为主、综合治理、公众参与、损害担责的原则，一切单位和个人都有保护环境的义务
1990 年 12 月	国务院	《关于进一步加强环境保护工作的决定》	进一步加强环境保护工作	严格执行环境保护法律法规，依法采取有效措施防治工业污染，积极开展城市环境综合整治工作，在资源开发利用中重视生态环境的保护，实行环境保护目标责任制

3.1.3　全面阶段（20世纪90年代初至21世纪初）

20世纪90年代初，我国进入第一轮重化工时代，城镇化步伐加快，同时工业污染和生态破坏总体呈加剧趋势。1992年6月，里约环境与发展大会召开，大会通过了三个文件（《里约环境与发展宣言》《21世纪议程》和《关于森林问题的原则声明》）和两个公约（《气候变化框架公约》和《生物多样性公约》）。两个月之后，我国党中央、国务院发布《中国环境与发展十大对策》，把实施可持续发展确立为国家战略，并于1994年3月制定并实施《中国21世纪议程》。

1996年7月15日至17日，第四次全国环境保护会议在北京召开，会议提出了保护环境的实质就是保护生产力，要坚持污染防治和生态保护并举，全面推进环境保护工作。会议提出，自然资源和生态保护要坚持开发利用与保护增值并举，依法保护和合理开发土地、淡水、森林、草原、矿产和海洋资源，坚持不懈地开展造林绿化，加强水土保持工程建设；搞好防风治沙试验示范区、"三化"草地的治理和重点牧区建设；要大力建设农业系统各类保护区，积极防治农药和化肥污染，加快自然保护区建设和湿地保护；加强生物多样性保护，做好珍稀濒危物种的保护和管理；积极开展生态示范区建设，搞好退化生态区域的恢复。

2002年1月8日，第五次全国环境保护会议在北京召开，会议提出了环境保护是政府的一项重要职能，要按照社会主义市场经济的要求，动员全社会的力量做好这项工作。保护环境是我国的一项基本国策，是可持续发展战略的重要内容，直接关系现代化建设的成败和中华民族的复兴。要明确重点任务，加大工作力度，有效控制污染物排放总量，大力推进重点地区的环境综合整治。凡是新建和技改项目，都要坚持环境影响评价制度，不折不扣地执行国务院关于建设项目必须实行环境保护污染治理设施与主体工程"三

同时”的规定。要注意保护好城市和农村的饮用水源。要切实搞好生态环境保护和建设，特别是加强以京津风沙源和水源为重点的治理和保护，建设环京津生态圈。要抓住当前有利时机，进一步扩大退耕还林规模，推进休牧还草，加快宜林荒山荒地造林步伐。

这一阶段，我国环境规制体系基本形成，环境执法力度逐步强化，污染治理从以末端治理为主向污染源头治理转变，开始了全面治理污染时期，连续检查环境保护、大气污染防治、水污染防治等法律的实施情况，推动重点地区污染治理，同时实施污染物排放总量控制、工业污染源排放污染物达到国家或地方规定标准的“一控双达标”环保思路。这一阶段中国环境规制的重大历史事件如表3-3所示。

表3-3　　全面阶段：中国环境规制的重大历史事件

时间	部门	政策法规及标准名称	价值	核心观点
1992年8月	国务院	《中国环境与发展十大对策》	签署了两项公约，参照环境与发展大会精神，制定我国行动计划	实行持续发展战略；采取有效措施，防治工业污染；深入开展城市环境综合治理，认真治理城市“四害”；提高能源利用效率，改善能源利用效率，改善能源结构；推广生态农业，植树造林，加强生物保护；大力推进科学进步，加强环境科学研究，积极发展环保产业；运用经济手段保护环境；加强环境教育，不断提高全民族的环境意识；健全环境法制，强化环境管理

续表

时间	部门	政策法规及标准名称	价值	核心观点
1994年3月	国务院	《21世纪议程》	制定可持续发展的总体战略、对策和行动方案	主要内容分四部分：可持续发展总体战略与政策、社会可持续发展、经济可持续发展、资源的合理利用与环境保护
1996年7月	国务院	第四次全国环境保护会议	提出了保护环境的实质就是保护生产力，要坚持污染防治和生态保护并举，全面推进环保工作	按照“污染防治和生态保护并重”和“污染者付费、利用者补偿、开发者保护、破坏者恢复”方针，在基本建设、技术改造、综合利用、财政税收、金融信贷等方面制定和完善促进环境保护和防治环境污染、生态破坏的经济政策和措施
1996年5月	全国人大	《中华人民共和国水污染防治法（修订)》	为了防治水污染，保护和改善环境，保障饮用水安全，促进经济社会全面协调可持续发展	水污染防治应当坚持预防为主、防治结合、综合治理的原则，优先保护饮用水水源，严格控制工业污染、城镇生活污染，防治农业面源污染，积极推进生态治理工程建设，预防、控制和减少水环境污染和生态破坏

续表

时间	部门	政策法规及标准名称	价值	核心观点
1996年10月	全国人大	《中华人民共和国环境噪声污染防治法》	为防治环境噪声污染，保护和改善生活环境，保障身体健康，促进经济和社会发展	各级人民政府应当将环境噪声污染防治工作纳入环境保护规划，并采取有利于声环境保护的经济、技术政策和措施
1999年12月	全国人大	《中华人民共和国海洋环境保护法》	为了保护和改善海洋环境，保护海洋资源，防治污染损害，维护生态平衡，保障身体健康，促进经济和社会的可持续发展	国家根据海洋环境质量状况和国家经济、技术条件，制定国家海洋环境质量标准。沿海省、自治区、直辖市人民政府对国家海洋环境质量标准中未作规定的项目，可以制定地方海洋环境质量标准，确定本地海洋环境保护的目标和任务，并纳入人民政府工作计划，按相应的海洋环境质量标准实施管理
1998年11月	国务院	《建设项目环境保护管理条例》	为了防止建设项目产生新的污染、破坏生态环境	产生污染的建设项目，必须遵守污染物排放的国家标准和地方标准；在实施重点污染物排放总量控制的区域内，还必须符合重点污染物排放总量控制的要求；实行建设项目环境影响评价制度；对建设项目的环境保护实行分类管理

续表

时间	部门	政策法规及标准名称	价值	核心观点
2000年4月	全国人大	《中华人民共和国大气污染防治法》	对六个领域和五个方面的法律制度和执法手段作出了新的重要改革	六个领域：划定大气污染防治重点城市，并要求限期达标；控制燃煤污染，在污染严重的城区禁止使用高污染的燃料，推广清洁能源；对机动车制造、使用、维修、燃油质量监督检查作出规定；对消耗臭氧层物质的生产、进口实行配额管理，逐步减少直至停止其生产、使用；加强建筑施工管理，防止扬尘污染；鼓励和支持环保产业，推广大气污染治理新技术。五个方面：禁止超标排放，并规定超标排污违法，应受法律处罚；建立了大气污染总量控制和排污许可证制度；改革超标收费制度，实行按排污总量收费；改革限期治理制度，将其由管理措施变为法律责任；强化法律责任，加大制裁力度
2002年1月	国务院	第五次全国环境保护会议	贯彻落实国务院批准的《国家环境保护"十五"计划》，部署"十五"期间的环境保护工作	环境保护是政府的一项重要职能，要按照社会主义市场经济的要求，动员全社会的力量做好这项工作

续表

时间	部门	政策法规及标准名称	价值	核心观点
2002年1月	国务院	排污费征收使用管理条例	目的是加强排污费征收、使用管理	排污者应当依照本条例的规定缴纳排污费；排污费的征收、使用必须严格实行"收支两条线"，征收的排污费一律上缴财政，环境保护执法所需经费列入本部门预算；排污费应当全部专项用于环境污染防治，任何单位和个人不得截留、挤占或者挪作他用
2002年10月	全国人大	《中华人民共和国环境影响评价法》	为了实施可持续发展战略，预防因规划和建设项目实施后对环境造成不良影响，促进经济、社会和环境的协调发展	环境影响评价必须客观、公开、公正；国家鼓励有关单位、专家和公众以适当方式参与环境影响评价；建立环境影响评价信息共享制度；建立和完善环境影响评价的基础数据库和评价指标体系
2002年6月	全国人大	《中华人民共和国清洁生产促进法》	我国第一部循环经济法	由"末端治理"向"全过程控制"转变，制定有利于实施清洁生产的财政税收政策、产业政策、技术开发和推广政策；中央预算应当加强清洁生产促进工作的资金投入；对浪费资源和严重污染环境的落后生产技术、工艺、设备和产品实行限期淘汰制度等

续表

时间	部门	政策法规及标准名称	价值	核心观点
2004 年 12 月	全国人大	《中华人民共和国固体废弃物污染环境防治法》	第一次修订	实行减少固体废物的产生量和危害性、充分合理利用固体废物和无害化处置固体废物的原则；固体废物污染环境防治坚持污染担责的原则

3.1.4 深耕阶段（21 世纪初至 2015 年）

2005 年 12 月 3 日，国务院发布了《关于落实科学发展观加强环境保护的决定》，标志着我国环境保护进入了一个新阶段。加大环保工作力度，努力建设资源节约型、环境友好型社会，推动经济社会又快又好地发展，是摆在全国环保系统面前的一项重大任务。2006 年 4 月 17 日至 18 日，第六次全国环境保护大会在北京召开，会议提出了推动经济社会全面协调可持续发展的方向。温家宝强调，做好新形势下的环保工作，要加快实现三个转变：一是从重经济增长轻环境保护转变为保护环境与经济增长并重，在保护环境中求发展；二是从环境保护滞后于经济发展转变为环境保护和经济发展同步，努力做到不欠新账，多还旧账，改变先污染后治理、边治理边破坏的状况；三是从主要用行政办法保护环境转变为综合运用法律、经济、技术和必要的行政办法解决环境问题，自觉遵循经济规律和自然规律，提高环境保护工作水平。2011 年 12 月 20 日至 21 日，第七次全国环境保护大会在北京召开，会议统一思想提出，要坚持在发展中保护、在保护中发展，做到“四个结合”，把环境保护作为稳增长转方式的重要抓手。一是把优化产业结构与推进节能减排结合起来，从源头上减少污染；二是把企业增效与节约环保结合起来，大规模实施企业节能减排技术改造，同时提高新建企业环境准入门槛；三是把扩大内需与发展节能环保产业结合起来，大力发展节能环保技术装备、专业管理、工程设计、施工运营等产业，拓展新的经济增长空间；四是把生产力空间布局与生态环保要求结合起来，实行差别化的产业政策，切实防止污染转移。

这一时期，环境规制手段多样化发展。环境保护投资进一步提升，大气污染联防联控机制初步建立，出台绿色信贷、绿色证券等一系列政策，开展排污权使用及交易、生态补偿、环境污染再保险等试点。国家环境保护标准体系初步建立。这一阶段中国环境规制的重大历史事件如表 3 – 4 所示。

表 3 – 4　　深耕阶段：中国环境规制的重大历史事件

时间	部门	政策法规及标准名称	价值	核心观点
2005 年 12 月	国务院	《关于落实科学发展观加强环境保护的决定》	为全面落实科学发展观，加快构建社会主义和谐社会，实现全面建设小康社会的奋斗目标，必须把环境保护摆在更加重要的战略位置	把环境保护摆上更加重要的战略位置；用科学发展观统领环境保护工作；经济社会发展必须与环境保护相协调；切实解决突出的环境问题；建立和完善环境保护的长效机制
2006 年 4 月	国务院	第六次全国环境保护大会	提出了推动经济社会全面协调可持续发展的方向	要加快实现三个转变，即从重经济增长轻环境保护转变为保护环境与经济增长并重；从环境保护滞后于经济发展转变为环境保护和经济发展同步；从主要用行政办法保护环境转变为综合运用法律、经济、技术和必要的行政办法解决环境问题

续表

时间	部门	政策法规及标准名称	价值	核心观点
2011年12月	国务院	第七次全国环境保护大会	坚持在发展中保护、在保护中发展，积极探索代价小、效益好、排放低、可持续的环境保护新道路，解决影响科学发展和损害群众健康的突出环境问题，全面推进我国环保事业新发展	坚持在发展中保护、在保护中发展，把环境保护作为稳增长转方式的重要抓手，把解决损害群众健康的突出环境问题作为重中之重，把改革创新贯穿于环境保护的各领域各环节，积极探索代价小、效益好、排放低、可持续的环境保护新道路，实现经济效益、社会效益、资源环境效益的多赢，促进经济长期平稳较快发展与社会和谐进步
2013年6月	全国人大	《中华人民共和国固体废物污染环境防治法》	第二次修订	将第四十四条第二款修改为："禁止擅自关闭、闲置或者拆除生活垃圾处置的设施、场所；确有必要关闭、闲置或者拆除的，必须经所在地的市、县人民政府环境卫生行政主管部门和环境保护行政主管部门核准，并采取措施，防止污染环境

续表

时间	部门	政策法规及标准名称	价值	核心观点
2014年4月	全国人大	《中华人民共和国环境保护法》	史称“最严格”的环境保护法	明确了生态文明和可持续发展的理念、保护环境的基本国策和基本原则；完善环境管理基本制度；完善环境经济政策；强化政府责任；强化企业事业单位和其他生产经营者的环保责任；强化环境保护主管部门和其他负有环境保护监督管理职责的部门的责任；公民的环境权利和环保义务；规定环境公益诉讼；加强农村环境保护；加大违法排污的责任，解决违法成本低的问题；明确生态保护红线；对雾霾等大气污染的治理和应对；排污费和环境保护税的衔接；完善区域限批制度；对相关举报人的保护
2015年4月	全国人大	《中华人民共和国固体废物污染环境防治法》	第三次修订	将第二十五条第一款和第二款中的“自动许可进口”修改为“非限制进口”。删去第三款中的“进口列入自动许可进口目录的固体废物，应当依法办理自动许可手续”

续表

时间	部门	政策法规及标准名称	价值	核心观点
2015年9月	国务院	《生态文明体制改革总体方案》	目的是加快建立系统完整的生态文明制度体系，加快推进生态文明建设，增强生态文明体制改革的系统性、整体性、协同性	生态文明建设必须放在突出地位，融入经济建设、政治建设、文化建设、社会建设各方面和全过程。树立发展和保护相统一的理念；树立绿水青山就是金山银山的理念；树立自然价值和自然资本的理念；树立空间均衡的理念；树立山水林田湖是一个生命共同体的理念

3.1.5 成形阶段（2015年至今）

新《环境保护法》的修订和出台、大气污染防治措施、排污费征收标准提升等一系列的政策措施都标志着中国的环境保护力度不断深化发展。2018年5月18日至19日，全国生态环境保护大会在北京召开。习近平总书记强调，要自觉把经济社会发展同生态文明建设统筹起来，坚决打好污染防治攻坚战，推动我国生态文明建设迈上新台阶。加快制度创新，强化制度执行，用最严格制度、最严密法治保护生态环境，让制度成为刚性的约束和不可触碰的高压线。深度参与全球环境治理，共谋全球生态文明建设，形成世界环境保护和可持续发展的解决方案，引导应对气候变化的国际合作。

通过上述对我国环境规制历程的梳理，可以总结出我国环境规制主要呈现出以下特征：第一，环境规制起步晚、发展慢。我国的环境规制起步于20世纪70年代初，但是直到20世纪90年代初，基本的环境保护制度才逐步建立，然而当时对环境保护的认识不足，环境政策没有得到有效执行。到20世纪90年代中后期，环境污染问题日益严峻，环境规制力度也逐步加大。第二，环境规制体系不断完善。我国基本上构建了以工业污染源治理、“三同时”制度、环境影响评价制度、排污许可证、排污费、环境保护税等为基础的环境规制体系，而且在绿色金融、生态补偿、碳交易等环境经济政策方面不断丰富，丰富和发展了我国的环境规制范畴。第三，命令控制型环境规制工具仍居主流，但环境规制效率不高。在市场与政府不断博弈的基础上，我国的环境规制工具分为命令控制型、市场激励型和公众参与型三类环境规制工具，但仍然以命令控制型环境规制工具为主，如“三同时”政策、环境保护税（排污费）都是命令控制型环境规制工具。这类环境规制工具在治污减排上发挥了重要的作用，但经济成本高昂，环境规制效率不高，未来要逐步提高市场激励型和公众参与型环境规制工具的使用。第四，环境规制由事后治理走向事中和事前治理，由污染惩罚走向减排激励，公众监督发挥了很大的作用。例如：环境污染治理完成投资额在2000年为1014.9亿元，2020年达到10638.9亿元，20年间增长了10倍；同时期的环保投资在2000年为260亿元，2020年为3342.5亿元，增长了12.9倍，这说明中国环境污染治理逐渐由事后治理走向事前治理，预防性的污染治理将在环境规制引致的企业环境责任履行中发挥重要的作用。这一阶段中国环境规制的重大历史事件如表3－5所示。

表3－5　　成形阶段：中国环境规制的重大历史事件

时间	部门	政策法规及标准名称	价值	核心观点
2015年12月	生态环境部	《建设项目环境影响后评价管理办法（试行）》	规范建设项目环境影响后评价工作	编制环境影响报告书的建设项目在通过环境保护设施竣工验收且稳定运行一定时期后，对其实际产生的环境影响以及污染防治、生态保护和风险防范措施的有效性进行跟踪监测和验证评价，并提出补救方案或者改进措施

续表

时间	部门	政策法规及标准名称	价值	核心观点
2016年1月	全国人大	《中华人民共和国水污染防治法》	修订	为保护和改善水环境，防治水污染，满足水体使用功能，维护水生态系统健康，推进生态文明建设，促进经济社会全面协调可持续发展
2016年11月	全国人大	《中华人民共和国固体废物污染环境防治法》	第四次修订	围绕生活垃圾污染环境的防治、危险废物污染环境防治进行修订
2017年6月	国务院	《关于修改〈建设项目环境保护管理条例〉的决定》	第一次修订	主要有三方面修改：简化建设项目环境保护审批事项和流程；加强事中事后监管；减轻企业负担，进一步优化服务
2017年10月	第十九次全国代表大会	《决胜全面建成小康社会　夺取新时代中国特色社会主义伟大胜利》	人与自然和谐共生	推进绿色发展、着力解决突出环境问题、加大生态系统保护力度、改革生态环境监管体制
2017年11月	生态环境部	《排污许可管理办法（试行）》	规范排污许可证的申请、核发、执行以及与排污许可相关的监管和处罚等行为	排污单位应当依法持有排污许可证，并按照排污许可证的规定排放污染物
2018年3月	十三届全国人大一次会议	《国务院机构改革方案》	生态环境部成立	整合分散的生态环境保护职责，统一行使生态和城乡各类污染排放监管与行政执法职责，加强环境污染治理，保障国家生态安全，建设美丽中国

续表

时间	部门	政策法规及标准名称	价值	核心观点
2018 年 5 月	国务院	第八次全国环境保护大会	生态文明建设是关系中华民族永续发展的根本大计，全面推动绿色发展	坚持六原则：人与自然和谐共生、理念与方式、一切为民、全面发展、刚性约束、深参与、共建设
2018 年 7 月	生态环境部	《环境影响评价公众参与办法》	规范环境影响评价公众参与	保障公众环境保护知情权、参与权、表达权和监督权
2019 年 6 月	全国人大	《中华人民共和国固体废物污染环境防治法》	第五次修订	围绕生活垃圾分类制度、危险废物处置等问题提出修改建议
2019 年 9 月	生态环境部	《建设项目环境影响报告书（表）编制监督管理办法》	规范建设项目环境影响报告书和环境影响报告表编制行为、监督管理、评价技术服务市场秩序	构建以质量为核心、以信用为主线、以公开为手段、以监督为保障的事中事后管理体系
2020 年 6 月	国务院	《生态环境领域中央与地方财政事权和支出责任划分改革方案》	生态环境领域中央与地方财政事权和支出责任划分	适当加强中央在跨区域生态环境保护等方面事权，优化政府间事权和财权划分，建立权责清晰、财力协调、区域均衡的中央和地方财政关系，形成稳定的各级政府事权、支出责任和财力相适应的制度

续表

时间	部门	政策法规及标准名称	价值	核心观点
2020 年 12 月	生态环境部	《生态环境标准管理办法》	生态环境标准分为国家生态环境标准和地方生态环境标准	生态环境标准的制定、实施、备案和评估
2020 年 12 月	生态环境部	《碳排放权交易管理办法》	全国碳排放权交易及相关活动	坚持市场导向、循序渐进、公平公开和诚实守信的原则
2021 年 12 月	生态环境部	《企业环境信息依法披露管理办法》	企业依法披露环境信息及其监督管理活动	企业年度环境信息依法披露报告应当包括：企业基本信息，企业环境管理信息，污染物产生、治理与排放信息，碳排放信息，生态环境应急信息，生态环境违法信息，本年度临时环境信息依法披露情况，法律法规规定的其他环境信息
2022 年 1 月	生态环境部	2022 年全国生态环境保护工作会议	以降碳为重点战略方向	有序推动绿色低碳发展；确保核与辐射安全，加快构建现代环境治理体系
2022 年 5 月	国务院	《新污染物治理行动方案》	以有效防范新污染物环境与健康风险为核心，以精准治污、科学治污、依法治污为工作方针	遵循全生命周期环境风险管理理念，统筹推进新污染物环境风险管理，实施调查评估、分类治理、全过程环境风险管控，加强制度和科技支撑保障，健全新污染物治理体系

经过 50 多年的不断完善，中国的环境规制基本上形成了以命令控制型环境规制工具为主，市场激励型和公众参与型两种方式为辅，较为完善的环境保护法律框架体系，在解决环境问题中发挥了越来越重要的作用。中国的环境污染问题逐步缓解，生态环境质量持续好转，出现了稳中向好的趋势，但成效并不稳固，生态文明建设正处于压力叠加、负重前行的关键期，需要跨越一些常规性和非常规性关口。

3.2　中国企业环境责任履行的演进轨迹

企业环境责任源于企业社会责任。企业社会责任理论源于美国，伴随着美国工业化和现代大公司的出现而产生，是社会生产力发展到一定阶段的产物，并与当时的社会伦理、道德、法律等方面的完善程度息息相关。

企业环境责任的履行与政府的环境管理有着密切的关系。企业环境责任既包括法律所赋予的环境责任也包括其自身的道德责任，但更主要是法律责任。企业是否具备环境责任意识以及是否履行环境责任一定程度上取决于政府的环境管理政策。结合我国政府在环境管理上的演进历程，企业环境责任的形成与演变过程可以分成以下几个阶段。

3.2.1　环境责任意识萌芽阶段（1972—1978 年）

1972 年，先后爆发了官厅水库污染、松花江汞污染、大连湾污染等环境污染事件。同时，城市的工业化开始大规模发展，在城市中建设了一批重污染工业企业，环境问题逐渐进入人们的视野，受到当地居民和政府部门的关注，企业的环境责任意识在政府的引导下开始萌发。1973 年，我国召开了第一次全国环境保护工作会议，指明了中国环境保护事业的方向，确定了环境保护的目标和任务，并审议通过了我国第一个环境保护文件《关于保护和改善环境的若干规定》。该文件明确提出，把环境保护与制定发展国民经济计划和发展生产统一起来，统筹兼顾，全面安排。同年，我国颁布了《关于进一步开展烟囱除尘工作的意见》和第一个环境标准《工业“三废”排放试行标准》。1974 年，国务院环境保护领导小组成立，各地成立环境保护机构。1976 年，《关于编制环境保护长远规划的通知》要求把环境保护纳入国民经济的长远规划和年度计划中。1978 年，我国《宪法》中第一次明确规定：“国家保护环境和自然资源，防治污染和其他公害”。1978 年 12 月 31 日，中共中央明确提出：“消除污染，保护环境，是进行社会主义建设，实现‘四个现代化’的一个重要组成部分”。短短几年时间，我国政府已经逐渐意识到环境保护的重要性。但是，由于当时经济发展水平较低，政府和企业仍然以经济建设为重心，急于满足人民日益增加的对各种物资需求和出口创汇，无暇关注环境保护问题。环境治理沿袭西方“先污染后治理”的老路，出台的一些环境保护政策也仅仅停留在书面上，环境保护执行力度大打折扣。社会大众普遍认为“社会主义要解决吃饭问题，而环境污染是资本主义的事情”观点，企业对环境污染治理的认知也比较浅显，仅萌发了企业履行环境责任的意识，还没有把环境责任作为企业必备的职责，企业环境信息披露更无从谈起。

3.2.2 环境责任履行观望阶段（1979—1991 年）

党的十一届三中全会全面确立了我国社会主义现代化建设的主体地位，从过去片面追求经济发展转移到经济、社会全面发展上来，重工业发展战略逐步转向现代化发展战略，环境保护被提到日程之上，开始受到重视。1979 年，我国颁布了《中华人民共和国环境保护法（试行）》，标志着环境保护工作有法可依。截至 1991

年，我国共颁布资源环境法律12部，行政法规20多件，部门规章20多件，累计颁布地方性法规733件，初步形成了环境保护的法规体系（张坤民，2005）。政府环境保护投资逐年增加，环境治理效率也初显成效，但总体的环境污染治理水平仍较为低下，环境规制政策对企业环境责任履行的推动力度仍显不足，环境恶性事件时有发生。根本原因仍然是整个社会对环境保护的认知不够深刻，尤其是政府在权衡经济社会发展与环境保护之间的利弊时，依然是重发展轻环保，重治理轻预防。同时，国家在环境保护方面实施了一系列微观环境管理手段，实行了排污收费制度，建设项目环境影响评价制度、排污许可证制度，强化了“三同时制度”等。为了进一步强化企业的环境责任意识，我国建立了具有中国特色的环境保护手段，即企业环境目标责任制，要求国有企业把提高产品质量、降低物质消耗和增加经济效益作为考核工业企业管理水平的主要指标，并在企业升级考核中，加入环保指标，以有效提高企业环境管理的效率。然而当时占主导地位的企业以国有企业为主，没有充分的经营自主权，迫于当地政府的政绩压力，环境责任意识虽有一定的认识和醒悟，但没有环境责任相关的实际行动，仍然处于观望阶段，落后于现实需求。此外，政府不仅代替企业统一向社会披露环境信息，而且对于企业环境信息公开也没有提出明确的规定和要求，社会各界了解环境状况、监督环境保护的渠道有限。

3.2.3　环境责任履行被动阶段（1992—2002年）

1992年，党的十四大确立了我国社会主义市场经济体制，从国家战略层面统筹经济发展与人口、资源、环境保护工作，环境保护进入了一个新的阶段。迫于环境保护的现实需求，政府加强环保立法和修订工作，前后出台了《清洁生产促进法》等5部新的环境保护方面的法律，修改了《大气污染防治法》等3部法律，制定或修改了《自然保护区条例》等20多件环境法规，制定和修改环境标准200多项。同时，我国环境保护战略和理念逐渐转变，充分发挥经济手段进行环境管理，如实施排污收费制度、污水排放许可证制度、环境标志制度、排污交易制度、环境影响评价制度、关停污染制度等。

这一阶段，政府出台众多的环境规制制度，传递出政府加大环境保护的决心，环境保护得到前所未有的重视，但环境问题依然突出，企业作为环境污染的主体受到规制的压力倍增。囿于政府官员的GDP绩效观，环境污染治理的经济手段没有得到有效发挥，环境保护部门更多依靠行政手段来处理环境问题，然而强制力不足导致环境规制执行力度大打折扣。不过，随着政府出台越来越多的环境管理政策以及对一些污染严重的“十五小”企业采取关停措施，在一定程度上促进了企业对环境责任的认知与履行。但仍有企业为了追求经济利益，甚至于冒天下之大不韪，“阳奉阴违”偷偷转移污染源，企业环境责任重视和履行程度不高。这一时期，我国国有企业的工作重心在于各种改革，忽视了企业环境责任的履行。而政府为了鼓励民营企业发展壮大，对其环境责任也没有提出更多的要求。总而言之，这一阶段环境保护依然以政府监管为主，企业被动接受环境规制、履行环境责任为辅。企业重生产、轻环保、轻环境信息披露，人们了解企业环境信息和监督企业环境行为的渠道和途径较少。

3.2.4 环境责任履行主动承担阶段（2003—2012年）

进入21世纪以来，我国环境保护进入深入发展阶段。为了处理好经济发展与环境改善之间的关系，政府进一步强化环境管理力度，一方面继续推进以市场为导向的环境管理手段，促进企业环境污染治理；另一方面颁布法规，从制度上保证社会公众参与环保的合法性和积极性。在政府的引领下，各组织开展丰富多彩的企业社会责任宣传活动，如2001年底举办“新世纪的中国企业研讨会”、

2002 年 9 月举办“世纪中国企业社会责任论坛”、2005 年底在上海举办“联合国全球契约峰会”等。2008 年，国资发〔2008〕1 号文件《关于中央企业履行社会责任的指导意见》，明确要求中央企业在建设中国特色社会主义事业中，认真履行好社会责任，实现企业与社会、环境的全面协调可持续发展。而且新闻媒体在企业环境责任履行中也扮演着至关重要的角色，《南方周末》《中国经营报》《经济导刊》等报纸杂志先后开辟了企业社会责任专栏，引发社会对于企业环境责任问题更广泛的关注和讨论。国有企业积极履行社会责任，通过外部成本内部化释放正的外部性，另外国有企业通过剥离其社会服务和行政管理职能的手段提升经济效率、加强市场竞争力。与此同时，民营企业在法律责任的基础上也在谋求基础社会责任和高级社会责任——环境责任的推进。尤其是民营企业在吸纳劳动力方面和在灾害面前表现出的慷慨，既给社会带去温暖、树立自身良好形象，又在一定程度上解决了政府的财政困难，并积极采取各种措施进行绿色运营。总而言之，民营企业也愿意在法律责任范围外履行环境责任，为生态文明社会的构建增砖添瓦。

随着企业环境责任履行的深度发展，其环境信息披露也在不断探索。2003 年 9 月，原国家环保总局发布我国第一部有关企业环境信息披露的文件——《关于企业环境信息公开的公告》，要求超标准排污或者污染排放量超过限额的企业强制公开环境信息，但对环境信息的公开形式没有统一规定。2006 年，深圳证券交易所公布《深圳证券交易所上市公司社会责任指引》，要求上市公司定期检查和评价公司社会责任制度执行情况，形成包含环境责任内容的企业社会责任报告。2008 年，上海证券交易所发布《上海证券交易所上市公司环境信息披露指引》，要求上市公司在公司年度社会责任报告中披露企业环境信息或者单独披露企业环境信息，发生环保相关重大事件且可能对其股票及衍生品交易产生较大影响的，应当自该事件发生之日起两日内及时披露环境信息及其可能产生的后果。2010 年，原环保部出台《上市公司环境信息披露指南（征求意见稿）》，要求推进上市公司环境信息披露，建立重污染行业上市公司定期发布年度环境报告制度，上市公司环境信息披露制度体系初步形成。

此外，国家环保总局与国家统计局联合启动绿色 GDP 核算工作，在地方政府政绩考核上，增加了环保内容，这对地方官员的政绩观有了较大的转变。虽然政府推出各种举措强化环境管理，但是作为追求经济利益的企业，在对待环境保护的态度上，依然不够积极和主动。与当地政府不断博弈，以实现自身利益最大化，环境责任履行效果有待进一步提升。

3.2.5 环境责任履行战略阶段（2013 年至今）

政府是我国企业环境责任最重要的推动者和监管者，是企业环境层面合法性的重要来源。2015 年 10 月，习近平总书记在党的十八届五中全会第二次全体会议上明确提出坚持绿色发展，必须坚持节约资源和保护环境的基本国策。只有实行最严格的制度、最严密的法治，方可为生态文明建设提供可靠保障（习近平，2017）。2017 年 10 月，习近平总书记在中国共产党第十九次全国代表大会上，明确我国生态文明建设成效显著，全党全国贯彻绿色发展理念的自觉性和主动性显著增强，生态环境治理明显加强，环境状况得到改善。环境状况的改善源于企业化被动为主动履行环境责任，这不仅满足了外部环境规制压力的需要，而且也满足了企业为获取合法性而履行环境责任。企业环境责任战略已经成为企业的必然选择。2022 年 10 月，中国共产党第二十次全国代表大会报告中，再一次明确推进美丽中国建设，要坚持山水林田湖草沙一体化保护和系统治理，统筹产业结构调整，深入推进环境污染防治，坚持精准、科学、依法治污，健全现代环境治理体系。总而言之，自党的十八大以来，生态文明建设被纳入“五位一体”的国家发展总体布局后，生态文明建设的顶层制度设计得到加强，相关部门先后出台了一系列的法律法规，引导和激励企业主动响应环境规制，如实披露企业环境信息，企业环境信息披露的制度化、规范化和社会化建设进程加快，增强了企业环境信息在资源配置和环保监管中的作用，提升了企业环境保护的主动性和自觉性。

综上所述，我国企业环境责任是随着国家在环境管理政策和力度的推进，逐渐从没有环境意识到对环境责任的认同与履行。其中既有企业自身对环境责任与企业可持续发展之间关系的认识程度，更主要在于政府的推动力度。因为企业环境责任履行的推动力从根本上来说，需要借助于外力，特别是政府的推动力。在企业伦理特别是环境伦理没有变为自觉的情形下，企业环境责任依然是政府规制推动型责任。

3.3 中国环境规制与企业环境责任耦合历程的初步判断

环境规制和企业环境责任之间具有密不可分的联系，前者的实施影响后者的环境行为，从而影响后者的实施效果；而后者的积极履行有利于前者的顺利执行，是指向前者的。环境规制是为了减少或消除企业环境行为的负外部性的法律约束机制，是促进企业履行环境责任必不可少的外在压力。企业环境责任的产生是社会文明发展到一定阶段的产物，与现代社会环境问题日益严峻的现实以及企业在现代社会经济生活中所处的地位密切相关。企业环境责任既包括法律所赋予的环境责任，也包括其自身的道德责任，但更主要是法律责任。企业是否具备环境责任意识以及是否履行环境责任，在某种程度上取决于政府的环境规制。如果没有政府强制要求或政府监督不到位，企业不会主动履行环境责任，甚至还会出现加大排放污染物的现象。此外，面对政府的环境规制，企业可能通过对地方政府官员的寻租，从而达到规避环境规制的目的，或者企业可能会利用不同区域间地方政府在环境规制政策的差异，通过投资转移到规制政策比较宽松的区域设厂以规避环境规制带来的成本。同时具有外在强制性和内在自觉性的企业环境责任，是企业法律义务和道德义务的统一，其法律义务具有强制性，是以国家强制力为保障的，而道德义务不具有强制性，只能通过对人自身的责任感以及其他非法律手段来实现。因而，企业环境责任的履行，除了政府的环境规制以外，还需要企业自身的主动性和积极性。根据上述对环境规制与企业环境责任的发展脉络梳理，两者的演进轨迹如图 3 - 1 所示。

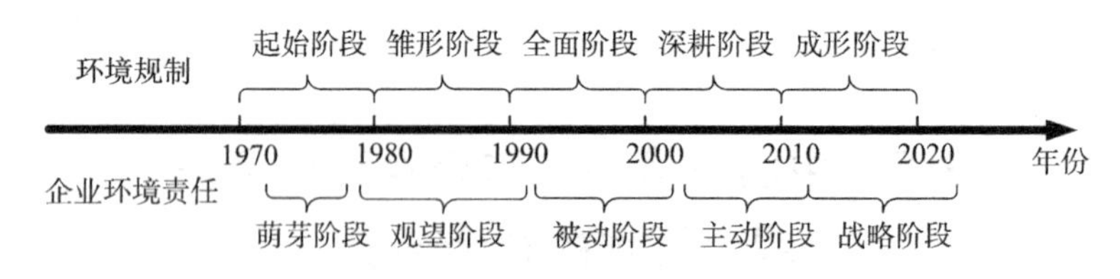

图 3 - 1　环境规制与企业环境责任演进轨迹

由图 3 - 1 可知，环境规制与企业环境责任的发展历程基本耦合，环境规制的发展驱动企业环境责任的履行（见图 3 - 2），同时企业环境责任的履行又带动环境规制的变迁（见图 3 - 3），从而实现了两者更好地交融并进。自 20 世纪 70 年代开启中国环境规制的序幕以来，经过 50 多年的发展，中国环境规制形成了较为完善的环境保护法律框架体系，在解决环境问题中发挥了越来越重要的作用。在政府环境规制的倡导下，企业环境责任经历了萌芽—观望—被动—主动—战略五个发展阶段。当前，在对待环境规制的态度上，企业更多的是把环境规制与企业经营目标有机融合，视环境规制为可持续发展的动力，主动采取环境治理措施，把积极承担环境责任作为一种提高企业竞争力的战略性资源。

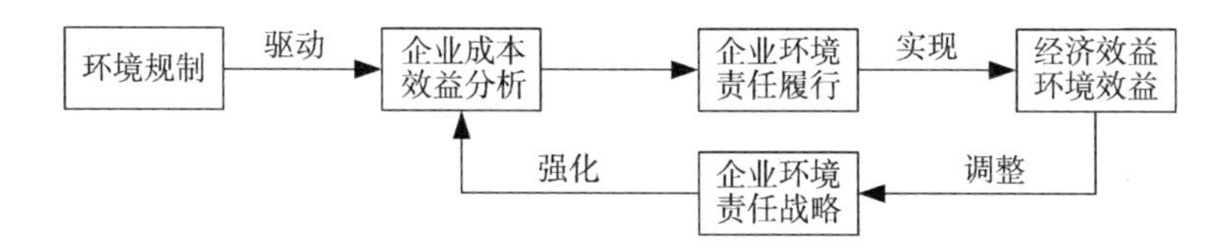

图 3－2　环境规制驱动企业环境责任履行示意

图 3－2 中，为了应对政府环境规制的强制要求，企业在成本效益分析的基础上，确定履行必要的环境责任，如降污减排、废弃物循环利用等。这一方面实现了环境效益，另一方面可通过赢得消费者的信赖，提高市场占有率，或获得政府的绿色补贴等，实现经济效益。在双重效益的加持下，企业更愿意将环境责任纳入企业战略，制定企业环境责任战略，指导企业的成本效益分析，从而更好地履行环境责任。

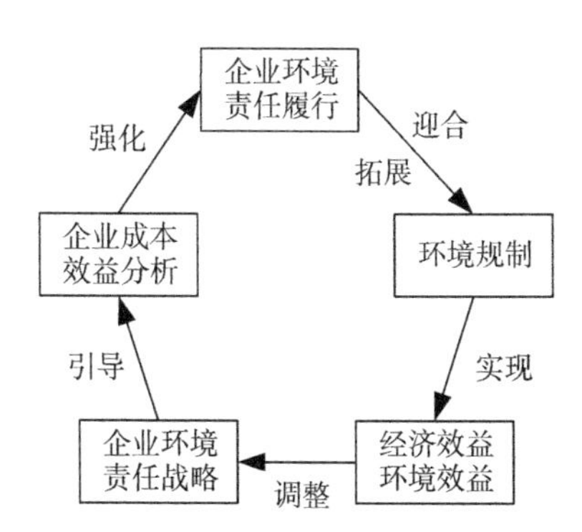

图 3－3　企业环境责任履行带动环境规制深度拓展示意

图 3－3 中，企业最初履行环境责任，主要是为了迎合政府环境规制的要求，实现了环境效益和经济效益的双丰收，带动企业调整环境责任战略；在环境责任战略引导下，企业进一步进行成本效益分析，主动优化环境责任履行内容，从而推动了环境规制的变迁，实现了“宏观环境制度—微观企业环境责任—宏观环境制度变迁”的动态发展。

3.4 本章小结

本章对我国环境规制和企业环境责任履行的演进轨迹进行了总结分析。一是对我国环境规制的演进进行了梳理，将我国环境规制的发展分为五个阶段：起始阶段、雏形阶段、全面阶段、深耕阶段和成形阶段，对每个阶段的环境规制的特征、重大事件进行了系统总结。二是对我国企业环境责任履行的演进进程进行了归纳，将我国企业环境责任履行分为五个阶段：萌芽阶段、观望阶段、被动阶段、主动阶段和战略阶段，对每个阶段企业环境责任的时间、事件、特征进行了详细的总结概况。三是对中国环境规制与企业环境责任耦合历程进行初步分析，为后文两者的耦合理论分析奠定了现实基础。

环境规制与企业环境责任的耦合框架：基本模式与理论解释

在前文论述的基础上，环境规制与企业环境责任履行之间存在相互关系已经不难理解，但如何理解两者之间的耦合机理，仍需要做进一步的阐述。本章首先界定环境规制与企业环境责任履行耦合的概念及内涵，阐述两者耦合机制的基本内容，并简要地归纳了环境规制与企业环境责任履行之间的耦合模式。其次，本章在第 4.2 节剖析了环境规制与企业环境责任履行耦合的理论逻辑。

4.1　环境规制与企业环境责任履行的耦合：概念及基本模式

在以企业社会责任为主题的研究中，相对于企业社会责任其他活动类型，环境责任是目前而言最为成熟的研究领域。从研究工作的演化历史来看，企业环境责任虽然很早就被包含在企业社会责任活动中，但一直以来是被视为围绕企业社会责任履行而衍生出来的辅助活动，并没有作为单独的研究对象而形成一个独立的研究领域。不过，随着我国环境规制的不断发展与完善，给企业环境责任带来巨大的压力，环境规制与企业环境责任履行之间的关系逐渐进入学者们的视野。根据波特假说，在面临较为严厉的环境规制时，企业会积极寻求降低防治污染成本的新技术（陈浩等，2020），通过创新弥补环境规制所带来的内化成本，从而提高企业环境责任履行积极性和主动性。自此，越来越多的学者们沿着这条逻辑思路，指出环境规制与企业环境责任之间存在着天然的联系，缺乏环境规制的引导，企业环境责任履行不可能自发形成。企业环境责任履行不仅需要环境规制的约束和保障，而且贯穿企业生命周期始终，从企业建设、生产、产品销售、信息披露，到企业关闭等都有涉及。反观我国目前诸多的企业实践，不难发现，一些企业特别重视企业环境责任履行，2006 年海尔率先在国内大企业中详细披露企业环境责任信息，不仅详细披露企业生产经营过程中产生的废物排放量、有毒有害化学物质使用量等信息，而且明确企业的环境管理方针、环境责任绩效等。截至 2023 年 4 月，海尔连续 17 年发布企业环境方面的报告，成为国内环境责任履行最为突出的企业之一。同时，海尔将环境理念贯穿产品设计，获得消费者的青睐，为其产品提供了强有力的市场竞争力。然而，也有企业拥有超前的环境意识，专注于投资环境资产，结果却导致企业走向衰亡。例如深圳市鹏桑普太阳能股份有限公司成立于 1993 年，主要从事平板太阳能热利用行业的研发、制造、系统集成和 BOT 全产业链经营，在太阳能基础领域和系统集成领域曾多次开创行业先河，但由于前期投入过高，产品成本居高不下，销售不容乐观，于 2014 年出现债务危机后不得不宣布解散。因此，如何促使环境规制与企业的环境责任履行之间形成有效耦合，帮助企业避免“环境规制困境”或“环境责任履行困境”，需从理论上厘清两者耦合及耦合机制的基本框架。

4.1.1　耦合的概念与内涵

环境规制与企业环境责任履行的耦合，直观上讲，就是指在生态文明系统中，宏观环境规制与微观企业环境责任履行两个子系统之间通过多种因素相互作用彼此影响的交互过程。耦合，最早出现在物理学研究中，是指两个或两个以上系统或运动形式之间通过各种相互作用而彼此影响的现象，也可以理解为两个或两个以上的实体相互依赖于对方的一个量度。而心理学则认为：群体中两个或两个以上的个体通过相互作用而彼此影响从而联合起来产生增力的现象，称之为耦合效应，也称之为互动效应或联动效应。“耦”的本义：①两个人在一起并肩耕地；②（耦合）物理学上指两个或两个以上的体系或两种运动形式之间通过各种相互作用而彼此影响以至联合起来的现象；③同“偶”。交互作用是指一个因素各个水平之间反应量的差异随其他因素的不同水平而发生变化的现象。心理学上，将耦合效应解释为：当实验研究中存在两个或两个以上自变量时，其中一个自变量的效果在另一个自变量每一水平上表现不一致的现象，即某一因素的真实效应随着另一因素的改变而改变。由此可知，耦合与交互作用既有联系又有区别。耦合强调的是两个独立的子系统如何逐渐融合为一体，并形成一个新的有机整体后的系统，从而使得交互作用更为频繁、更为稳定。交互作用则侧重两个相互独立的系统相互影响，两个系统之间的交互作用可能变得频繁，但并不必然需要两个系统融合成一个有机整体，而是允许它们各自仍保持一定的独立性。一般意义上，耦合与交互影响机制在作用形式、作用途径和作用机制上，非常接近，我们也可以将两者等同视之。基于协同理论，耦合作用及协调程度决定了系统达到临界区域时走向哪种秩序与结构，即决定了系统由无序走向有序的趋势。协同理论认为，耦合关系发生的前提条件是各子系统之间存在着某种内在的联系，通过多种联系而发生的耦合过程，将使得各子系统原有的属性或特征被改变，各个特征或属性会被放大、缩小、增加或减少，这些都可以被视为耦合的结果。比如，在环境规制与企业环境责任履行两个子系统的耦合过程中，环境规制的组成要素会因企业环境责任履行系统的变化而产生相应的变化或调整，进而形成新的环境规制设计，以更好地与企业环境责任履行系统形成耦合，最终形成一体化的系统。

在耦合过程中，不同的子系统由于受到耦合对象的影响而不断地动态演化，也逐渐由非耦合的无序系统通过渐进的耦合机制走向有序系统。如果双方子系统依然处于无序状态，则两者之间就是非耦合的。显然，耦合机理的关键之处，在于各系统内部相关参量（参数或变量）之间的动态协同过程，决定了各子系统相变的路径、特征与模式。

根据耦合子系统之间的影响程度，可以将耦合分为非耦合、松散耦合和紧密耦合三类。非耦合指两子系统之间彼此无任何交互，难以形成一个新的系统。松散耦合指一个子系统发生变化时对另一个子系统的影响很小，或耦合后新的整合系统的特征与各子系统的特征同时并存，耦合后新系统的特征不会因为功能分散于各子系统而失去核心功能或出现系统运营失去控制的状况。紧密耦合则是指一个子系统发生变化时对另一个子系统的影响很大，或者说耦合后新系统整体特征表现使得各子系统的特征被完全掩盖而无法凸显。在本书中，当讨论环境规制与企业环境责任履行的耦合问题时，不是讨论紧密耦合、松散耦合或非耦合中的某一个情境，而是从动态演化的角度入手，讨论环境规制与企业环境责任履行如何从非耦合到松散耦合或紧密耦合状态的路径和模式。进一步地，本书还将讨论环境规制与企业环境责任履行这两个子系统是如何通过自己的活动分别引发另一个子系统的属性和状态变化，进而增强耦合程度的过程。

4.1.2 环境规制与企业环境责任履行的耦合机制

在企业的环境责任履行系统中，外部的环境规制与内部的环境责任履行之间的耦合机制，是一个较为复杂的“宏观—微观”与“微观—宏观”的运行机制，是一个不断自我更新、自我复制、自我升级、动态演进的组合系统。从作用过程来讲，环境规制与企业环境责任履行的耦合机制由耦合的动因基础、耦合要素和信息交流

机制三个模块组成。

（1）耦合的动因基础

环境规制为企业环境责任履行提供政策指引，而企业环境责任履行可以为环境规制的提升提供检验效果。从各国环境规制实践来看，环境规制与企业环境责任履行是天然的内在结合在一起的。国外学者普遍认为法律法规以及执法力度是企业环境责任履行的决定性因素（Kel Dummett，2006）。尤其是在面临法律和诉讼风险时，促使企业履行其环境责任的“催化剂”是企业内部管理者、企业文化和企业当时的经济状况（Jenifer 和 Mark，2008）。国内学者卢现祥（2002）认为有效的产权制度是环境保护市场化有效运作的基础和前提条件，高桂林（2005）强调制定企业环境行政法规以约束企业的环境污染行为。自此，很多学者沿着这条思路，指出企业的环境责任履行与环境规制之间存在天然的联系，缺乏环境规制引导的环境责任履行是不现实的。但是，反观我国目前诸多企业实践，过分重视环境规制而忽略企业自身的具体情况盲目履行环境责任，也导致了许多企业资金流短缺，濒临破产。环保产业作为产业结构优化升级和提高环境质量的中坚力量，在支撑环境污染防治、提高生态环境质量和促进绿色低碳发展方面被各方寄予厚望。而环保产业遭遇瓶颈期，部分企业出现资金链断裂，如东方园林（002310）、碧水源（300070）等一度出现了现金流危机，被迫或主动地进行股权转让。因此，如何促使企业环境责任履行与环境规制之间形成有效耦合，帮助政府避免“环境规制困境”，企业避免“环境责任履行困境”，这需要我们从理论上理解清楚两者耦合及耦合机制的基本框架。

虽然有不少学者主张环境规制决定企业环境责任履行，也有不少学者认为企业环境责任履行引导和强化了环境规制的方向。但从实践来看，环境规制与企业环境责任履行是天然的内在结合在一起的，企业环境责任履行是对政府环境规制作出的应有反应（余澳，

2016)。正是借助有效的企业环境责任履行，环境规制才能最终为企业环境责任履行的现实问题提供有效的落地方案，使得企业认知到环境规制的主张并愿意主动为履行环境责任买单，从而让企业获得消费者的认可，提高企业营业收入，满足环境规制的下一阶段发展要求。因此，每一个企业在不同的发展阶段，都必须与当时当地的环境规制相匹配。两者之间相互促进时，环境规制的效果就好；两者之间相互制约时，环境规制的效用就难以发挥，环境问题不断恶化。也就是说，环境规制的价值要通过企业环境责任履行来实现，它不可能凭空产生。如果一个好的环境规制缺乏企业环境责任履行的基础，并且脱离企业的现实状况，不能与企业环境责任履行的步伐与节奏恰当地匹配，那么再好的环境规制，也可能发挥不了应有的效用。这是环境规制与企业环境责任履行之所以能够产生耦合的前提条件，也是根本的内在动因条件。

也就是说，环境规制与企业环境责任履行能否形成耦合机制，必须首先分析两者产生内在关联的可能性，这是两者耦合的首要条件。在确定存在耦合的基础和动因后，企业需要进一步确定环境规制与环境责任履行究竟哪一个作为引发耦合的主要驱动力量，来促使两者最终实现有效耦合。

因此，依据环境规制与企业环境责任履行的耦合动因基础，我们可以将两者的耦合分为两种类型：一种是环境规制驱动的环境规制与企业环境责任履行耦合，它以政府的宏观环境规制为主要驱动力量；另一种是企业环境责任履行驱动的环境规制与企业环境责任履行耦合，它以微观的企业环境责任履行为主要驱动力量。

然而，环境规制与企业环境责任耦合的实现，不仅要避免政府强制力的介入，而且还要避免政企不分。因此，有效耦合的实现需要完善的制度基础和组织基础。本部分首先构建环境规制与企业环境责任履行耦合的制度框架。其次，在此框架下从经济环境、法律环境和道德规范三个方面分析两者耦合的制度基础。最后，分析两

者耦合的组织基础，奠定两者耦合的可能。

①制度基础。

第一，经济环境。环境规制是经济发展到一定程度的产物，经济越发达，环境规制越重要。农耕社会，人类对环境的影响是有限的，随着工业革命的推进，人类对环境的破坏力与日俱增，尤其是自 20 世纪 70 年代以来，全球各国工业化飞速发展，人类对自然资源的过度开发和经济不合理发展，使得自然资源枯竭和生态环境恶化，恶性环境事件频频发生，迫使世界各国政府出台了一系列政策措施以期解决环境污染的难题，环境规制应运而生。中国自改革开放以来，经济高速发展，为了避免重蹈工业发达国家“先污染、后治理”的怪圈，将环境保护确立为基本国策，采取了一系列措施加强环境保护。然而，所有这些努力并没有发挥应有的效力，很多地区环境问题日益严重，生态恶化事件层出不穷。因而，环境规制只有在经济环境达到一定水平后才会出现，而且随着经济环境的不断提升，一方面污染排放增加，另一方面人民生活水平提高，追求美好生活的意愿越来越强烈，对环境的要求也越来越高，环境规制的强度和力度也随之增强。

第二，法律环境。法律脱胎于当时当地的政治环境、经济环境、社会环境和文化环境等，是立法者偏好、社会公众需求、利益集团决策等多种力量博弈的结果，是动态、迭代变化的（冯玉军，2018）。较好的政治环境、经济环境、社会环境和文化环境必然促使法律环境不断优化，反之亦然。环境规制作为环境方面的法律法规，其解决环境法律问题的特质决定了它必须与当时当地的社会相适应。相较于单一规制工具和单一规制主体，多重政策工具与多元规制主体之间的互补组合能更好地实现规制效果（安永康，2018）。自中华人民共和国成立以来，我国环境规制一直在尝试兼顾本土实际和治理需求，并力求引入并嫁接多元化的制度类型，但由于计划经济时代的烙印，以及市场体制的先天不足和公民法治意识淡薄，导致行政管制型法律制度成为我国环境规制体系中的主要部分。随着人民生活质量的提高，对环境保护的要求越来越多，环境保护的范围日益复杂，国家难以独立支撑环境保护的所有工作，应当将环境保护视为国家、人民及组织的共同责任。

第三，管理体制。环境管理体制是环境规制中的重要内容，是决定环境管理工作有效性的主要因素。从环境管理思想和方法的演变历程来看，环境管理体制是同人们对于环境问题的认识过程紧密联系在一起的。在世界范围内，环境管理的思想与方法的发展大致经历了以下三个阶段：第一阶段，大致从20世纪50年代末，即人类社会开始意识到环境问题的存在开始到70年代末，把环境问题作为一个技术问题，以治理污染为主要环境管理手段；第二阶段，大致从20世纪70年代末到90年代初，把环境问题作为经济问题，以经济刺激为主要环境管理手段；第三阶段，把环境问题作为一个发展问题，以协调经济发展与环境保护关系为主要管理手段。这一阶段以《我们共同的未来》的出版和《里约宣言》的发布为标志，自此进入以追求深化理解可持续发展概念和意义为特征的时代。

第四，政府行为。环境作为一种公共物品，具有非排他性和非竞争性，这就使得资源配置的价格机制不再起作用，也就是说市场机制不能自发起作用，为了避免环境资源被滥用，以及常见的负外部性，政府在环境管理方面的参与就显得非常必要了。而政府层级和行为不同，对环境规制的影响效果也不同。中央政府为了实现国家战略，会制定比较严格的环境规制，然而地方政府在执行这些环境规制政策时，会考虑到当地的特殊性，如GDP压力、晋升压力等，可能会放松环境规制的执行。

环境规制作为政府治理环境和发展经济的主要工具，会受地方政府行为的影响。一类专家普遍认同环境规制与各种地方政府行为之间的作用关系为主（Ulph，1996；Potoski和Prakash，2004）；另一类则是以研究本地政府与周边政府的策略互动为主。地方政府追求经济利益而带来的财政收入竞争激化，挤占了环境规制支出，是造成环境规制失灵的主要原因（孙晓伟，2012）。然而也有学者认同政府行为偏好能够有效提升环境规制的实施效果，与环境规制效应呈正相关关系（彭文斌等，2016；梁丽，2018）。甚至有学者认为地方政府缺乏能力和动力的制度环境是造成其环境规制乏力的根源所在（尚莉和杨尊亮，2016）。与此同时，在"政治锦标赛"晋升机制和"相对绩效考核"评价机制的引导下，地方政府会越来越关注其他政府的策略选择，形成地方政府竞争下的环境规制策略互动。地方政府通过降低要求来吸引资本流入以刺激经济发展，这种行为很可能被其他地方政府效仿（Cumberland，1981）。此外，相邻地区政府的环境规制执行也会影响其所在地地方政府环境规制的执行。如果相邻地区环境规制比较严格，其所在地的企业就可能会转移至周边环境规制比较宽松的地区；如果相邻地区环境规制比较宽松，其邻近地区的企业就可能会转移至该地区。此外，环境规制在治理扩散性强的污染物上表现出的溢出效应是地方政府间进行环境规制策略互动的主要动因（王宇澄，2015）。

②组织基础。

第一，政府。政府作为国家进行统治和社会管理的机关，既是环境规制的设计者，也是环境规制的实施者。中央政府环境规制作用的充分发挥，离不开地方政府的有效治理。中央政府和地方政府在环境规制方面的权限划分既要考虑国家的整体利益和整个社会的可持续发展，又要充分调动和发挥地方政府在环境规制方面的积极性，实现统一领导与因地制宜等矛盾的统一。然而由于我国的财政分权与政绩考核体制，使得地方政府对环境政策的执行存在攀比式的竞争，所以引发了政府间环境规制竞争的"逐底效应"和"绿色悖论"现象（张华，2014）。实际上，环境规制对于经济发展具有双重影响，不仅有"抑制效应"（Heyesa，2009），即环境规制会增加企业负担，抑制经济的增长；而且还有"促进效应"（Porter 等，1995），即环境规制会减少污染物的排放，提高资源利用率，促进生态环境改善。因而，政府要充分发挥环境规制的积极作用，出台相应的配套政策，化不利为有利，更好地促进生态文明建设。总而言之，政府在环境规制效力发挥方面发挥着极其重要的作用，一定要充分考虑各级政府及其之间互动的影响。

第二，企业。随着社会大生产的飞速发展，企业在为社会创造财富的同时也排放了大量污染物，对人类赖以生存的环境造成了严重的损害。企业作为污染排放的主体与被环境规制的客体，是影响环境规制和企业环境责任履行两者耦合的关键方。外部的政府环境规制、绿色消费、社区压力、市场竞争等因素都会对企业环境责任履行产生影响。一般来说，环境规制越严格，企业环境责任履行越好；消费者的绿色消费偏好越强，企业环境责任履行越好；市场竞争越激烈，企业环境责任履行越好。与此同时，企业内部的财务状况、技术创新能力、高管的环境意识等因素也会造成企业对环境压力感知的差异，从而使企业具有不同的环境责任履行效果。一般来说，企业的财务状况越好，财务压力越小，企业环境责任履行越好；企业高管的环境意识越强，企业环境责任履行越好；企业的创新能力越强，企业环境责任履行越好。因而，企业所面临的外部环境和自身的异质性也影响其环境责任履行。

第三，社会公众。社会公众的环境诉求不仅是提升环境规制水平的重要推动力，而且也是倒逼企业环境责任履行的重要力量。随着互联网的发展以及信息传播的演化，社会公众对环境问题的广泛关注与不懈诉求，增加了政府环境规制和企业排污的无形压力，成为一股强大的非正式环境规制力量。而且，随着社会公众受教育程度的提高以及对美好生活的向往，以公众环境诉求表达为主的非正式环境规制成为学术界和实务界关注的重要方向。社会公众参与环境治理主要有以下四种方式：一是公众信访、投诉等方式，有助于提升污染治理水平或减少污染排放（Langpap 和 Shimshack，2010；

Dong，2011）。二是非政府组织的环境参与（Li等，2018；Wu等，2018）。三是电视、广播、报纸等环境新闻报道，可降低环境污染（Saha和Mohr，2013）。四是网络媒体如搜索引擎、微博等是公众参与环境治理的新工具和新阵地（Bonsón等，2019；郑思齐等，2013；Zhang等，2018）。总之，社会公众的环境诉求影响着环境规制和企业环境责任的履行，不过其影响方向和影响程度受制于社会公众表达环境诉求的形式、工具等因素。

（2）耦合要素

在环境规制与企业环境责任两个子系统之间，它们的耦合关系，主要是通过各自内部的要素结构的变动和流动来产生的。这些要素主要包括以下部分。

①社会影响。

社会影响是指环境规制与企业环境责任履行的相互作用对其他组织态度或行为所发挥的作用，主要衡量企业当年是否由于没有履行环境责任而出现不利社会影响或者不良信誉。主要用以下六个指标进行衡量：是否属于重点污染监控单位、是否发生过环境事故、是否发生过环境违法事件、是否发生过环境信访案件、是否通过ISO14001认证、是否通过ISO9001认证。这六个指标均为虚拟变量，如果当期企业属于重点污染监控单位，发生过环境事故、环境违法事件、环境信访案件，未通过ISO14001和ISO9001认证，则该指标值为0；反之，则该指标值为1。社会影响指标值为上述六个二级指标值之和，取值范围为（0—6），指标值越大说明企业越好地履行了环境责任，在社会中产生了良好的社会影响。

②环境管理。

环境管理是指一个组织应提供为实现其环境方针、目标和指标所需的能力和保障机制，用于衡量企业当年的环境管理水平，企业在环境保护、节能减排、清洁生产等方面的重视程度以及采取的措施。包括八个指标：是否树立了明确的环保理念，是否设立了明确的环保目标，是否披露了公司制定的相关环境管理制度、体系、规定、职责等一系列管理制度，是否披露了公司参与的环保相关教育与培训，是否参与了政府或社会团体组织的环保专项行动，是否制定了环境事件应急机制或者监测体系，是否获得了政府或社会团体公布的环保荣誉或奖励，是否设立了“三同时”制度。这八个指标均为虚拟变量，如当期有或发生上述行为，则该指标值为1；反之，则该指标值为0。社会影响指标值为上述八个二级指标值之和，取值范围为（0—8），指标值越大说明企业对环境保护重视程度越高、环境管理水平越高。

③环境保护投入。

环境保护投入是指用于环境污染防治、生态环境保护和建设投资的资金，是环境保护事业发展的物质基础，主要衡量企业当年在环境保护方面投入的资源和成本。包括三个指标：环境补贴，即企业当年享受的政府环境补贴金额；环境治理投入，即企业环保投资和环境技术开发投入金额之和，如果涉及不同环保投资项目，最后结果是所有项目投资之和；排污费或环境税，2017 年之前以企业当年缴纳的排污费金额衡量，2018 年及以后年度以企业当年缴纳的环境税金额进行衡量。由于三个指标均为连续变量，为了增加与其他虚拟变量的匹配程度以及可比性，将样本企业的上述三个指标进行标准化处理后，采用熵值法确定三个指标的权重。以三个指标标准化后的值与各指标权重相乘后得到。

④污染物排放。

污染物排放指某组织的污染物（废水、废气、固体废弃物）排入环境或其他设施的数量并披露这些信息，主要衡量企业污染物排放是否达标以及对该信息对外披露的详细程度。包括六个变量：废水排放是否达标、COD 排放是否达标、二氧化硫排放量是否达标、二氧化碳排放是否达标、烟尘和粉尘排放是否达标、工业固废物产生量是否达标。六个指标均为虚拟变量。如果企业某项污染排放没有达标，则该指标值取 0；如果企业该项污染排放达标，但是仅是定性描述，则该指标值取 1；如果企业该项污染排放达标，且定量披露了具体污染排放量数值，则该指标值取 2。污染排放量情况指标值为上述六个二级指标值之和，取值范围为（0—12），指标值越大说明企业污染排放量达标、对外信息披露越充分。

⑤循环经济。

循环经济是衡量企业资源减量使用、再利用、资源再循环的程度，反映了企业资源的高效利用和循环利用。主要包括六个指标：是否涉及废气处置或再利用，是否涉及废水处置或再利用，是否涉及粉尘、烟尘处置或再利用，是否涉及固体废弃物的处置或再利用，是否涉及噪声、光污染、辐射的治理，清洁生产实施情况。该六个指标均为虚拟变量，如果当期有各种废弃物的处理或再利用，则该指标值为 1；反之，则该指标值为 0。循环经济指标值为上述六个二级指标值之和，取值范围为（0—6），指标值越大说明资源再利用、再循环程度越高，能更好地进行节能减排生产。

无论是环境规制驱动的耦合过程，还是企业环境责任驱动的耦合过程，都是通过对这些耦合要素的改变，引发另一方的耦合要素的结构变化，从而使双方进入耦合状态。换言之，这些耦合要素其实是环境规制子系统与企业环境责任履行子系统之间的“链接载体”，它们成功地把一个系统变化产生的“动量”传导至另一个系统，引发后者的调整，并把后者调整后产生的反应力再传导给前者，如此循环往复，直到完成两个系统之间的高效互动和有效结合，形成稳定的耦合关联。

以环境规制驱动的耦合过程为例。一般来说，环境规制背后总是伴随着企业环境责任履行，环境规制首先可能是为响应企业环境责任履行而出现的。但是环境规制（以《环境保护法》为例）作为一种宏观管理工具，从酝酿到颁布实施，基本要经历七个阶段：第一阶段，酝酿、筛选、确定立项。以建设中国特色的社会主义法律体系为目标，在现实条件成熟的基础上，筛选出符合基本要素条件的项目。第二阶段，深入调查、取证、论证。第三阶段，遵宪合规，起草文稿。理顺该法律法规与上位法的关系，起草文稿。第四阶段，社会公示，多方征求意见。第五阶段，多次审议。第六阶段，审议通过后，颁布实施。进行大规模的宣传，使广大的人民群众都了解这部法律，贯彻实施。第七阶段，当这部法律贯彻实施了一定的时间以后，再回头对其进行立法后的评估、修正。这部法律颁布以后，执法的情况如何，有什么问题，什么原因导致这些问题的，有没有不执法的，或者有法不依的情况等，人大常委会就要对此进行执法检查。如果确实需要修订，再重新按照上面上述七个阶段进行。任何一部环境规制方面法律的诞生，必须来源于现实社会，并根据社会环境的变化而变化。因此，通过围绕社会需求构建新的企业环境责任的内容，新的环境规制法律需要的社会影响、环境管理、环境保护投入与支出、污染排放、循环经济等要素也必须进行动态调整，进而影响企业环境责任履行的形式、内容与结果。当环境规制产生的调整得到了企业环境责任履行恰当的回应性调整后，两者之间的耦合要素也将实现合理调整，从而促进了环境规制与企业环境责任履行之间的有效耦合。

（3）信息交流机制

信息交流机制是指两个系统之间环境管理、污染排放等信息的往来路径和处理过程结构。在企业中，各类信息和知识储存在财务系统、人力系统、组织结构和资产管理体系中。比如，企业环境责任履行的载体主要是企业的环境管理机构、生产经营中的污染物排放等，而环境规制的载体则是国家各级政府部门颁布的命令型的、市场型的和自愿型的法律法规。这两类信息载体一方面相互独立，另一方面又相互重叠。在环境规制与企业社会责任履行的耦合过程中，耦合要素的关联主要体现在跨领域机制产生。各项环境方面的法律法规作为环境规制的信息载体，会直接作用于企业环境责任履行的过程中，企业高管、生产人员也会直接参与到环境方面法律法规执行与反馈的调研中，从环境规制的要求出发，结合企业的具体实际，明了企业环境责任履行的方方面面，履行相应的环境责任，以响应环境规制要求，从而保证正常的生产经营。这种跨领域的信息交流机制，对两个子系统的相互耦合非常重要。

另一个交流机制涉及知识和信息的来源，企业需要建立开放式的创新管理体系。环境规制信息和企业的环境责任信息，既可以是企业通过外部的机构或渠道得到，也可以是企业内部通过环境责任履行而体现出来的。在环境规制越来越严格的趋势下，企业环境责任受到的影响越来越深远，企业需要通过建立有效的环境管理体系以应对这种趋势，以更好地符合环境规制的要求，促使环境责任履行与环境规制的耦合关联。

（4）耦合的作用机理

以环境规制驱动两者耦合为例，将环境规制与企业环境责任的耦合机制用图4－1的形式展示出来，以方便更直观地理解。

在图4－1中，我们以环境规制驱动两者耦合的过程为例来展示一个耦合关联过程。首先，确认环境规制与企业环境责任履行之间存在着内在的耦合关联动因，需要进一步实施耦合，并确认这个耦合循环是由环境规制引发。其次，当环境规制发生变化后，会对各种耦合要素形成一个新的推动影响，在经过环境规制与企业环境责任履行的交流机制后，环境规制产生的拉动影响会转化为适合被企业环境责任接纳的输入信息，引发企业环境责任履行变化。最后，企业环境责任履行的变化产生另一种耦合要素，并产生对环境规制的拉动作用，需要环境规制在耦合要素的新组合方面进行适当的修正或调整，这个作用力经过第二个交流机制后，形成对环境规制的具体作用力，进入环境规制的调整流程，并使得环境规制落实具体调整，与企业环境责任履行形成明确的耦合关联，提升两者之间的耦合程度。至此，一个完整的耦合机制形成。

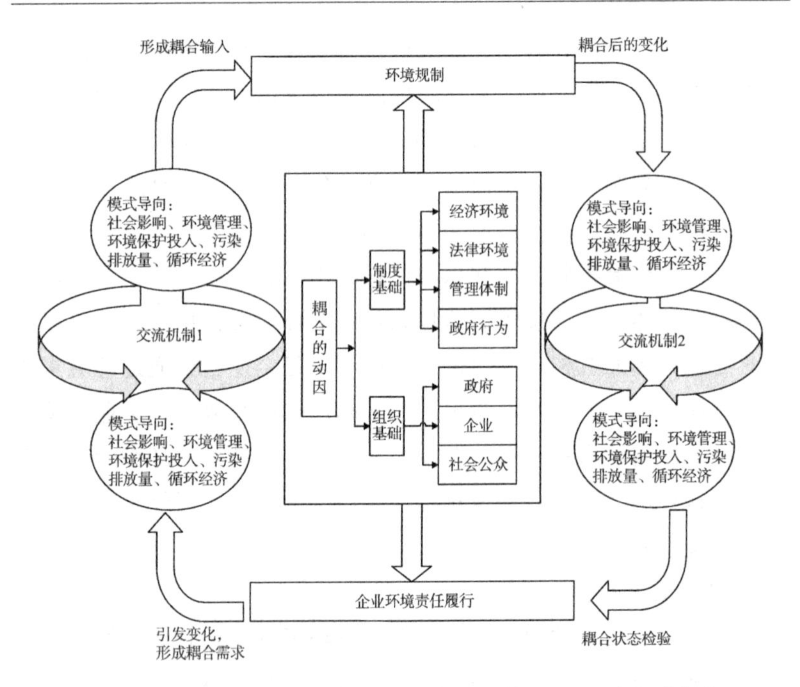

图4－1　环境规制与企业环境责任履行耦合机制：一个概念框架

4.1.3　环境规制与企业环境责任履行的耦合模式及其理论解释

环境规制是解决环境问题的重要手段，是对组织要履行的环境责任进行了各种约束，具体包括社会影响、环境管理、环境保护投入、污染排放、循环经济。企业环境责任履行活动在整个社会宏观规制的引导下，同样在社会影响、环境管理、环境保护投入、污染排放、循环经济作出了大量的尝试与努力。我们把有关污染排放、环境管理、循环经济等，统称为规制导向，注重的是对环境规制的遵循程度。另一种是企业环境责任导向，它追求的是企业环境责任履行要符合成本效益原则。我们把这两种基本的导向，分别按高、中、低水平进行区分，然后进行组合，会得到九种有代表性的环境规制与企业环境责任履行的耦合组合，分别代表九种耦合模式，具体如图 4－2 所示。

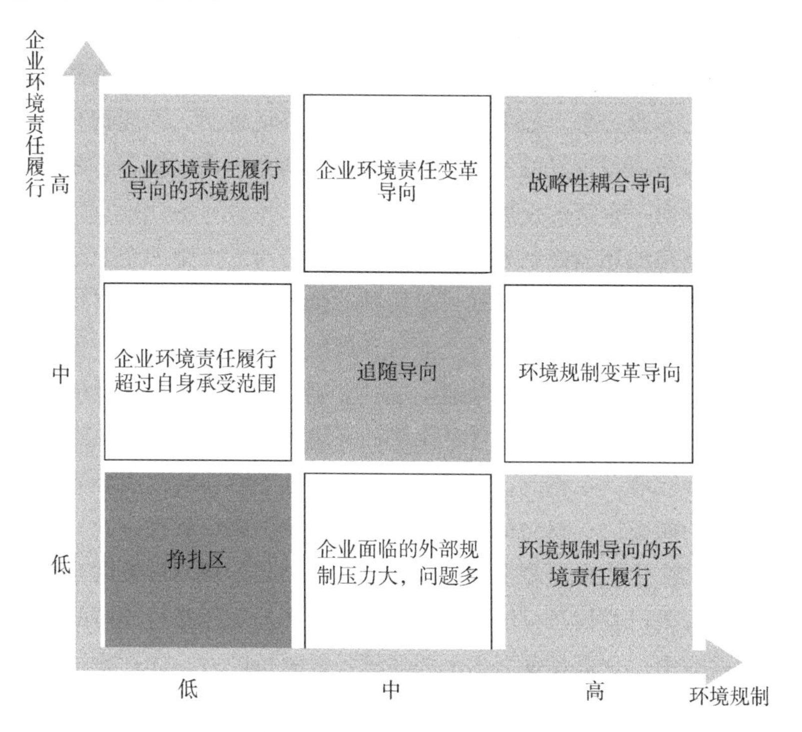

图 4－2　环境规制与企业环境责任履行的耦合模式

在图 4－2 中，最理想的耦合模式，应该是右上角的战略性耦合导向模式。在这种模式下，企业选择了最佳的环境责任履行，同时也顺应了当时最高的环境规制水平，两者之间形成紧密耦合状态。利益相关者不仅可以感知到企业环境责任履行的状况，而且也能清晰地感知到其对当时环境规制的遵循程度，并充分利用这种遵循，为企业发展谋求更多的发展空间，如获得绿色信贷、政府补贴等。2022 年度中国上市公司环境绩效榜，评价范围包括 5157 家上市公司，涉及近 29.8 万家关联企业，其中光大环境、北控水务、首创生态等上市公司环境责任履行遥遥领先其他企业。作为制造业，本身环境排放形势比较严峻，它们勇立潮头，积极履行环境责任，对环境负责、对社会负责、对子孙后代负责。此外，伊利从节能减排、保护生物多样性出发，积极践行“绿色产业链”战略，展现出了行业龙头企业的担当和作为，带动合作伙伴共走可持续发展之路。不难想象，如果这些公司不接受环境规制，不履行环境责任，也很难取得较好的发展与壮大，正是两者的高度耦合，才将这些公司推向一个新的发展高度。

右下角的环境规制导向的环境责任履行与左上角的企业环境责任履行导向的环境规制模式，是两种非耦合模式的代表。在环境规制导向的环境责任履行中，企业具备履行环境责任的能力，但是却采用了低水平的环境规制策略。这种非耦合的关系结构，会使得企业抵制环境责任履行，坚守低水平的环境责任履行策略，最终的命运就是被政府责令整改，甚至关门歇业。这类企业的代表有河北高邑赞皇的陶瓷厂、湖北恒达纸业等。曾经的陶瓷厂辉煌一时，但在市场环境变化的大趋势下，没有及时调整公司的环境责任战略，导致面临着关门整顿乃至法律诉讼。在企业环境责任履行导向的环境规制模式中，企业具备高水平的环境责任履行能力，远远超过当时的环境规制要求，过多地承担环境责任，从而给公司带来极大的成本投入，导致公司经营陷入困境，难以维持后续经营。这种非耦合的关系结构，在短期内让公司赢得社会声誉，但是企业成本过高，短时间内企业成本难以得到弥补，在激烈的市场竞争中，企业便失去在竞争中获胜的根本力量，从而从市场上快速消失。这类企业的代表有北京东方园林环境股份有限公司，环保项目杠杆率高但回报率不高，负债累累，最终在 2018 年公司资金链彻底断裂、银行逼债、股权被 6 轮冻结，被迫裁员、拖欠工资等，走到了破产边缘。

处于中间方格的追随导向模式，是耦合程度较高的一种耦合模式。但它只适合在低水平的市场上竞争。这对于来自后发经济体的企业而言，可能是追赶发达经济体中领先企业时的一种适宜的战略导向。尽管环境规制水平和企业环境责任履行水平都居于中等水平，但对追随者而言，它不仅可以节省环境责任履行中的高额投资，而且还会为企业战略调整提供最大限度的灵活性。这类耦合模式适合后发经济体中在新兴产业领域采取追赶战略的企业。与此方格相连的右侧、上方两个方格，也是环境规制与企业环境责任履行耦合的两个代表性模式：一种是环境规制变革导向的耦合模式，另一种是企业环境责任履行变革导向的耦合模式。前者的代表有山西省，后者代表有上海市。山西省地处京津冀上风向及水源地上游，是资源大省煤炭资源丰富，与此有关的重工业在此安营扎寨，种种原因导致山西省自身的环境污染最为严重，还连带加大了下游京津冀的环境污染，为了保障人民群众的身体健康和社会安定，实现生态文明建设，山西省实施了严格的环境规制，企业不得不履行环境责任，以满足规制要求。上海市地处中国东海岸的长江口和东亚大陆的外流地带，是一个自然资源相对匮乏的城市，主要的生产原材料和能源多由外部地区输入。为了应对资源价格节节攀升的压力，上海市以发展循环经济为基本原则，致力于构建绿色环保型产业体系，充分利用产业结构升级和高度服务化趋势来实现资源和能源的节约，因而上海企业更多的是利用现代科技创新减少污染排放，发展循环经济，企业环境责任履行普遍较好，引导当地环境规制的要求也随之不断提升。

最有问题的耦合模式是处于左下角的挣扎区模式，这显然是环境规制与企业环境责任履行非耦合的极端糟糕状态。在这种状态下，企业既不遵循当地的环境规制要求，又不履行必要的环境责任，显然很快就面临着严峻的生存危机。代表性企业有上海中隆在2017年5月23日宣布年底停止造纸业务，并出售相关造纸设备，原因就在于减排的整改升级投资成本与气价费用均过高，将导致公司经营压力倍增，不得不停产。与挣扎区模式相连的两个方格也是非耦合模式的两个代表，其成因和症状与挣扎区相似，不再赘述。

总体来看，如果企业能够选择合适的环境规制与企业环境责任履行的耦合模式，那么企业从环境责任履行中可以获得政府补贴、绿色信贷等资金支持和产业扶持，从而更容易实现企业可持续经营和获得满意的经济回报等目标。但是，企业如果仅仅是过于依赖其中任何一个，而疏于梳理环境规制的动态变化导致环境规制与企业环境责任履行之间的耦合失效，就难免会面临巨大的外部规制压力与内部的经营困境。可见，环境规制的落地需要以企业环境责任履行的耦合机制作保证，企业环境责任履行在环境规制的引导下，可以更好地规避环境污染的市场失灵，因此构建环境规制与企业环境责任履行之间的耦合机制具有坚实的理论基础和现实需求。

4.2 环境规制与企业环境责任履行耦合的理论逻辑

4.2.1 环境规制驱动企业环境责任履行的耦合机理

随着经济的发展，环境问题越来越严峻，环境规制也随之提高，但这并不必然等同于企业环境责任履行一定也会随之提高。环境规制的有效执行主要依赖于它的成功扩散，被更多的消费者和生产者普遍采用，但这往往是环境规制面临的主要障碍因素。一方面，环境规制的要求越来越高，新的污染排放和治理要求不断迭代升级；另一方面，高标准地执行环境规制要求并为企业带来预期收益的情况很少。环境规制作为政府参与环境治理的主要政策工具，对企业环境行为具有重要影响。同一个地区的环境规制下，不同的环境责任履行会得到截然不同的结果。显然，环境规制如果成功地找到了合适的环境责任履行与之耦合，那么其执行有效性要大得多。反过来，新的环境规制如果找不到合适的环境责任与之耦合，那么其执行的可能性要小得多。正如已有研究发现，环境规制难以执行甚至执行失败的原因，往往是缺乏对与之匹配的企业环境责任履行的重视程度。因此，企业围绕如何履行环境责任与环境规制的要求匹配，是企业从遵循环境规制过程中获得经济价值的关键途径。

一般来说，环境规制是一个从颁布一项环境方面的规章制度开始，通过组织（或个人）履行环境责任执行环境规制进行检验的一个完整过程，它包括新规制的产生需求、讨论意见稿、征求意见稿、定稿颁布、实施这样一系列活动。围绕这一规制活动而产生的企业环境责任履行，已不单单是一个企业履行环境责任的过程，而是一个企业环境责任履行系统的构建过程。环境规制与企业环境责任履行在环境规制的不同发展时期内的耦合，从本质上讲是宏观政策影响微观企业，进而微观企业行为影响宏观政策的一个动态调整过程，是环境规制与企业环境责任履行共同催生的成果。比如，在重污染行业，环境规制诱发企业环境责任履行并与之形成耦合是一个系统工程，其环境责任履行的内容无疑需要根据环境规制的阶段性特征而动态调整。

在企业环境责任履行过程中，围绕环境规制构建一个新型的环境责任履行体系和利益相关者的关系网络是其中核心任务之一。以采掘业为例，一项新的环境规制颁布后，采掘业的终端产品用户、相关联的买家和卖家、服务商、销售商、广告商等构成了采掘业的环境责任履行相关的关系网络。在这个网络中，系统分析其网络效应和网络外部性问题将是环境规制能否成功在企业环境责任履行中快速推进的关键。因此，围绕环境规制新要求的特征来选择合适的环境责任履行，深入考察网络外部性带来的影响，并考察环境规制的生命周期因素来设计新的环境责任履行模式的动态演化路径，将是一个需要解决的重要研究问题。基于环境规制工具驱动的企业环境责任履行的演化路径如图 4 - 3 所示。

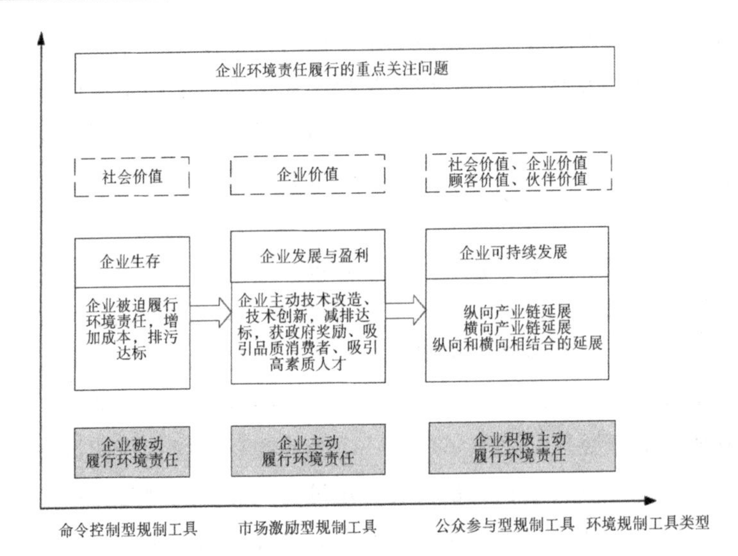

图4－3　基于环境规制工具驱动的企业环境责任履行的演化路径

网络外部性对依托新的环境规制而设计的环境责任履行是否成功至关重要。在以知识经济、互联网经济为代表的新经济中，网络效应是一个重要的核心观念。网络外部性又称为网络效应或需求方的规模经济效应，指的是一个组织连接到某个网络的价值受其他组织（或对其他组织）使用这个网络的价值的影响。也就是说一个组织连接到网络的价值，取决于已经连接到该网络的其他组织的数量。通俗地讲，网络外部性存在时，每个组织履行环境责任依赖于该项环境责任履行的总体数量规模。该项环境责任履行的总体数量越多，每个单独组织从环境责任履行中得到的效用也就越高。网络中每个组织的环境责任履行都被其他组织的环境责任履行总体数量所影响。

以PM2.5的排放治理为例，雾霾污染并非是单纯的局部环境问题，而是在很大程度上会通过大气环流、大气化学作用等自然因素，以及产业转移、污染泄漏、工业集聚、交通流动等经济机制扩散或转移到邻近地区。这就要求我国各地方政府在治理雾霾污染过程中必须坚持属地管理与区域联动相结合的基本原则，积极采取区域联防联控的政策措施，对雾霾污染固有的空间关联效应予以考察和控制（陈诗一，2018）。因此，随着规制 PM2.5 排放的区域越多，PM2.5 联动治理的效果越好，环境规制的效果也就越好。这是因为，在网络外部性的作用下，在联动治理的压力下，规制 PM2.5 低的地区可以减少试错成本（或低成本）得到规制 PM2.5 高的地区的治理经验，大幅度提高治理效果，却无须为 PM2.5 治理试错付费。显然，如果雾霾 PM2.5 治理联动网络中只有少数地区参与，那么已选择规制 PM2.5 地区虽支付了高昂治理成本，但治理效果不一定好。只有有限的地区交流治理信息和经验，并且其他地区没有联动治理 PM2.5，不同地区之间的沟通交流，就会面临较高的转换成本。这就是一个缺乏外部性的治理网络。对于环境规制而言，缺乏必要的联动治理，它的执行力度和效果就难以体现，从而不得不面临政策失败风险。

以采掘业为例，我们研究了重污染行业中，企业环境责任履行在不同的环境规制工具下的扩散驱动着企业环境责任履行的不断提高。在命令控制型环境规制工具下，采掘业企业不得不履行必要的环境责任，如购置必要的减排设备、排放数据实时监测等，以保持正常的经营活动，否则就要面临停业整顿的风险。在市场激励型环境规制工具的刺激下，采掘业企业寻求多种方式如对排污设备进行技术改造或技术创新，提高减排效果，从而满足激励要求，这样可以获得政府补贴，弥补治理污染成本，吸引高品质的消费者，从而提高销售收入，也可以吸引高素质的员工加入，从而进一步提升企业业绩。在公众参与型环境规制工具下，采掘业企业面临着众多的监督者，如非营利环保组织、媒体、社会公众、员工等，企业在降污减排，满足环境规制的要求的前提下，不仅实现了自身的价值，而且也逐步扩大影响，对上下游供应链企业提出了更多的绿色要求，从而实现企业环境责任履行的纵向产业链延展；同时，企业的降污减排要求，深化了企业对循环经济的理解，深耕废弃物管理，改进选矿工艺流程，提高矿山选矿回收率，技术创新开发低品位矿山等。相应地，从命令控制型环境规制到市场激励型环境规制，乃至发展到公众参与型环境规制，相应的企业环境责任履行也从基于被动的应付排污模式，到基于主动技术改造、技术创新的环境责任履行模式，再到基于可持续发展的纵向或横向产业链延展、纵向与横向相结合的延展模式。

4.2.2 企业环境责任履行驱动的环境规制耦合机理

一般来说，围绕新的环境规制形成“环境规制（宏观）影响企业环境责任履行（微观）”和“企业环境责任履行反作用于环境规制”的分析逻辑。从逻辑上讲，环境规制一定是围绕企业环境污染的“痛点”问题或价值主张而展开的，企业环境责任履行应该是应对环境规制而产生的，两者具有天然的耦合动因。有了环境责任履行的推动，将为环境规制尽快落地推广积聚庞大的初始力量，以快速获得各企业的认可，从而实现行业排放标准的形成。企业环境责任履行是企业应对环境规制的核心驱动力量，它能为环境规制的快速推广形成行业标准，从社会或客户这一方为环境规制提供聚焦现实需求的基础。

随着经济的发展，人民对美好生活的追求日益提高，企业环境责任的研究正在如火如荼地开展，然而利用严密的理论模型或数量分析方法来证明企业环境责任履行驱动环境规制迭代的内在机理，目前仍有很大的难度。定量研究方法是目前实证分析方法论中使用较为普遍的选择，但定量研究不仅需要对各种过程因素进行量化的测量，而且还要求对多个因素之间的关系进行测量，验证预先的假设。这对企业环境责任履行的过程来说，比较难以实现。这是因为，企业环境责任履行本身是一个复杂的系统，提炼环境规制和企业环境责任履行中可量化的要素比较困难，如果勉强对环境规制与企业环境责任履行的过程进行过于粗糙的测量或替代，难免会造成数据分析谬误（如因主观意识而忽略重要的现实信息），甚至得出偏差过大的结论。在这种情况下，扎根理论作为一种实证分析方法论（Glasser 和 Strauss，1967）就比较适合我们的研究要求。原因在于扎根理论比较注重过程数据，注重社会现象或事物所具有的属性和在运动中的矛盾变更，是从事物的内在特征来研究的一种方法或角度，从而挖掘出事物的本质，通过这些基于过程和数据的分析，构建出新的理论。扎根理论研究无须事先给出理论框架，也无须围绕环境规制和企业环境责任履行的过程事先提出可量化的分析框架。

结合已有文献及其实地调研，本书运用扎根理论研究了重污染企业的环境责任履行驱动环境规制的实践，得到一个概念性的理论模型，如图 4－4 所示。

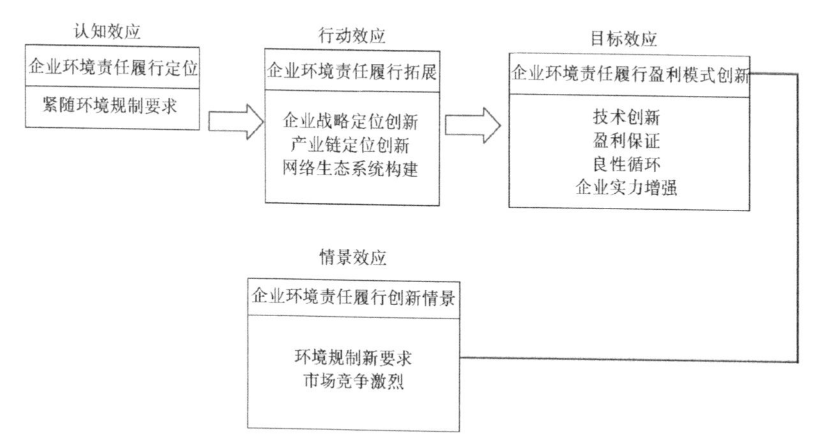

图 4－4　企业环境责任履行驱动的环境规制的理论模型

图 4－4 的理论模型中，主要的构成要素分为四个模块：第一个模块是企业环境责任履行定位，第二个模块是企业环境责任履行拓展，第三个模块是企业环境责任履行盈利模式创新，第四个模块是企业环境责任履行创新情景。紧随当时当地环境规制的要求，企

业环境责任履行要精准定位，即在满足规制要求下，在符合成本效益的前提下，履行必要的环境责任；随着环境规制要求的不断提高，只有企业环境责任履行重新进行战略定位，产业链定位创新和网络生态系统构建，拓展其环境责任履行内容，才能符合环境规制的新要求；在当前市场竞争激烈的情况下，考虑到外部管制和内部成本管控的压力，企业技术创新势在必行，在保证企业盈利实现的基础上，实现良性循环，增强企业实力。至于企业环境责任履行过程中如何与环境规制形成有效的耦合，则主要是依托上述四个模块的活动实现的。这四个模块中任何一个的变革，都会对环境规制带来显著的影响。因此，这四个模块之间的组合关系，就会形成企业环境责任履行驱动环境规制的多种路径。具体而言，企业环境责任履行定位是企业环境责任履行的基础和前提，它的履行程度决定了企业如何认知环境规制，从而选择是接受还是拒绝该项环境规制，我们可称为认知效应。企业环境责任履行拓展主要包括了企业如何对战略定位进行调整，从而在产业链定位和网络生态系统方面提供最有力的支持，我们将其称为行动效应。盈利保证与企业实力提升是企业进行环境责任履行与环境规制的共同目标，这是凝聚两类活动高度耦合的最终力量，我们称之为目标效应。情景效应则是指任何能够影响企业环境责任履行的外部宏观因素的作用强度。这些宏观因素包括政府的新的环境政策、市场竞争程度、整个社会的文明程度等特定的制度环境等。一般来说，对后发国家或发展中国家来说，政府的政策体系和制度环境对企业环境责任履行的战略导向的影响比发达国家要强很多。尤其是对重污染产业的发展而言，更是如此。其中的主要原因之一，就是后发国家的企业无论在环境责任履行还是在环境规制方面，相对于发达国家的竞争对手而言没有明显的竞争优势，所以它们在环境规制与企业环境责任履行的耦合策略上，比较容易受到政府政策的指引而采取上一节所说的追随导向的耦合模式。综上所述，企业环境责任通过改变认知效应、重塑行

动效应、强化目标效应、利用情景效应四种途径，驱动了环境规制的不断优化。

已有文献在研究企业环境责任履行的驱动力量时，主要关注企业内部的企业文化、成本压力、环境信息披露，以及企业外部利益主体如政府、消费者、社会公众、供应链上下游企业等。这些因素是促使企业采取积极主动的环保行为的关键所在。然而已有研究较少涉及企业环境责任履行对环境规制创新的拉动作用。通过扎根理论，我们证明了企业环境责任履行对环境规制的推动作用。进一步地，我们还可推断环境规制的一种发展趋势，就是企业环境责任履行为环境规制优化提供一个多元化的力量来源。在传统的封闭式环境规制背景环境下，企业环境责任履行的驱动力量主要来源于政府的环境规制，企业边界之外的上下游企业、社会公众、媒体等并不是企业环境责任履行的主要推动力量。当新的环境规制要求出现后，企业的环境责任履行则可能由“线性模式”变成一个“网状模式”。在这个网络中，除了企业组织内部的成员外，供应商、客户、政府、竞争对手等原来属于组织外部的成员，都成为企业环境责任履行的驱动力量。企业之间的竞争，变成网络系统之间的对抗（张新香，2012）。在系统和系统的对抗过程中，企业环境责任履行模式凝聚了前一阶段的环境规制要求，成为环境规制的“前沿阵地”和“试验田”，把市场要求和企业自身技术能力的突破有机地连接了起来。

已有文献在研究环境规制的驱动力量时，主要从环境政策制定者和执行者的角度，分析影响政策执行的内外部因素（Koski和May，2006；Konisky，2008；Whitford，2014；Zhan等，2014），或从就业机会、经济增长等宏观层面分析环境规制的间接效应（Lin等，2010；Frondel等，2010；Zhang等，2012；Bowen等，2013），但很少考虑企业环境责任履行对环境规制的拉动作用。通过扎根理论分析，我们发现企业环境责任履行也是可以驱动环境规制的。进一步地，我们还可以推论出另一个结论，即企业环境责任履行可以为环境规制提供一个多元化的力量来源。在传统的研究范式下，环境规制的驱动力量主要是考虑政策制定者和宏观环境的影响，没有考虑企业作为环境责任履行主体的反应对环境规制的影响。当企业环境责任履行出现新的状态时，环境规制则可能由“线性模式”变成“网状模式”。在这个网络中，除了企业的组织内部成员外，客户、供应商、政府、媒体、经销商等属于组织外部的成员，都成为企业环境责任履行的驱动力量。企业的竞争不再是单个企业之间的竞争，而是网络系统之间的竞争（张新香，2012）。在系统与系统之间的竞争中，新型的环境责任履行凝聚了前一阶段的环境规制要求和市场诉求，成为企业环境责任履行的“试验田”，把环境规制要求与企业环境责任履行有机地连接了起来。

同样的环境规制外部环境，企业采用不同的环境责任履行政策会得到截然不同的结果。显然，企业环境责任履行如果成功地找到了匹配的环境规制与之耦合，那企业发展壮大的概率要大很多。反过来，新的环境规制如果找不到新的环境责任履行与之耦合，那么其被执行推广的可能性要小得多。一项环境规制如果执行失败，往往是缺乏对企业环境责任的重视。因此，企业如何围绕环境规制的特征开发与之耦合的环境责任履行模式，是从遵循新环境规制过程中获得经济价值的关键途径。

4.3 本章小结

本章构建了环境规制与企业环境责任履行的耦合框架。首先在剖析耦合概念的基础上，界定环境规制与企业环境责任履行的耦合及内涵，并从两者耦合的动因基础、要素、信息交流机制三个方面阐述两者的耦合机制，进而归纳了环境规制与企业环境责任履行耦合的九种模式。其次，论述了环境规制与企业环境责任履行耦合的理论逻辑，一方面分析了环境规制驱动企业环境责任履行的耦合机理，刻画了基于环境规制驱动的企业环境责任履行的演化路径，另一方面剖析了企业环境责任履行驱动的环境规制耦合机理，构建了企业环境责任履行驱动环境规制的理论模型。上述内容为环境规制与企业环境责任履行的有效耦合提供了路径支持。

第5章 环境规制与企业环境责任的评价

为了准确衡量环境规制与企业环境责任之间的关系，为后续实证检验提供坚实基础。本章采用灰色关联法以及熵值法，采用多层次的综合数据，分别构建环境规制和企业环境责任综合评价指数，以精准测度二者之间的关系。

5.1 环境规制评价

5.1.1 环境规制评价体系构建

基于前文对环境规制（Environmental Regulation，ER）概念及我国环境规制发展历程的梳理可以发现，学术界对环境规制的认识虽然各有不同，但基本存在着一个由浅入深的过程，总体可以分为正式环境规制和非正式环境规制两部分（李菁等，2021）。

已有研究将环境规制理解为政府制定实施的行政法规和采取的经济手段等对资源环境行为进行的干预，体现了政府保护环境的主动性，即从政府角度出发的环境管理，可以理解为正式环境规制（陈南岳和乔杰，2019）。进一步地，正式环境规制又可以根据政府管控方式的不同，细分为行政命令型环境规制（结果类环境规制）和市场激励型环境规制（控制类环境规制）（赵晓丽等，

2015；周海华和王双龙，2016）。其中，行政命令型环境规制具有政府强制性特征，主要表现为政府通过制定相应标准对违反资源环境行为进行处罚，进而达到资源环境管控的目的，主要表现在政府环保立法和环保执法两个方面；而市场激励型环境规制则主要是政府以市场手段，通过成本和税收等形式来激励企业进行资源环境保护行为，使得企业在成本收益原则判断的基础上自主进行技术改造和节能减排等活动，主要表现在环保投资和排污费（环保税）等方面（邱金龙等，2018）。

在行政命令型环境规制具体指标上，由于各地区环保立法和环保执法的数据获取较为困难，并且相关数据也存在着存量缺乏变动、增量不连续等问题。因此本书借鉴郝寿义和张永恒（2016）、叶琴等（2018）以及任晓松等（2020）的做法，从废水、废气和废物排放角度来衡量行政命令型环境规制。鉴于上述研究，本书最终选取了四个指标从废水、废气和废物排放角度衡量行政命令型环境规制：废水排放总量；工业 SO_2 排放；工业烟尘排放；工业固体废物产生量。这四个指标是负向指标，越低则表明该地区行政命令型环境规制水平越高。由于上述指标都反映了环境治理的结果，也可以统称为结果类环境规制。

而在市场激励型环境规制具体指标上，借鉴 Ren 等（2016）、陶静和胡雪萍（2019）、李菁等（2021）的研究，本书基于其激励的应有之义，选取工业污染治理完成投资额和排污费来衡量。第一，工业污染治理完成投资额占 GDP 的比重，通常一个地区的环境污染治理投资占 GDP 的比重越高，说明该地区的环境保护投入越大，更直接地反映了政府采用投资来促进环境规制水平的程度。第二，排污费入库金额占工业增加值的比重，从收费角度反映了政府采用市场手段促进环境规制的情况，也为正向指标。由于上述指标都反映了政府通过市场激励行为对于环境的控制情况，故可以称为控制类环境规制。

另外，随着研究的深入，环境规制的概念也逐渐扩展，延伸到人们的环保意识、环保理念等方面，体现了社会大众保护环境的自觉性，即从社会公众角度出发的管理，可以理解为非正式环境规制（徐军委等，2022）。本书借鉴 Pargal 等（1996）、苏昕和周升师（2019）、余东华和崔岩（2019）、沈宏亮和金达（2020）等的做法，选用收入水平、受教育程度以及人口密度指标，用于反映各地区公众的综合素质，以测度非正式环境规制。具体指标如下：①收入水平，使用城镇单位在岗职工平均工资表示。一般而言，收入水平越高的地区，该地区的公众会更加关注当地的环境问题，对高品质的居住环境需求也会愈加强烈。②受教育程度，用就业人员平均受教育年限（年）来衡量。通常情况下，受教育程度越高的公民，环保意识会更加强烈，会更加关注当地环境质量，且会采用相应手段来改进环境污染状况。③人口密度，用每平方千米的人口数来衡量。地区人口密度越高，预示着受环境问题影响的公众越多，参与环境保护的公民就会更多。

基于上述分析，本书从两大维度三个方面构建了中国环境规制评价指标体系，具体指标及其内涵如表 5－1 所示。

表 5－1　　　　环境规制评价指标体系

性质		变量符号	内涵	预期方向
正式环境规制	控制类环境规制	x1	工业污染治理完成投资额/GDP	正向
		x2	排污费入库金额/工业增加值	正向
	结果类环境规制	x3	废水排放总量（万吨）	负向
		x4	工业 SO_2 排放（万吨）	负向
		x5	工业烟尘排放（万吨）	负向
		x6	工业固体废物产生量（万吨）	负向
非正式环境规制		x7	城镇在岗职工平均工资（元）	正向
		x8	受教育程度	正向
		x9	人口密度	正向

表5-1中，指标x1和x2分别从治理力度和处罚力度表达了政府对环境规制的干预情况，体现了政府通过市场激励手段控制环境规制的行为，本书将其统称为控制类环境规制（即从政府调控的手段来看政府市场激励型环境规制，ER1）。其中指标x1为工业污染治理完成投资额/GDP，体现了政府对工业污染治理的资金投入强度。在一定时期内，该指标越高，表明政府对工业污染治理投入的力度越大，即通过市场奖励行为控制环境的力度越强。而指标x2为排污费入库金额/工业增加值，反映了单位工业增加值所承担的排污费金额，体现了政府对环境污染的监管处罚力度。一般情况下，该指标越高，表明政府对环境污染的处罚力度越大，即通过市场处罚行为控制环境规制的力度越强。指标x3、x4、x5和x6分别为废水排放总量（万吨）、工业二氧化硫排放（万吨）、工业烟尘排放（万吨）和工业固体废物产生量（万吨）。这四个指标都从污染排放、污染结果角度反映政府环境规制政策及命令的执行效果，本书将其统称为结果类环境规制（即从结果角度来看政府行政命令型环境规制的执行效果，ER2）。指标x7、x8和x9分别是城镇在岗职工平均工资（元）、受教育程度和人口密度。这三个指标分别反映了某一地区收入水平、文化水平和人口水平，都是影响社会公众对环境污染问题重视程度的指标，本书将其统称非正式环境规制（ER3）。这些指标越高，表明社会公众对环境问题关注度越大，非正式环境规制也就越强。

5.1.2　评价方法选取

环境规制计算的关键点在各个指标及维度权重的确定上，现今主要有主观和客观两大类方法，其中主观法由于受到人为影响，计算结果差异较大，在近期研究中较少被采用，而在客观法中，变异系数法（Coefficient of Variation Method）具有简单易行、科学性强等特点，被广泛用来进行指标赋权计算。基于此，本书选用变异系数法来对环境规制进行评价。该方法的具体步骤如下：

第一步：数据的无量纲处理。

因为各个指标之间存在量纲上的差异，所以在计算环境规制指数之前首先需要对原始数据进行无量纲处理，即归一化。因此，本书采用极差法对原始数据进行处理。计算过程如式（5－1）和式（5－2）所示：

$$T_{ij} = \frac{P_{ij} - m_{ij}}{M_{ij} - m_{ij}}, T_{ij} \in [0,1] (\text{正向指标标准化}) \tag{5-1}$$

$$T_{ij} = \frac{M_{ij} - P_{ij}}{M_{ij} - m_{ij}}, T_{ij} \in [0,1] (\text{负向指标标准化}) \tag{5-2}$$

其中，P_{ij}表示第 i 个维度下的第 j 个指标的原始数据，M_{ij}表示该指标的最大值，m_{ij}表示该指标的最小值。

第二步：指标权重确定。

一是需要计算第 i 个维度中各个指标的变异系数：

$$CV_{ij} = \frac{\sigma_{T_{ij}}}{\mu_{T_{ij}}} \tag{5-3}$$

CV_{ij}表示第 i 个维度下的第 j 个指标的变异系数，$\sigma_{T_{ij}}$和 $\mu_{T_{ij}}$表示该指标的标准差和平均值。

二是计算第 i 个维度中各个指标的权重：

$$\omega_{ij} = \frac{CV_{ij}}{\sum_j CV_{ij}} \tag{5-4}$$

ω_{ij}表示第 i 个维度下的第 j 个指标的权重。

三是根据计算的指标权重和无量纲处理后的原始数据（T_{ij}）来计算各个维度的数值：

$$W_i = 1 - \frac{\sqrt{\sum_j \omega_{ij}^2 (1 - T_{ij})^2}}{\sqrt{\sum_j \omega_{ij}^2}} \tag{5-5}$$

四是计算维度 i 的变异系数：

$$CV_i = \frac{\sigma_{W_i}}{\mu_{W_i}} \tag{5-6}$$

CV_i 表示第 i 个维度的变异系数，σ_{w_i} 和 μ_{w_i} 表示该指标的标准差和平均值。

五是计算维度 i 的权重：

$$\omega_i = \frac{CV_i}{\sum_i CV_i} \tag{5-7}$$

ω_i 表示第 i 个维度的权重。

六是根据计算的维度权重来计算环境规制指数：

$$U = 1 - \frac{\sqrt{\sum_i \omega_i^2 (1 - W_i)^2}}{\sqrt{\sum_i \omega_i^2}} \tag{5-8}$$

其中，W_i 和 U 都是正向指标，是位于［0，1］内的相对数，因此指标的高低仅能反映各个地区环境规制的发展差异，不能代表其绝对性。

5.1.3　环境规制评价结果及分析

根据构建的环境规制指标体系和变异系数法，本书对中国 2009—2019 年 30 个省份[①]的环境规制情况进行了计算和分析。整体、各区域以及各个省份具体计算结果分析如下。

（1）环境规制水平呈现稳步上升的趋势

图 5－1 显示了 2009—2019 年按照年度计算的整体及四大地区环境规制水平的平均值，可以看出，11 年间中国整体环境规制水平呈现稳步上升的趋势，由 2009 年的 0.12 上升至 2019 年的 0.15，表明中国环境规制一直保持了稳定的增长势头。从四大区域来看，

① 数据区间和省份的选择分析见 1.4 研究方法。

也都基本与整体保持了一致的发展趋势，研究期内环境规制水平保持了稳定的增长。但地区间环境规制发展水平的区域差异较为明显，并且差距逐渐加大。其中，东部地区是环境规制水平最高的地区，中部地区和西部地区紧随其后，处于第二梯队，而东北部地区则整体处于较为落后状态。

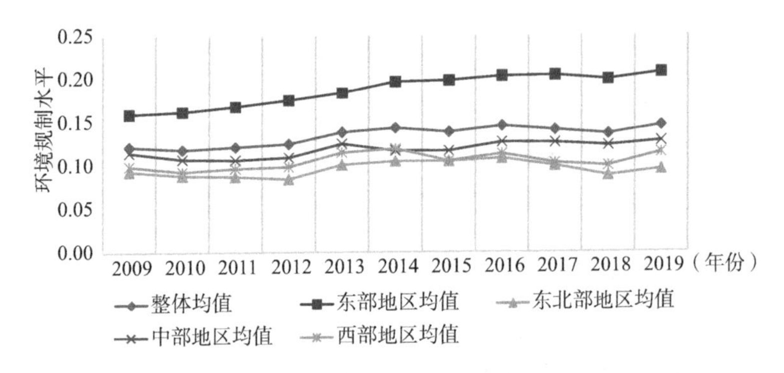

图 5－1　2009—2019 年中国整体及四大地区环境规制变化情况

（2）各省份环境规制稳步提升，但是差异较大

从具体省份来看，各省份也基本都保持了良好的发展态势（见表 5－2），其中上海（平均值 0.4125）、北京（平均值 0.2493）和天津（平均值 0.2473）等东部地区省份的环境规制水平最高，并且表现出较大的优势，而四川（平均值 0.0788）、黑龙江（平均值 0.0800）、云南（平均值 0.0826）和吉林（平均值 0.0916）等西部地区和东北部地区省份的环境规制水平较差。此外，从分值上来看，现阶段我国环境规制的发展水平仍然较低，截至 2019 年仍没有省份得分超过 0.5，且绝大部分省份环境规制水平在 0.2 以下，表明我国环境规制水平未来还有很大的提升空间。总体来看，研究期间内中国环境规制虽然保持了稳定的上升态势，但也表现出强烈的发展水平不高、地区差异大等特征。

表5-2　　2009—2019年中国各省份环境规制计算结果

省份＼年份	2009	2010	2011	2012	2013	2014	2015	2016	2017	2018	2019
北京	0.197	0.206	0.216	0.227	0.235	0.257	0.269	0.283	0.287	0.272	0.293
天津	0.231	0.232	0.232	0.231	0.237	0.261	0.282	0.264	0.251	0.243	0.256
河北	0.109	0.109	0.115	0.118	0.137	0.157	0.145	0.135	0.153	0.178	0.159
山西	0.185	0.150	0.144	0.138	0.169	0.137	0.136	0.149	0.160	0.145	0.153
内蒙古	0.116	0.104	0.131	0.113	0.161	0.160	0.120	0.127	0.127	0.115	0.126
辽宁	0.113	0.112	0.107	0.108	0.125	0.131	0.118	0.127	0.116	0.103	0.113
吉林	0.096	0.090	0.085	0.083	0.089	0.100	0.099	0.098	0.095	0.082	0.091
黑龙江	0.071	0.064	0.070	0.063	0.088	0.083	0.097	0.099	0.087	0.078	0.080
上海	0.379	0.387	0.386	0.394	0.395	0.412	0.422	0.454	0.456	0.417	0.435
江苏	0.146	0.145	0.153	0.160	0.171	0.169	0.178	0.185	0.180	0.188	0.194
浙江	0.118	0.115	0.123	0.132	0.149	0.158	0.156	0.161	0.154	0.152	0.158
安徽	0.109	0.102	0.106	0.113	0.134	0.117	0.119	0.137	0.129	0.124	0.131
福建	0.087	0.090	0.091	0.103	0.114	0.117	0.121	0.110	0.107	0.108	0.112
江西	0.084	0.085	0.089	0.093	0.107	0.104	0.108	0.106	0.107	0.107	0.110
山东	0.136	0.134	0.141	0.144	0.153	0.169	0.154	0.172	0.173	0.160	0.173
河南	0.116	0.114	0.121	0.121	0.135	0.140	0.132	0.151	0.146	0.146	0.150
湖北	0.105	0.102	0.087	0.092	0.100	0.103	0.100	0.115	0.110	0.108	0.113
湖南	0.092	0.093	0.092	0.100	0.103	0.101	0.106	0.102	0.104	0.104	0.107
广东	0.116	0.124	0.124	0.132	0.137	0.143	0.147	0.152	0.157	0.158	0.165
广西	0.087	0.088	0.080	0.081	0.097	0.094	0.106	0.100	0.095	0.093	0.099
海南	0.078	0.082	0.100	0.113	0.112	0.122	0.106	0.113	0.120	0.113	0.122
重庆	0.105	0.107	0.101	0.101	0.109	0.107	0.113	0.114	0.119	0.118	0.124
四川	0.063	0.062	0.074	0.071	0.081	0.083	0.080	0.084	0.087	0.089	0.093
贵州	0.122	0.110	0.121	0.118	0.130	0.119	0.104	0.100	0.102	0.105	0.115
云南	0.069	0.072	0.077	0.086	0.090	0.090	0.086	0.081	0.078	0.083	0.097
陕西	0.105	0.119	0.103	0.105	0.119	0.111	0.107	0.105	0.101	0.099	0.113

续表

省份＼年份	2009	2010	2011	2012	2013	2014	2015	2016	2017	2018	2019
甘肃	0. 101	0. 100	0. 087	0. 110	0. 102	0. 098	0. 074	0. 097	0. 089	0. 083	0. 085
青海	0. 099	0. 068	0. 091	0. 083	0. 092	0. 124	0. 106	0. 132	0. 083	0. 086	0. 101
宁夏	0. 127	0. 117	0. 117	0. 138	0. 174	0. 202	0. 154	0. 197	0. 146	0. 125	0. 124
新疆	0. 100	0. 076	0. 081	0. 079	0. 111	0. 124	0. 108	0. 109	0. 102	0. 092	0. 179

5.2 企业环境责任履行评价

5.2.1 评价指标

借鉴赵茜（2012）等的评价方法，本书从社会影响、环境管理、环境保护投入、污染排放、循环经济五个方面选取指标，对企业环境责任履行（Environmental Responsibility of Enterprise，ERE）情况进行评价。

（1）社会影响指标（ERE1）

社会影响指标主要衡量企业当年是否由于没有履行环境责任而出现不利社会影响或者不良信誉。用六个指标进行衡量：是否属于重点污染监控单位、是否发生环境事故、是否发生环境违法事件、是否发生环境信访案件。这四个指标均为虚拟变量，如果当期发生了该事件，则该指标为0；如果没有发生该事件，则该指标为1。是否通过ISO14001认证、是否通过ISO9001认证，如果公司通过该认证，则指标为1；没有通过该认证，则指标为0。该六个指标均为虚拟变量，如果当期发生了该事件，则该指标值为0；如果没有发生该事件，则该指标值为1。社会影响ERE1指标值为上述六个二级指标值之和，取值范围为（0—6），越大说明企业越好地履行了环境责任，在社会中产生了良好的社会影响。

（2）环境管理指标（ERE2）

环境管理指标主要衡量企业当年的环境管理水平，企业在环境保护、节能减排、清洁生产等方面的重视程度以及采取的措施。包括八个指标：是否树立了明确的环保理念，是否设立了明确的环保目标，是否披露了公司制定的相关环境体系、规定、职责等一系列管理制度，是否披露了公司参与的环保相关教育与培训，是否参与了政府或社会团体组织的环保专项行动，是否制定了环境事件应急机制或者监测体系，是否获得了政府或社会团体公布的环保荣誉或奖励，是否设立了“三同时”制度。这八个指标均为虚拟变量，如果当期发生了该事件，则该指标值为1；如果没有发生该事件，则该指标值为0。环境管理ERE2指标值为上述八个二级指标值之和，取值范围为（0—8），越大说明企业对环境保护重视程度越高、环境管理水平越高。

（3）环境保护投入指标（ERE3）

环境保护投入指标主要衡量企业当年在环境保护方面投入的资源和成本。包括三个指标：①环境补贴，企业当年享受的政府环境补贴金额；②环境治理投入，企业环保投资和环境技术开发投入金额之和，如果涉及不同环保投资项目，最后结果是所有项目投资之和；③排污费/环境税，2017年之前以企业当年缴纳的排污费金额衡量，2018年及以后年度以企业当年缴纳的环境税金额进行衡量。由于三个指标均为连续变量，为了增加与其他虚拟变量的匹配程度以及可比性，将样本企业的上述三个指标进行标准化处理后，采用熵值法确定三个指标的权重，2009—2019年三个指标权重如表5-3所示。以三个指标标准化后的值与各指标权重相乘后得到ERE3的值。

表 5-3　　2009—2019 年三个指标权重

年度＼指标	Q1	Q2	Q3	合计
2009	0.377	0.429	0.195	1.000
2010	0.465	0.392	0.143	1.000
2011	0.514	0.359	0.127	1.000
2012	0.500	0.371	0.129	1.000
2013	0.487	0.348	0.165	1.000
2014	0.493	0.356	0.151	1.000
2015	0.563	0.261	0.176	1.000
2016	0.505	0.313	0.182	1.000
2017	0.468	0.390	0.142	1.000
2018	0.434	0.371	0.195	1.000
2019	0.507	0.284	0.209	1.000

（4）污染排放指标（ERE4）

污染排放指标主要衡量企业污染排放是否达标以及该信息对外披露的详细程度。包括六个变量：废水排放是否达标、COD 排放是否达标、SO_2 排放量是否达标、CO_2 排放是否达标、烟尘和粉尘排放是否达标、工业固废物产生量是否达标。六个指标均为虚拟变量。如果企业某项污染排放没有达标，则该指标值取 0；如果企业该项污染排放达标，但是仅是定性描述，则该指标值取 1；如果企业该项污染排放达标，且定量披露了具体污染排放量数值，则该指标值取 2。污染排放量情况 ERE4 指标值为上述六个二级指标值之和，取值范围为（0—12），越大说明企业污染排放量达标并且对外信息披露越充分。

（5）循环经济指标（ERE5）

循环经济指标是衡量企业资源减量使用、再利用、资源化再循环的程度。其生产的基本特征是低消耗、低排放、高效率，反映了企业资源的高效利用和循环利用。包括六个指标：是否涉及废气处置或再利用，是否涉及废水处置或再利用，是否涉及粉尘、烟尘处置或再利用，是否涉及固体废弃物的处置或再利用，是否涉及噪声、光污染、辐射的治理，清洁生产实施情况。该六个指标均为虚拟变量，如果当期发生了该事件则该指标值为1；如果没有发生该事件，则该指标值为0。循环经济指标ERE5指标值为上述六个二级指标值之和，取值范围为（0—6），越大说明资源再利用、再循环程度越高，能更好地进行节能减排生产。

企业环境责任履行评价指标体系如表5-4所示。

表5-4　企业环境责任履行评价指标体系

目标层	一级指标	二级指标	指标含义
企业环境责任履行评价体系	社会影响	是否属于重点污染监控单位	属于，则指标值为0，否则为1
		是否发生环境事故	发生，则指标值为0，否则为1
		是否发生环境违法事件	发生，则指标值为0，否则为1
		是否发生环境信访案件	发生，则指标值为0，否则为1
		是否通过ISO14001认证	通过，则指标值为1，否则为0
		是否通过ISO9001认证	通过，则指标值为1，否则为0
	环境管理	环保理念	树立了明确的环保理念，则指标值为1，否则为0
		环保目标	设立了明确的环保目标，指标值为1，否则为0
		环境管理制度	设立了环境管理制度，指标为1，否则为0
		环保相关教育与培训	参与了环保相关教育与培训，指标为1，否则为0
		环保专项行动	参与了政府或社会团体组织的环保专项行动，指标为1，否则为0
		环境事件应急机制或监测体系	制定了环境事件应急机制或者监测体系，指标为1，否则为0
		环保荣誉或奖励	获得了政府或社会团体公布的环保荣誉或奖励，指标为1，否则为0
		“三同时”制度	设立了“三同时”制度，指标为1，否则为0

续表

目标层	一级指标	二级指标	指标含义
企业环境责任履行评价体系	环境保护投入	环境补贴	企业当年享受的政府环境补贴金额
		环境治理投入	企业环保投资和环境技术开发投入金额之和
		排污费/环境税	2017年之前以企业当年缴纳的排污费金额衡量，2018年及以后年度以企业当年缴纳的环境税金额衡量
	污染排放	废水排放是否达标	未达标，指标值为0；达标仅定性描述，指标值为1；达标且定量披露，指标值为2
		COD排放是否达标	未达标，指标值为0；达标仅定性描述，指标值为1；达标且定量披露，指标值为2
		SO_2排放量是否达标	未达标，指标值为0；达标仅定性描述，指标值为1；达标且定量披露，指标值为2
		CO_2排放是否达标	未达标，指标值为0；达标仅定性描述，指标值为1；达标且定量披露，指标值为2
		烟尘和粉尘排放是否达标	未达标，指标值为0；达标仅定性描述，指标值为1；达标且定量披露，指标值为2
		工业固废物产生量是否达标	未达标，指标值为0；达标仅定性描述，指标值为1；达标且定量披露，指标值为2
	循环经济	废气处置或再利用	有废气处置或再利用设备，指标值为1，否则为0
		废水处置或再利用	有废水处置或再利用设备，指标值为1，否则为0
		粉尘、烟尘处置或再利用	有粉尘、烟尘处置或再利用设备，指标值为1，否则为0
		固体废弃物的处置或再利用	有固体废弃物处置或再利用设备，指标值为1，否则为0
		噪声、光污染、辐射的治理	有噪声、光污染、辐射治理系统，指标值为1，否则为0
		清洁生产	有清洁生产设备，指标值为1，否则为0

用以衡量社会影响指标（ERE1）、环境管理指标（ERE2）、污染排放指标（ERE4）、循环经济指标（ERE5）四个一级指标值的二级指标均为虚拟变量，不涉及二级指标权重的设定。因此，四个一级指标 ERE1、ERE2、ERE4、ERE5 的赋值直接将所包含的二级指标值相加得到。用以衡量环境保护投入指标（ERE3）的三个二级指标环境补贴、环境治理投入以及排污费/环境税均为连续变量，按照熵值法确定三个指标每年的权重。考虑到 ERE1、ERE2、ERE4、ERE5 指标值的取值范围较小，为了增加五个指标之间的可比性，将用于评价 ERE3 的三个二级指标值标准化处理后乘以对应权重，得到各样本公司 ERE3 的指标值。最终得到每个样本企业 ERE1 至 ERE5 的指标值。并依据每个样本的五个指标值，采用灰色关联法，计算每个样本的灰色关联度。

5.2.2　评价方法

样本有效性检验常用的方法主要有因子分析法、回归分析法、主成分分析法等，但是采用统计工具进行实证研究均要求数据量较大，否则难以找出统计规律，容易导致“伪回归”现象（彭继增，2015）。而通过判断样本序列几何曲线的相似程度进而推断样本间联系是否紧密的灰色关联分析（刘思峰，2013）对样本数据的多少及其分布情况没有要求（李向春，2017），适合企业环境责任信息披露时间短、样本量少的现状。为了提高评价结果的可靠性和全面性，准确衡量各指标权重，本部分使用灰色关联分析以及熵值法共同构建企业环境责任履行评价体系。

灰色关联度计算方法较多，比较常用的有邓聚龙教授提出的一般关联度，肖新平提出的点关联度和区间关联度，刘思峰教授提出的灰色绝对关联度、相对关联度和广义关联度等（谢乃明，2007），每种计算方法均有各自的优缺点。与其他方法相比，邓氏灰色关联法计算更简单、直观，对样本数据分布和特定要求较少。

因此，本部分选择邓氏灰色关联作为评价方法。

（1）确定每个样本数据的关联系数

通过计算每个指标在所有样本中的最大值，确定最优环境责任履行样本，作为参考序列。每个样本企业的指标数值为一个比较序列。

采用均值化对参考序列和比较序列作初值化变换，消除量纲对关联度的影响，得到新的序列。

$$X'i(k) = \frac{Xi(k)}{\overline{Xi}} \quad (5-9)$$

$$\overline{Xi} = \frac{1}{n}\sum_{k=1}^{n} Xi(k) \quad (5-10)$$

确定绝对差值序列，计算公式为：

$$\Delta ij = XO(j) - Xij, i = 1,2,3,\cdots,n, j = 1,2,3,\cdots,m \quad (5-11)$$

最大差和最小差计算公式分别为：

$$Max\Delta i(j) = \Delta max, i = 1,2,3,\cdots,n; j = 1,2,3,\cdots,m \quad (5-12)$$

$$Min\Delta i(j) = \Delta min, i = 1,2,3,\cdots,n; j = 1,2,3,\cdots,m \quad (5-13)$$

计算关联系数，计算公式为：

$$EOi(j) = \frac{\Delta min + \rho\Delta max}{\Delta 0i(j) + \rho\Delta max}, i = 1,2,\cdots,n; j = 1,2,\cdots,m \quad (5-14)$$

（2）采用熵值法动态确定每个指标的权重

大部分文献在确定灰色关联指标权重时，都采用的是简单平均法，为每个指标赋予相同权重，这一做法并不合理，确定权重时需要考虑指标的重要性。本书采用熵值法确定每个指标的权重，并且随着环境治理的加强，企业环境责任履行程度也会产生差异。因此，本书根据每年样本企业的关联系数采用熵值法确定该年度的指标权重 W（j），j = 1，2，3，…，m。

（3）确定样本关联度

根据样本企业每个指标的关联系数以及相应年度的指标权重计

算该企业相应年度的关联度，计算公式为：

$$\Gamma 0(j)=\varepsilon 0(j)\times W(j), j=1,2,3,\cdots,m \tag{5-15}$$

关联度越大说明该企业环保信息披露值越贴近参考序列，由于参考序列来自于所有样本各指标的最大值，也就是环境信息披露最高的理想状况。因此，指标关联度越高说明该样本企业当年履行的环境责任程度较高。

5.2.3　指标权重

熵值法是用来判断某个指标离散程度的数学方法，指标离散程度越大，该指标对综合评价的影响越大。一般可以用熵值判断某个指标的离散程度。

首先，根据 m 个样本企业的 5 个指标灰色关联度数值建立矩阵 N，其中 x_{ij} 代表第 i 个样本企业的第 j 个指标的灰色关联度数值（i～1－m；j～1－5），矩阵 N 为：

$$N=\begin{bmatrix} x_{11} & x_{12} & \cdots & x_{15} \\ x_{21} & x_{22} & \cdots & x_{25} \\ \vdots & & \ddots & \vdots \\ x_{m1} & x_{m2} & \cdots & x_{m5} \end{bmatrix} \quad (m\text{ 为当年企业样本数量}) \tag{5-16}$$

其次，为了保证结果的准确性，对各样本数据进行标准化处理。选择每个指标灰色关联度数值中的最大值和最小值，分别用 max_j 和 min_j 表示（j～1－5），根据 $y_{ij}=\frac{x_{ij}-min_j}{max_j-min_j}$ 将样本数据标准化，得到矩阵 A，为：

$$A=\begin{bmatrix} y_{11} & y_{12} & \cdots & y_{15} \\ y_{21} & y_{22} & \cdots & y_{25} \\ \vdots & & \ddots & \vdots \\ y_{m1} & y_{m2} & \cdots & y_{m5} \end{bmatrix} \quad (m\text{ 为当年企业样本数量}) \tag{5-17}$$

最后，根据 $P_{ij}=\frac{y_{ij}}{\sum_{i=1}^{m}y_{ij}}$ 计算得出第 j 项指标的第 i 个样本企业的贡献度，以及指标 i 的贡献总量 $E_j=-K\sum_{i=1}^{m}P_{ij}\ln(P_{ij})$，其中 $K=\frac{1}{\ln(m)}$。用 $D_j=1-E_j$ 代表第 j 项指标各方案贡献度的一致性，最终根据 $W_j=D_j/\sum_{j=1}^{5}D_j$，得到各指标的权重（见表 5－5）。将五个指标的灰色关联度与当年权重相乘，得到样本企业 i 在第 j 年的环境责任评价指标值。

表 5－5　　　　各指标权重

年度＼指标	ERE1	ERE2	ERE3	ERE4	ERE5	合计
2009	0.2149	0.2426	0.0862	0.2237	0.2326	1.000
2010	0.1945	0.2190	0.1829	0.1981	0.2054	1.000
2011	0.1995	0.2146	0.1835	0.1978	0.2046	1.000
2012	0.2024	0.2165	0.1723	0.2005	0.2083	1.000
2013	0.2019	0.2173	0.1705	0.2011	0.2091	1.000
2014	0.2034	0.2157	0.1716	0.2006	0.2086	1.000
2015	0.2043	0.2154	0.1719	0.2005	0.2080	1.000
2016	0.2058	0.2102	0.1834	0.1966	0.2041	1.000
2017	0.2095	0.2135	0.1680	0.2009	0.2081	1.000
2018	0.2115	0.2152	0.1601	0.2034	0.2098	1.000
2019	0.2124	0.2156	0.1554	0.2052	0.2114	1.000

5.2.4　企业环境责任现状

依据本书构建的企业环境责任评价指标体系，得到各样本企业的环境责任指标值，并分析我国企业2009—2019年履行环境责任情况，评价我国企业是否能够更好地履行环境责任。

（1）我国企业履行环境责任程度逐渐提高

按照年度计算各样本企业环境责任评价指标的平均值，分析2009—2019年我国企业环境责任变动趋势。如图5-2所示，我国企业环境责任评价指数总体呈现上升趋势，由2009年的0.515上升至2019年的0.539，说明我国企业越来越重视环境保护，环境责任履行程度逐渐提高。虽然受经济危机影响，企业经济绩效下降，导致2009年和2010年，企业环境责任履行指数下降。但是从2010年开始，我国企业环境责任履行状况逐渐好转，不论是社会影响、环境管理效果、企业环境保护投入与支出，还是污染排放量均逐年向好，企业越来越自发主动地承担环境责任。

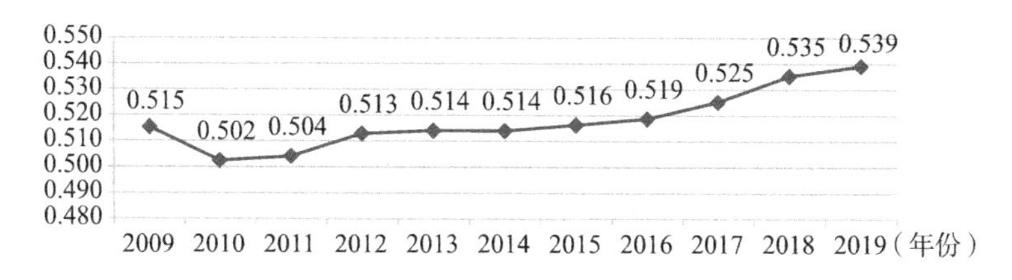

图5-2 2009—2019年企业环境责任评价指数变动趋势

（2）各省份企业履行环境责任程度差异较大

按照企业注册地所在省份，计算各省份样本企业环境责任评价指数值的平均值，评价各省份企业履行环境责任情况，如表5-6所示。

表5-6中，企业环境责任评价指数值最低的三个省份依次是海南（平均值0.5030）、湖南（平均值0.5073）以及重庆（平均值0.5090）；企业环境责任评价指数值最高的三个省份依次是山西（平均值0.5447）、云南（平均值0.5410）以及河南（平均值0.5372）。可以看出，各省份企业履行环境责任程度差异较大。海

南、湖南以及重庆企业环境责任评价较低的原因可能是三个省份环境状况较好，当地政府对企业履行环境责任干预程度较低。河南和山西企业环境责任评价指数较高，可能的原因在于两省份环境污染较严重，当地政府环境规制政策较严格，导致企业不得不更多地履行环境责任。云南企业环境责任评价指数较高的可能原因在于云南属于旅游大省，当地政府对环保较重视，导致企业环境保护意识较强，能更好地履行环境责任。

表 5 - 6　　各省份企业环境责任评价指数值平均值

排序	省份	平均值	排序	省份	平均值
1	海南	0.5030	16	新疆	0.5185
2	湖南	0.5073	17	浙江	0.5190
3	重庆	0.5090	18	贵州	0.5199
4	黑龙江	0.5095	19	天津	0.5202
5	陕西	0.5098	20	安徽	0.5219
6	上海	0.5110	21	内蒙古	0.5220
7	江苏	0.5111	22	福建	0.5239
8	广东	0.5117	23	宁夏	0.5239
9	辽宁	0.5127	24	山东	0.5247
10	吉林	0.5151	25	河北	0.5253
11	湖北	0.5156	26	江西	0.5266
12	北京	0.5164	27	青海	0.5370
13	甘肃	0.5167	28	河南	0.5372
14	四川	0.5169	29	云南	0.5410
15	广西	0.5179	30	山西	0.5447

（3）各省份企业履行环境责任差异逐渐拉大

如图 5－3 所示，2009—2019 年各省市企业环境责任评价指数平均数逐渐上升，说明履行环境责任程度逐渐提高。但是，各省份企业履行环境责任变动趋势差异较大。企业履行环境责任上升幅度较大的省份为河北、河南以及江西；企业履行环境责任上升幅度较小的省份为海南、湖南以及黑龙江。

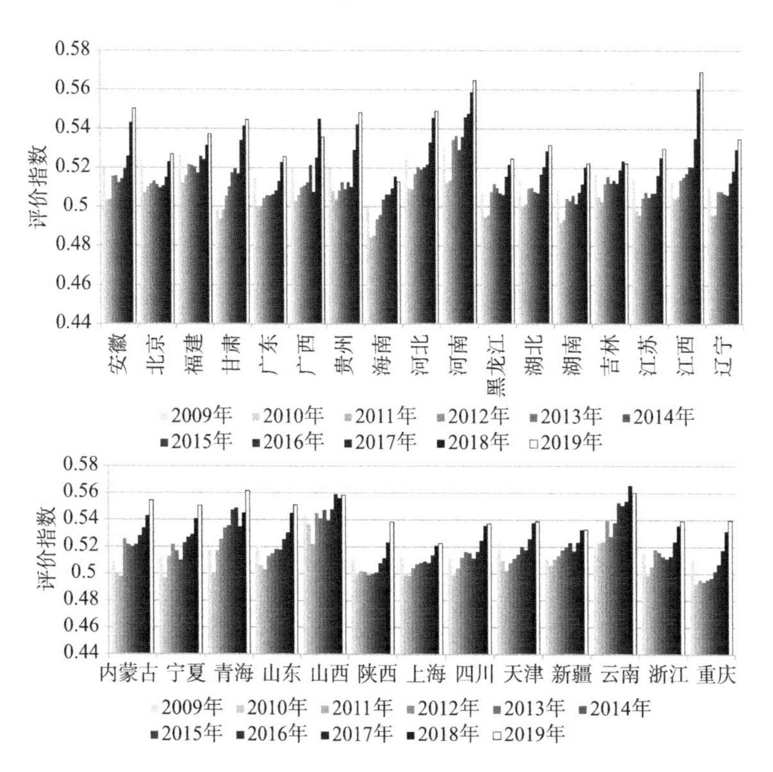

图 5－3　各省市企业履行环境责任评价指数变动趋势

通过对 2009—2019 年我国以及各省份企业环境责任评价指标的变动趋势分析后，发现企业越来越重视环境保护，能够更好地完善环境管理制度，提高管理水平，履行环境责任。但是各省份企业履行环境责任程度存在较大差异。

5.3 本章小结

本章构建了环境规制与企业环境责任履行的评价体系，并对当前我国环境规制与企业环境责任履行现状进行了描述。首先，在已有学者研究的基础上，本章将环境规制分为正式环境规制和非正式环境规制两个部分，正式环境规制包括行政命令型和市场激励型，非正式环境规制用某一地区收入水平、文化水平和人口水平反映，并采用变异系数法确定权重。其次，本章从社会影响、环境管理、环境保护投入、污染排放、循环经济五个方面对企业环境责任履行情况进行评价，并采用灰色关联法确定各指标权重，构建企业环境责任履行评价体系。最后，通过上述评价体系，对我国环境规制和企业环境责任履行现状进行评价。研究发现：各省份环境规制水平呈现稳步上升的趋势，但是差异较大；我国企业履行环境责任程度逐渐提高，但是各省份企业履行环境责任差异大，且各省份企业履行环境责任增长趋势分化明显。

环境规制与企业环境责任履行存在耦合关系的动因分析

如前文所述，环境规制与企业环境责任履行之间存在耦合关系。环境规制的变动会影响企业对环境责任的履行，同样企业更好地履行环境责任也会影响当地环境规制的变动。那么，环境规制与企业环境责任履行之间存在耦合关系的动因是什么？为什么二者之间会存在相互影响的耦合关系？

6.1　环境规制与企业环境责任履行之间存在耦合关系的理论分析

本节分别分析了环境规制对企业环境责任履行影响的原因以及企业环境责任履行对环境规制影响的原因，阐述环境规制对企业环境责任履行影响以及企业环境责任履行对环境规制影响的中介因素，以分析二者之间存在耦合关系的深层次原因。

6.1.1　环境规制对企业环境责任履行影响的原因分析

本书从宏微观多个角度探寻导致环境规制对企业环境责任履行产生影响的因素，发现政府补贴、融资约束、行业竞争三个因素是影响环境规制与企业环境责任履行之间关系的重要原因。

(1) 政府补贴因素的影响

为了配合各省份环境规制强度的提升，当地政府会提高对企业的环保补贴，以支持企业进行环保设备的更新改造以及清洁生产。因此，环境规制强度的提高会增加企业获得的政府补贴。但是政府补贴的获得对企业环境责任履行可能会产生两方面影响。一方面，政府补贴的获得能够有效促进企业履行环境责任。首先，积极财政补贴政策有利于促进企业的主业盈利能力的提高，从而使其有能力履行更多的环境责任。政府补贴资金流入企业，可以直接改善企业的财务报表数据，促进企业业绩提高；以政府购买和政府补贴为主要形式的积极财政补贴政策增加了消费，有利于增加实体企业销售数量（王文甫等，2012），促进实体企业的主业盈利能力的提高。其次，积极财政补贴政策可以有效缓解企业的融资约束，保证企业有资金履行环境责任。政府补助可以有效提高企业的现金流量，促进企业短期偿债能力的提高，缓解企业的融资约束程度。最后，积极财政补贴政策可以降低企业更新改造风险，提高企业履行环境责任的意愿。企业不愿意将资金投入环保活动的主要原因在于环保活动具有成本投入高、投资回收期长等特点。而政府补贴可以由政府承担企业更新改造失败风险，降低企业需要承担的风险。基于以上三个原因，企业获得政府环保补贴会有利于企业履行更多的环境责任，披露更多的环保信息。

另一方面，部分学者认为政府补贴不当是阻碍企业业绩提升以及实体产业发展的重要原因（杨晔等，2015）。首先，政府相关部门缺乏对财政补贴资金的有效监控。当补贴资金流入企业后，政府无法有效监管资金用途以及流向，可能发生资金挪用情况。受环保行为高投入影响，实体企业极有可能将补贴资金用于非环保项目。因此，政府补贴并不一定能够有效激励企业履行环境责任。其次，企业可能存在“寻租”行为（武咸云等，2016）。过度的政府补贴会抑制企业的环境责任履行，降低企业的环保生产动机以及环保效果。

因此，政府补贴无法促进企业环境责任的履行。据此提出以下假设：

假设1a：环境规制强度提高会增加企业获得的政府补贴，从而促进企业环境责任的履行。

假设1b：环境规制强度提高会增加企业获得的政府补贴，从而抑制企业环境责任的履行。

（2）融资约束因素的影响

由于信息不对称现象的存在，加重了企业的筹资困境，形成了融资约束现象。资金的匮乏显著抑制了企业的发展。企业履行环境责任需要大量稳定的资金支持。仅靠内部融资难以满足环保投入的资金需求，外部融资成为企业重要的资金来源。因此，能否获取外部资金成为制约企业履行环境责任的重要条件。

环境规制强度变化会影响企业的融资约束程度。但是，从已有文献的研究看，环境规制强度增加对企业融资约束的影响可以分为两类。一方面，环境规制强度增加会缓解企业的融资约束程度。第一，各省份增加环境规制强度会提高对企业环保生产的财政补贴，从而增加了企业的现金流入；第二，为了配合当地环境规制政策，银行等金融机构会提高对企业清洁生产和环保投入的支持力度。企业上马环保设备更新改造等项目时，更容易获得银行的贷款审批以及更高的贷款额度。因此当地环境规制强度增加会缓解企业的融资约束程度。另一方面，当地环境规制强度增加也可能会加重企业的融资约束程度。第一，从信号传递角度，当地环境规制强度增加对企业环境责任履行的要求更高，要求企业进行更严格的环保设备更新改造，以达到更高的清洁生产条件。当企业向银行等金融机构申请环保资金贷款时，企业要披露更多的环保信息，提供高质量的会计信息报告，从而对企业会计信息披露和编制提出更高要求。当企业无法在短期内达到金融机构要求时，会增加企业从银行取得环保贷款的难度，加重企业的融资约束程度。第二，从筹资目的角度，当地环境规制强度增加可能会为企业带来更多的贷款资金，但是实体企业筹资的目的有可能不是为了履行环境责任，而是投资于高污染的非环保项目以获得更高的收益。新筹措的资金可能不会用于环保活动，仍然不会缓解环保活动的融资约束。据此提出以下假设：

假设2a：环境规制强度提高会缓解企业融资约束程度，从而促进企业环境责任的履行。

假设2b：环境规制强度提高会加重企业融资约束程度，从而抑制企业环境责任的履行。

（3）行业竞争因素的影响

环境规制强度增加会提高行业竞争程度。第一，当地政府提高环境规制强度会提高行业环保标准，对行业生产流程以及生产产品质量提出更高要求。为了满足行业标准，企业不得不进行升级改造，投入更多资源。在资源有限条件下，企业不得不抢占有限资源，竞争程度提高。第二，当地政府提高环境规制强度会提高公众的环保意识。公众更倾向购买低污染的清洁产品，而放弃高污染产品的购买。为了提高销售量，企业不得不快速完成产品的更新。此时出现的新产品市场会刺激大量企业加入，提高行业竞争程度。行业竞争程度的提高，要求企业履行更多的环境责任，并在产品生产过程以及产品信息中披露更多的环保信息以吸引消费者。据此提出以下假设：

假设3：环境规制强度提高会加强行业竞争程度，从而促进企业环境责任的履行。

6.1.2 企业环境责任履行对环境规制影响的原因分析

本书从宏微观多个角度探寻导致企业履行环境责任对环境规制产生影响的因素，发现环保治理效果、税收负担、经济发展三个因素是影响企业环境责任履行与环境规制之间耦合关系的重要原因。

（1）环保治理效果因素的影响

企业更好地履行环境责任、提高环保投入、承担更多的环保任务，毫无疑问会降低企业生产过程中对原料的消耗以及污染排放，有利于提高当地的环境质量以及环保治理效果。但是，环保效果提高对当地环境规制强度可能会产生两方面影响。一方面，环境改善、环保效果提高有可能会降低当地政府对环境治理的重视程度，从而降低环境规制的强度；另一方面，环境改善、环保效果提高有可能会增强当地政府对环境治理的信心，从而提高环境规制的强度。据此提出以下假设：

假设4a：企业履行环境责任会改善环保治理效果，从而降低政府环境规制强度。

假设4b：企业履行环境责任会改善环保治理效果，从而提高政府环境规制强度。

（2）税收负担因素的影响

企业履行环境责任会影响企业当年的利润数额，改变企业缴纳的税款，从而影响当地税收收入。而作为政府重要的财政收入来源，税收收入的变化必然影响当地政府的财政收入，进而影响政府的财政支出规模以及财政支出分配，最终影响政府对环保支出的资源分配，改变当地的环境规制强度和效率。

但是受税负因素影响，企业履行环境责任对当地环境规制强度可能产生两方面的影响。一方面，企业为了履行环境责任、达到节能减排要求，会进行设备更新改造、产品升级等行为，从而会增加企业的成本，导致企业短期利润下降，从而会减少企业需要缴纳的税金，降低企业税负。然而，对于当地政府而言，税收是重要的财政收入，企业缴纳税金的下降会减少政府财政收入。政府财政收入的下降会进一步传导至财政支出政策，导致政府财政支出下降，从而导致政府在环保中的投入减少，环境规制强度下降。另一方面，随着我国对环保问题的重视，消费者更加具备环保理念，更倾向购买环保产品。当企业更好地履行环境责任时，企业生产的产品更加绿色环保，能够更易获得消费者的青睐，从而产品销售量增加、企业收入提高，企业缴纳的税负也随之增加。对于当地政府而言，企业缴纳的税费增加会提高政府的财政收入，保障政府有更多的资源用于环境保护，从而提高了政府环保治理力度，环境规制强度上升。据此提出以下假设：

假设5a：企业履行环境责任会降低企业税收负担，从而降低政府环境规制强度。

假设5b：企业履行环境责任会降低企业税收负担，从而提高政府环境规制强度。

（3）经济发展因素的影响

企业履行环境责任会促进当地的经济发展。第一，企业履行环境责任会促进当地的经济发展的速度。随着公众环保意识的提高，公众更倾向购买低污染的清洁产品，而放弃高污染产品的购买。履行环境责任的企业能快速完成生产设备的升级改造，推出更环保的新产品，从而抢占更多市场，提高销售收入，促进当地经济的快速发展。第二，企业履行环境责任会促进当地经济发展的质量。我国目前正由高速度发展向高质量发展转变。环境改善、环保生产是高质量发展的重要标志。企业履行环境责任会降低生产消耗以及污染物的排放，有利于当地环境改善。因此，企业履行环境责任会有利于当地经济的快速以及高质量发展。而经济快速以及高质量发展会对当地环境治理提出更高要求，也为政府进行环境治理提供了更多的保障，从而有利于提高当地环境规制强度。据此提出以下假设：

假设6：企业履行环境责任会促进当地经济发展，从而提高政府环境规制强度。

6.2 环境规制影响企业环境责任履行原因的实证检验

结构方程模型可以同时将多个因变量囊括进模型，探讨、预测多个变量之间的关系。因此，近年来结构方程模型经常用于分析经济管理领域中的关键路径和影响机制（林雄斌等，2018；倪鹏飞，2019）。本节拟构建结构方程模型，验证环境规制通过政府补贴、融资约束、行业竞争三个因素影响企业环境责任的履行，从而明确环境规制与企业环境责任履行耦合的原因。

6.2.1　结构方程模型的构建

（1）模型构建

基于上述研究目的，本部分设定了环境规制、政府补贴、融资约束、行业竞争对企业环境责任履行影响的模型构架，如图6－1所示。构建该模型旨在验证"环境规制—政府补贴—企业环境责任履行"路径、"环境规制—融资约束—企业环境责任履行"路径、"环境规制—行业竞争—企业环境责任履行"路径对企业环境责任履行的影响程度。

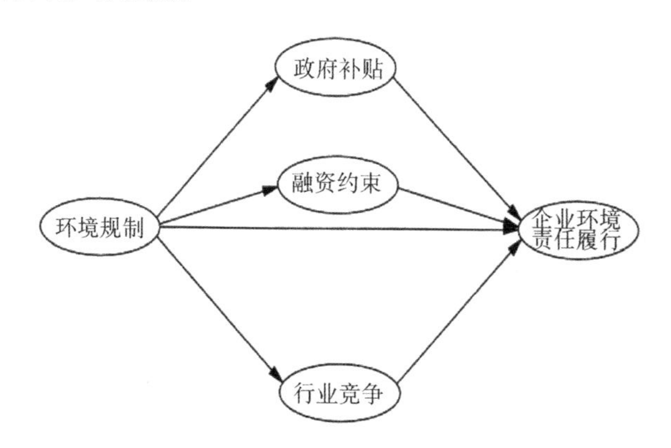

图6－1　环境规制影响企业环境责任履行机理

（2）研究思路

本节验证结构方程模型中各中介路径是否存在，并得到每条路径的路径系数，以反映各条路径对企业环境责任履行的影响程度。对模型中介路径进行检验时，采用了Baron等（1986）提出的三步法、Sobel 检验以及 Bootstrap 检验三种方法。

按照 Baron 等（1986）提出的三步法，依据两变量之间 X -> M 以及 M -> Y 两条路径的显著性，验证 X -> M -> Y 中介效应是否存在；Sobel（1990）认为 Baron 的三步法具有一定的片面性，还需要进行进一步检验 X -> M 以及 M -> Y 两条路径系数乘积是否显著，从而提出 Sobel 检验（Soble，1982）；Hayes（2009）进一步提出 Sobel 检验也存在缺陷，Sobel 检验中 X -> M 以及 M -> Y 两条路径系数的乘积不符合正态分布，导致 Sobel Z 值不准确。而 Bootstrap 中介检验（Russell 等，2008；Preacher 和 Hayes，2004）可以很好地解决这个问题。因此，本书采用 Baron 的三步法、Sobel 检验和 Bootstrap 检验三种方法进行中介路径检验。

（3）观测变量定义

按照构建的结构方程模型，本节设置了环境规制、政府补贴、融资约束、行业竞争以及企业环境责任履行五个潜变量，每个潜变量具体包括的度量指标如下：

①环境规制潜变量的度量指标。

环境规制包含两类度量指标。第一类指标是各省份投入到环境保护中的资金量，具体包括两个变量：变量 1（ER1）以工业污染治理完成投资额占 GDP 比重衡量；变量 2（ER2）以当地排污费入库金额占工业增加值的比重衡量。第二类指标为各省份污染物排放量减少率，具体包括三个变量：变量 3（ER3）为废水排放量减少率；变量 4（ER4）为工业 SO_2 排放量减少率；变量 5（ER5）为工业固体废物产生量减少率。五个指标越高，说明该省份环境规制力度越强。

②政府补贴潜变量的度量指标。

政府补贴主要衡量实体企业是否享受到政府补贴及补贴程度，具体包括三个变量：变量 1（FP1）以企业当年享受的政府补贴数额占总资产比重衡量；变量 2（FP2）以企业当年收到的政府补贴与上年政府补贴相比来衡量收到政府补贴的增长幅度，即以当年收到政府补贴数据与上年政府补贴数额的差额占上年政府补贴的比重衡量；变量3（FP3）衡量企业连续5年是否享受政府补贴，以核算年度之前5年是否享受政府补贴的虚拟变量 X_i 之和得到（$i=0$、1、2、3、4）。如果在核算年度之前5年内，某年企业享受了政府补贴，则 X_i 取值为1，否则 X_i 取值为0。三个指标均与企业享受的财政补贴正相关。

③企业融资约束潜变量的度量指标。

借鉴Kaplan等（1997）构建KZ指数的方法，以经营性净现金流/上期期末总资产、现金股利/上期期末总资产、现金持有量/上期期末总资产、资产负债率和Tobin's Q五个指标为基准衡量企业面临的融资约束程度。因此，在构建企业融资约束潜变量时，以上述五个指标为基础建立了五个具体度量指标。

以样本本期企业经营性净现金流/上期期末总资产数值得到指标KZ1；以样本企业本期现金股利/上期末总资产数值，得到指标KZ2；以样本企业本期期末现金持有量/上期期末总资产数值得到指标KZ3；以样本企业本期期末资产负债率表示KZ4；以样本企业本期期末的Tobin's Q数值表示KZ5。KZ1至KZ5五个指标均能反映企业资金充裕程度。指标值越大，说明该样本企业能够筹措到的资金越多，融资约束程度越小。

④行业竞争潜变量的度量指标。

行业竞争程度包括两种衡量方法。一是以市场集中度衡量，即某一特定市场中少数几个最大企业所占的份额，包括两个具体指标：变量1（HHI1）以上市公司所在行业资产规模最大的前8名企业资产总额占该行业所有企业资产总额的比重衡量；变量2（HHI2）以上市公司所在行业销售额最多的前8名企业销售额总额占该行业所有企业销售额总额的比重衡量。二是赫芬达尔—赫希曼指数（Herfindahl - Hirschman Index，HHI），是一种测量产业集中度的综合指数，以一个行业中各市场竞争主体所占行业总资产百分比的平方和，用来计量市场份额的变化，即市场中厂商规模的离散度，从而得到变量3（HHI3）。三个变量值越大，说明企业所在行业的竞争程度越高。各省份指标值以注册地在该省份的上市公司指标值的平均值表示。

⑤企业环境责任履行潜变量的度量指标。

如前文所述，企业环境责任履行以从社会影响（ERE1）、环境管理（ERE2）、环境保护投入（ERE3）、污染排放（ERE4）、循环经济（ERE5）五个方面选取指标。各省份指标值以注册地在该省份的上市公司指标值取平均值得到。各上市公司指标值的计算方法如第5章企业环境责任履行评价方法所述。

（4）研究样本及描述性分析

本报告选取2009—2019年全国30个省份为样本。环境规制指标以各省份为衡量单位，可以直接得到。政府补贴、融资约束、行业竞争以及企业环境责任履行指标是以企业为样本单位衡量。因此，按照上市公司的注册地所在省份对上市公司分组，计算每组各指标平均值得到各省份的政府补贴、融资约束、行业竞争以及企业环境责任履行指标的数值。结构方程最佳样本量在200—500，数据量过大和过小均影响结果的准确性（Loehlin，1992；Hair等，2013）；并且样本量应该为观测变量的10倍以上。模型共选取21个观测变量，330个样本量满足观测变量个数10倍以上的条件。因此，选取的样本量符合结构方程的样本要求。各观测变量的数据特征如表6-1所示。

表6-1显示了各观测变量的分布特征。借鉴Kline（2005）的研究成果，偏斜度（Skew）绝对值小于2、峰度（Kurtosis）绝对值小于7时，单变量正态分布。可以看出，所有变量指标样本数据较为平稳。样本检验结果显示，每个变量偏斜度绝对值均小于2，峰度绝对值均小于7，可以判断出各单变量样本数据符合正态分布。

表 6-1　　各变量描述性分析表

潜变量	指标编号	平均数	标准差	偏斜度	峰度
环境规制（ER）	ER1	13.465	12.667	1.092	0.535
	ER2	11.270	10.001	1.934	6.487
	ER3	8.956	7.288	0.749	-0.755
	ER4	20.830	0.992	-0.120	0.832
	ER5	12.034	6.799	-1.129	-0.547
政府补贴（FP）	FP1	0.679	0.738	1.478	0.061
	FP2	1.536	9.141	1.777	4.160
	FP3	1.889	1.227	0.598	0.285
企业融资约束（KZ）	KZ1	4.135	1.078	0.143	-0.558
	KZ2	3.509	1.264	-0.474	-0.403
	KZ3	1.097	0.549	1.612	2.984
	KZ4	12.478	7.794	1.083	0.978
	KZ5	1.999	1.507	0.600	-0.888
行业竞争（HHI）	HHI1	2.213	24.614	0.239	0.758
	HHI2	7.731	10.669	1.886	2.772
	HHI3	2.716	1.763	-0.078	-1.303
企业环境责任履行（ERE）	ERE1	14.210	0.103	-1.703	2.254
	ERE2	14.325	0.115	-1.887	1.436
	ERE3	1.506	0.081	1.373	1.960
	ERE4	4.357	0.096	1.342	1.854
	ERE5	17.542	0.897	2.109	3.359

数据来源：CSMAR 数据库。

（5）探索性因子分析

在构建结构方程模型之前，需要通过探索性因子分析验证所选取的观测变量是否能够衡量和反映各潜变量。采用 AMOS 软件测量各潜变量的单因子模型，根据各观测变量标准化载荷系数以及模型配适度验证选取的指标是否合适。检验结果如表 6-2 所示。

表 6－2　各潜变量探索性因子分析结果

潜变量	观测变量	标准化载荷	S. E.	C. R.	P
环境规制（ER）	ER1	0.781			
	ER2	0.810	0.024	19.874	***
	ER3	0.827	0.014	29.213	***
	ER4	0.832	0.006	15.277	***
	ER5	0.340	0.012	18.156	***
政府补贴（FP）	FP1	0.790	0.056	24.679	***
	FP2	0.845	0.036	17.486	***
	FP3	0.812	0.029	16.486	***
行业竞争（HHI）	HHI1	0.840	0.022	12.166	***
	HHI2	0.786	0.008	19.476	***
	HHI3	0.798	0.037	19.826	***
企业融资约束（KZ）	KZ1	0.680			
	KZ2	0.867	0.093	15.987	***
	KZ3	0.897	0.040	16.597	***
	KZ4	0.311	0.052	6.335	***
	KZ5	0.083	0.099	1.717	*
企业环境责任履行（ERE）	ERE1	0.821			
	ERE2	0.890	0.037	29.969	***
	ERE3	0.867	0.034	29.213	***
	ERE4	0.858	0.038	26.277	***
	ERE5	0.540	0.022	12.166	***

注：数据根据 AMOS 软件检验结果，手工整理；***、**、* 分别代表在 1%、5% 和 10% 水平上显著。

①环境规制潜变量的探索性因子分析。

环境规制潜变量 ER 包含的观测变量 ER5 的标准化载荷系数为 0.340，载荷量较低，说明这个观测变量对环境规制的解释程度较低。因此，应该删去 ER5 指标，选取 ER1 至 ER4 四个观测变量衡量环境规制。采用SPSS软件对单因子测量模型进行KMO值和Bartlett球形检验，得到KMO值为0.791，大于0.7。采用AMOS软件对单因子测量模型进行配适度检验，卡方值为3.984，自由度（DF）2，χ^2/DF值为1.992。按照温忠麟等（2004）的研究成果，χ^2/DF值的合理范围区间为1至3，说明模型拟合度较好。近似误差均方根（RMSEA）为0.045，SRMA为0.053，均达到小于0.08的合理区间；拟合优度指数（GFI）为0.974，调整后的拟合优度指数（AGFI）为1.009，比较拟合指数（CFI）为0.987，均达到大于0.9的理想水平，说明环境规制潜变量的单因子模型配适度良好。

②政府补贴潜变量的探索性因子分析。

政府补贴潜变量FP包含的各观测变量的标准化载荷系数值均大于0.7，说明三个观测变量均能很好的解释政府补贴。因此，采用FP1至FP3三个指标衡量政府补贴比较贴切。由于AMOS软件无法测量三变量模型的配适度，因此，仅采用SPSS软件对单因子测量模型进行KMO值和Bartlett球形检验，得到KMO值为0.726，大于0.7，说明模型配适度较好。

③行业竞争潜变量的探索性因子分析。

行业竞争潜变量HHI所包含的观测变量的标准化载荷系数值均大于0.7，说明三个观测变量均能很好的解释行业竞争。因此，采用HHI1至HHI3三个指标衡量行业竞争比较恰当。由于AMOS软件无法测量三变量模型的配适度，因此，仅采用SPSS软件对单因子测量模型进行KMO值和Bartlett球形检验，得到KMO值为0.748，大于0.7，说明模型配适度较好。

④融资约束潜变量的探索性因子分析。

融资约束潜变量KZ包含的观测变量KZ4的标准化载荷系数为0.311、KZ5的标准化载荷系数为0.083，载荷量均较低，说明这两个观测变量对融资约束的解释程度较低。因此，应该删去KZ4、KZ5两个指标，选取KZ1至KZ3三个观测变量衡量企业融资约束程度。采用 SPSS 软件对单因子测量模型进行 KMO 值和 Bartlett 球形检验，得到 KMO 值为 0.671，说明模型配适度可以接受。

⑤企业环境责任履行潜变量的探索性因子分析。

企业环境责任履行潜变量 ERE 包含的观测变量 ERE5 的标准化载荷系数为 0.540，小于 0.7 的临界值，说明 ERE5 对企业环境责任履行的解释程度较低。因此，应该删去 ERE5 观测变量，选取 ERE1 至 ERE4 四个观测变量衡量企业环境责任履行。采用 SPSS 软件对单因子测量模型进行 KMO 值和 Bartlett 球形检验，得到 KMO 值为 0.704，大于 0.7。采用 AMOS 软件对单因子测量模型进行配适度检验，卡方值（χ^2）为 4.806，自由度（DF）2，χ^2/DF 值为 2.043。近似误差均方根（RMSEA）为 0.046，SRMA 为 0.054，均达到小于 0.08 的合理区间；拟合优度指数（GFI）为 0.998，调整后的拟合优度指数（AGFI）为 1.001，比较拟合指数（CFI）为 0.999，均达到大于 0.9 的理想水平，说明企业环境责任履行潜变量的单因子模型配适度良好。

（6）信度及效度检验

在构建环境规制对企业环境责任履行影响的结构方程之前，需要检验数据变量的信度和效度。只有符合要求的样本，才能构建可靠的结构方程模型。

①信度检验。

信度表示同一潜变量下各观测变量之间的相关性，主要是用于评价观测变量的可靠性、一致性和稳定性。一般包括个体信度检验和组合信度检验。个体信度用于检测潜变量对观测变量的解释能力，反映某一具体观测变量的可信性，一般以因子载荷量以及变量信度系数（SMC）两个指标衡量。因子载荷量为潜变量到观测变量的标准化回归系数，因子载荷量越大，代表潜变量对观测变量的解释能力越强，指标值应超过 0.6，小于 0.95，并且达到显著性水平（Bagozzi 等，1991）；变量信度是因子载荷量的平方，该数值一般应大于0.5，最低也应大于0.36，说明该观测变量可以有效反映潜变量。组合信度主要包括Cronbach's α系数和组合信度系数（C.R.）两个评价指标，用于评估每一个潜变量包含的所有观测变量是否存在内部一致性。Cronbach's α系数是所有项目折半信度系数的平均值，通常数值在0至1的区间内。一般数值大于0.7时，说明潜变量具有信度。组合信度系数（C.R.）数值大于0.7时，说明潜变量具有可靠性（Bagozzi等，1988）。检验结果如表6－3所示。

表6－3　模型信度检验结果

变量	参数显著性估计					因子载荷量	变量信度SMC	Cronbach's α系数	组合信度C.R.
	Unstd.		S.E.	t－value	P				
环境规制（ER）	ER1	1.000				0.834	0.792	0.687	0.761
	ER2	2.578	0.467	5.520	***	0.782	0.509		
	ER3	4.798	0.179	26.804	***	0.727	0.489		
	ER4	15.167	1.102	13.768	***	0.848	0.719		
政府补贴（FP）	FP1	1.000				0.894	0.799	0.724	0.838
	FP2	0.147	0.008	19.547	***	0.766	0.587		
	FP3	0.668	0.039	17.125	***	0.720	0.518		
融资约束（KZ）	KZ1	1.000				0.644	0.415	0.786	0.761
	KZ2	1.241	0.103	12.032	***	0.776	0.602		
	KZ3	0.692	0.060	11.556	***	0.729	0.531		
行业竞争（HHI）	HHI1	1.000				0.615	0.378	0.670	0.845
	HHI2	6.531	0.505	12.924	***	0.753	0.567		
	HHI3	1.168	0.084	13.970	***	0.810	0.656		
企业环境责任履行（ERE）	ERE1	1.000				0.893	0.797	0.934	0.904
	ERE2	1.101	0.043	25.597	***	0.853	0.728		
	ERE3	0.969	0.042	23.293	***	0.813	0.661		
	ERE4	0.941	0.044	21.500	***	0.792	0.627		

数据来源：根据AMOS软件检验结果，手工整理。

如表 6-3 所示，每个观测变量的因子载荷量均大于 0.6，小于 0.95，并且均在 1% 的水平下显著；除 ER3、KZ1、HHI1 的变量信度略低于 0.5 外，每个观测变量的变量信度（SMC）均大于 0.5。这说明每个观测变量均能很好的解释潜变量，数据具有可信性。

从组合信度角度分析，五个潜变量的 Cronbach's α 系数分别为 0.687、0.724、0.786、0.670、0.934，均大于 0.6 的标准值；五个潜变量的组合信度（C. R.）均大于 0.7。这说明每个潜变量具有较高的可靠性，可信度较高。

②效度分析。

效度表示潜变量之间的区分性，包括收敛效度和区别效度两项。收敛效度是指同一潜变量所包含的所有观测变量之间的相关度。一般以 AVE 指标衡量，表示潜变量内部数据的相关系数。该指标越高，说明观测变量表现潜变量性质的能力越强，指标越有效。AVE 值大于 0.5 时，说明收敛效度较好（Bagozzi 等，1991）。区别效度是指属于不同潜变量的观测变量之间的相关度，一般以 AVE 算术平方根值衡量。根据 Fornell 等（1981）的研究成果，如果 AVE 算术平方根大于潜变量之间相关系数绝对值，说明内部相关性要大于外部相关性。此时，潜变量之间存在区别，选取的指标有效。各变量的收敛效度及区别效度矩阵如表 6-4 所示。

表 6-4　　收敛效度及区别效度矩阵

潜变量	AVE	ER	FP	KZ	HHI	ERE
ER	0.799	0.894				
FP	0.580	0.719	0.762			
KZ	0.703	-0.454	-0.429	0.838		
HHI	0.516	0.625	0.732	0.415	0.718	
ERE	0.635	0.622	-0.662	-0.344	0.727	0.797

数据来源：根据 AMOS 软件检验结果，手工整理。

表6－4第1列为五个潜变量的收敛效度（AVE），该指标值均大于0.5，说明五个潜变量均具有较好的收敛效度（Fornell等，1981）。第2至第6列为五个潜变量的区别效度矩阵。每列对角线位置为该变量AVE指标的平方根，对角线下方的数值为两个不同潜变量之间的相关系数。可以看出，政府补贴与行业竞争的相关系数（0.732）以及行业竞争与企业环境责任履行的相关系数（0.727），绝对值略大于行业竞争潜变量AVE的平方根0.718，但是属于可接受的范围。其他每个潜变量AVE平方根均大于所在列下方以及所在行左边数值的绝对值，说明大部分潜变量的内部相关性大于外部相关性，模型区别效度较高。

采用AMOS软件对单因子测量模型进行配适度检验，卡方值（χ^2）为91.885，自由度（DF）81，χ^2/DF值为1.134。近似误差均方根（RMSEA）为0.017，SRMA为0.023，均达到小于0.08的合理区间；拟合优度指数（GFI）为0.987，调整后的拟合优度指数（AGFI）为0.975，比较拟合指数（CFI）为0.998，基准拟合指数（NFI）为0.987，增量拟合指数（IFI）为0.998，Tucker－Lewis系数（TLI）为0.997，均达到大于0.9的理想水平，说明模型配适度良好。

（7）多重共线性检验

结构模型如果存在多重共线性问题，将导致较大的标准误（Jagpal，1982），使得回归系数检定不显著，也可能导致共线的两个潜变量的方差会出现远大于其他潜变量间的估计值，造成模型卡方值上升。因此，需要对模型的共线性进行检验。Grewal等（2004）提出，检验模型的多重共线性可以依据各潜变量的相关系数。当两个潜变量的相关系数大于0.8时，说明模型存在多重共线性。当两个潜变量相关性过低时，说明两个变量回归显著性可能会不显著。因此，各潜变量之间的相关系数应该在0.3—0.8，但有些对共线性容忍度较低的学者提出各潜变量之间的相关系数最好在

0.3—0.7。

表6-5显示了各潜变量之间的Pearson相关系数。可以看出，政府补贴与行业竞争的相关系数（0.732）以及行业竞争与企业环境责任履行的相关系数（0.727），稍大于0.7。但是，低于Grewal等（2004）提出的0.8的临界值。此外，通过理论分析可以看出，行业竞争是影响企业环境责任履行的关键变量。因此，该两个潜变量相关系数略大，比较符合理论假设。企业其他潜变量之间的Pearson相关系数均大于0.3，小于0.7，说明模型不存在共线性问题。通过上述信度、效度以及多重共线性检验，验证了所构建模型的合理性。

表6-5　各潜变量之间的Pearson相关系数

潜变量	ER	FP	KZ	HHI	ERE
ER	1.000				
FP	0.719	1.000			
KZ	-0.454	-0.429	1.000		
HHI	0.625	0.732	0.415	1.000	
ERE	0.622	-0.662	-0.344	0.727	1.000

数据来源：根据AMOS软件检验结果，手工整理。

6.2.2　结构方程模型及配适度检验

初步进行配适度检验后，发现模型卡方值为533.66，自由度（DF）81，χ^2/DF值为6.588，模型拟合度较差。近似误差均方根（RMSEA）为0.107，未达到小于0.08的合理区间；但是SRMA为0.051，达到小于0.08的合理区间；其他指标也未达到理想水平，说明模型配适度不好。但是按照Bollen等（1992）、Fisher等（2010）等学者的研究成果，结构模型配适度较低可能由于两个原因导致：一是模型设置不合理；二是模型设置合理，但是由于样本量大，导致模型没有符合正态分布，从而降低了模型的配置度。判断是模型不合理还是样本量大造成的模型配适度低，可以通过 Bollen - Stine 配适度修正法进行验证。用 Bollen - Stine 方法进行 2000 次抽样后的卡方值，与最大似然法的卡方值比较后，发现 Bollen - Stine 的卡方值均好于最大似然法，下一次出现不合理模型的概率为 0，P 值小于 0.01。这说明模型配适度较低是由于样本量大导致的，本书设计的结构模型比较合理。

图 6 -2 显示了环境规制影响企业环境责任履行的结构方程模型。

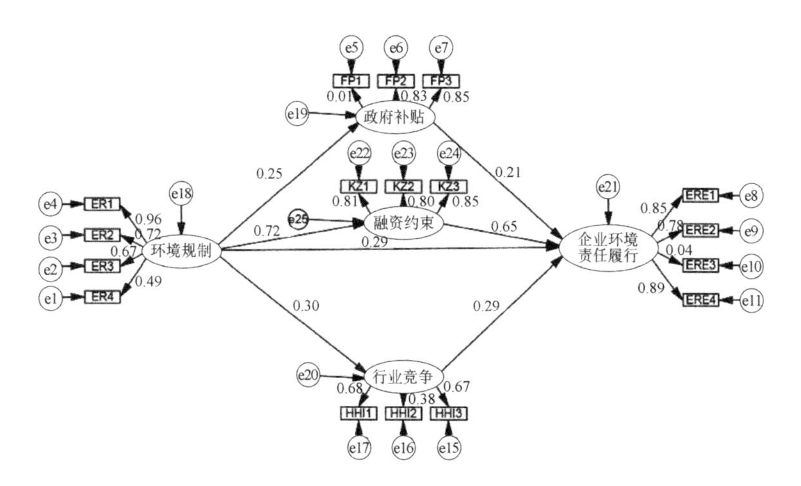

图 6 -2 环境规制影响企业环境责任履行的结构方程模型

采用 Bollen - Stine 方法修正后，模型的配适度如表 6 -6 所示。Bollen - Stine 卡方值（χ^2）为 90.99，自由度（DF）81，χ^2/DF 值为 1.123。近似误差均方根（RMSEA）为 0.016，SRMA 为 0.051，均达到小于 0.08 的合理区间；拟合度指数（GFI）为 0.982，调整后的拟合优度指数（AGFI）为 0.964，比较拟合指数（CFI）为 0.998，基准拟合指数（NFI）为 0.982，增量拟合指数（IFI）为 0.998，Tucker - Lewis 系数（TLI）为 0.997，均达到大于 0.9 的理

想水平，说明模型配适度良好。

表 6－6　　模型配适度指标

配适度指标	理想要求标准	模型配适度	配适度指标	理想要求标准	模型配适度
Bollen－Stine χ^2	越小越好	90.993	NFI	>0.9	0.982
DF（自由度）	越大越好	81.000	IFI	>0.9	0.998
χ^2/DF	$1<\chi^2/DF<3$	1.123	TLI（NNFI）	>0.9	0.997
GFI	>0.9	0.982	CFI	>0.9	0.998
AGFI	>0.9	0.964	IFI	>0.9	0.998
RMSEA	<0.08	0.016	Hoelter's N(CN)	>200	434.401
SRMA	<0.08	0.051			

数据来源：根据 AMOS 软件检验结果，手工整理。

6.2.3　环境规制影响企业环境责任履行的中介路径检验

采用 Baron 的三步法、Sobel 检验和 Bootstrap 检验三种方法进行中介路径检验。

（1）基本 Baron 三步法的中介路径检验

根据 AMOS 中各路径系数，得到各路径关系检验结果如表 6－7 所示。进行环境规制对企业环境责任履行影响的直接效应检验，经检验 P 值小于 0.01，标准化路径系数为 0.294，说明环境规制强度增加会促进企业环境责任履行。

进行环境规制通过政府补贴对企业环境责任履行影响的中介效应检验，经检验环境规制对政府补贴影响的 P 值小于 0.01，标准化路径系数为 0.251，说明环境规制强度加强会增加企业获得的政府补贴。政府补贴对企业环境责任履行影响的 P 值小于 0.05，标准化路径系数为 0.214，说明政府补贴增加会降低企业环境责任的履行；环境规制对融资约束影响的 P 值小于 0.01，标准化路径系数为 0.719。由于 KZ 指标值与企业承担的融资约束程度负相关，所以 KZ1 至 KZ3 越大，融资约束越小，说明环境规制强度加强会降低企业承担的融资约束程度。融资约束对企业环境责任履行影响的 P 值小于 0.01，标准化路径系数为 0.648，说明融资约束增加会促进企业履行环境责任；环境规制对行业竞争影响的 P 值小于 0.01，标准化路径系数为 0.300，说明环境规制强度加强会增加企业的行业竞争程度。行业竞争对企业环境责任履行影响的 P 值小于 0.01，标准化路径系数为 0.296，说明行业竞争增加会促进企业环境责任的履行。根据 Baron 等（1986）的研究成果，三条路径显著，初步说明环境规制对企业环境责任履行存在部分中介效应，环境规制通过政府补贴、融资约束以及行业竞争影响企业环境责任履行。

表 6－7　　　　各路径关系检验结果

路径			非标准化路径系数	S. E.	C. R.	P	标准化路径系数
环境责任履行	<---	环境规制	0.022	0.006	3.998	0.000	0.294
政府补贴	<---	环境规制	0.221	0.062	3.578	0.000	0.251
融资约束	<---	环境规制	0.666	0.043	15.387	0.000	0.719
行业竞争	<---	环境规制	0.253	0.077	3.304	0.000	0.300
环境责任履行	<---	政府补贴	0.195	0.080	2.439	0.015	0.214
环境责任履行	<---	融资约束	0.053	0.007	8.048	0.000	0.648
环境责任履行	<---	行业竞争	0.027	0.005	5.300	0.000	0.296

数据来源：根据 AMOS 软件检验结果，作者手工整理得到；“<---”代表路径方向。下同。

（2）基于 Sobel 检验法的中介路径检验

表 6－8 报告了各中介路径 Sobel 的检验结果，可看出三条路径 Sobel Z 值的绝对值均大于 1.96。因此，根据 Sobel（1982、1986）的研究，环境规制 -> 政府补贴 -> 环境责任履行、环境规

制 -> 融资约束 -> 环境责任履行、环境规制 -> 行业竞争 -> 环境责任履行三条中介路径均存在。

表 6 -8　　　　各中介路径 Sobel 检验结果

路径	Sobel Z
路径 1：环境规制 -> 政府补贴 -> 环境责任履行	6.802
路径 2：环境规制 -> 融资约束 -> 环境责任履行	2.807
路径 3：环境规制 -> 行业竞争 -> 环境责任履行	2.007

数据来源：根据 AMOS 软件检验结果，手工整理。

（3）基于 Bootstrap 检验法的总中介效果验证

表 6 -9 报告了环境规制对企业环境责任履行影响总效果、总中介效果、直接效果的 Bootstrap 检验结果。

表 6 -9　　　　环境规制对企业环境责任履行影响总效果、总中介效果以及直接效果的 Bootstrap 检验结果

效果	路径系数	总中介、直接效果所占比重（%）	显著性		Bootstrapping			
					Bias - corrected 95%		Percentile 95%	
			SE	Z	Lower	Upper	Lower	Upper
总效果	0.061	100.000	0.007	8.714	0.061	0.034	0.062	0.035
直接效果	0.022	36.066	0.007	3.143	0.036	0.009	0.036	0.009
总中介效果	0.039	63.934	0.005	7.800	0.036	0.017	0.350	0.016

数据来源：根据 AMOS 软件检验结果，手工整理。

如表 6 -9 所示，环境规制对企业环境责任履行影响的总效果、总中介效果、直接效果 Z 值绝对值均大于 1.96，并且 Bias - corrected 检验以及 Percentile 检验中，95% 置信区间中均不包括 0，说明环境规制对企业环境责任履行的总影响、间接影响和直接影响均存在。进一步分析总中介效果和直接效果占比后，发现在环境规制对企业环境责任履行影响中，直接效果的影响程度为 36.066%，三条中介路径一共起 63.934% 的作用。因此，三条中介路径对环境规制与企业环境责任履行之间关系的影响很重要。

环境规制对企业环境责任履行的总间接效果路径系数为正，初步说明环境规制对企业环境责任履行存在促进作用，各省份环境规制强度加强会促进企业履行环境责任。

（4）基于 Bootstrap 检验法对中介路径验证

表 6 – 9 只通过 Bootstrap 检验验证了总中介效果的存在以及在总效果中的占比，还需要进一步检验每条中介路径是否存在。采用 AMOS 软件，编制相应命令后，得到表 6 – 10，报告了每条中介路径的检验结果。

表 6 – 10　　Bootstrap 中介检验法对各路径检验结果

路径	路径系数	显著性		Bias – corrected 检验			Percentile 检验		
		S. E.	Z	Lower	Upper	P	Lower	Upper	P
路径 1：环境规制 -> 政府补贴 -> 环境责任履行	0. 029	0. 005	7. 000	0. 045	0. 027	0. 001	0. 045	0. 027	0. 001
路径 2：环境规制 -> 融资约束 -> 环境责任履行	0. 007	0. 002	3. 500	0. 003	0. 012	0. 001	0. 003	0. 011	0. 001
路径 3：环境规制 -> 行业竞争 -> 环境责任履行	0. 003	0. 002	1. 500	0. 000	0. 008	0. 033	0. 000	0. 008	0. 041
中介效果合计	0. 039								

数据来源：根据 AMOS 软件检验结果，手工整理。

如表 6 – 10 所示，环境规制 -> 政府补贴 -> 环境责任履行（路径 1）中介检验的 Z 值为 7. 000，绝对值大于 1. 96，并且在 Bias – corrected 检验以及 Percentile 检验中，95% 置信区间中均不包括 0，P 值小于 0. 01，说明环境规制 -> 政府补贴 -> 环境责任履行中介路径存在。环境规制会增加企业获得的政府补贴，从而促进企业履行环境责任，假设 1a 成立。

环境规制 -> 融资约束 -> 环境责任履行（路径 2）中介检验的 Z 值为 3.500，绝对值大于 1.96，并且在 Bias - corrected 检验以及 Percentile 检验中，95% 置信区间中均不包括 0，P 值小于 0.05，说明环境规制 -> 融资约束 -> 环境责任履行中介路径存在。环境规制缓解了企业的融资约束程度，而融资约束下降会降低企业环境责任的履行，假设 2a 成立。

环境规制 -> 行业竞争 -> 环境责任履行（路径 3）中介检验的 Z 值为 1.500，绝对值小于 1.96。但是在 Bias - corrected 检验以及 Percentile 检验中，95% 置信区间中均不包括 0，P 值小于 0.05。Z 值与 Bias - corrected 检验以及 Percentile 检验产生差异的原因，可能是由于路径系数和标准误 S.E. 系数由 AMOS 软件四舍五入后自动生成，Z 值是路径系数除以 S.E. 后得到，导致计算得出的 Z 值与实际结果存在一定偏差。因此，本书以 Bias - corrected 检验以及 Percentile 检验结果为准，说明环境规制 -> 行业竞争 -> 环境责任履行中介路径存在。环境规制加强会增加企业行业竞争程度，而企业面临的行业竞争上升会促进企业履行环境责任，假设 3 成立。

6.2.4 各中介路径影响程度比较

虽然通过 Baron 三步法、Sobel 检验以及 Bootstrap 检验验证了政府补贴中介路径、融资约束中介路径以及行业竞争中介路径的存在，但是只计算出总中介效应的占比，无法得出每条中介路径对环境规制与企业环境责任履行之间关系的影响程度。因此，继续采用 Bootstrap 检验计算各路径以及各中介变量的影响程度。

各条中介路径对环境规制与企业环境责任履行之间关系的影响程度，需要根据 Bootstrap 检验中各路径点估计值占总中介效果的比重得出。表 6 - 11 报告了各条中介路径的影响程度。由于不同路径出现了相反的影响效果，而衡量各路径影响程度需要忽略影响方向，因此以路径系数的绝对值为基准计算各路径的影响程度。

表6-11　　　　各中介路径影响程度

路　径	路径系数	影响程度	各路径占比（%）
路径1：环境规制 -> 政府补贴 -> 环境责任履行	0.029	0.029	74.359
路径2：环境规制 -> 融资约束 -> 环境责任履行	0.007	0.007	17.949
路径3：环境规制 -> 行业竞争 -> 环境责任履行	0.003	0.003	7.692
中介效果合计	0.039	0.039	100.000

数据来源：根据AMOS软件检验结果，手工整理。

表6-11中，第1列为各中介路径的非标准化路径系数；第2列为路径系数的绝对值；第3列为各路径系数绝对值占全部路径系数绝对值合计数的比例，以反映各路径的影响程度。

针对环境规制与企业环境责任履行影响的各中介路径分析，可以看出：环境规制 -> 政府补贴 -> 环境责任履行对环境规制与企业环境责任履行之间关系的影响程度最大，并且呈现正向影响，占全部中介效果的74.359%；环境规制 -> 融资约束 -> 环境责任履行路径对环境规制与企业环境责任履行之间关系呈正向影响，该路径的影响程度占全部中介效果的17.949%；环境规制 -> 行业竞争 -> 环境责任履行对环境规制与企业环境责任履行之间的关系呈正向影响，该路径的影响程度占全部中介效果的7.692%，说明环境规制加强会促进企业履行环境责任。

6.3　企业环境责任履行影响环境规制原因的实证检验

本节同样拟构建结构方程模型，验证企业履行环境责任通过环保效果、税收、经济发展三个因素影响当地环境规制强度，从而明确企业环境责任履行影响环境规制的原因。

6.3.1 结构方程模型的构建

(1) 模型构建

基于研究目的，本书设定了企业环境责任履行、环保效果、税收、经济发展对环境规制影响的模型构架，如图 6-3 所示。构建该模型旨在验证“企业环境责任履行—环保效果—环境规制”路径、“企业环境责任履行—税收—环境规制”路径、“企业环境责任履行—经济发展—环境规制”路径对环境规制的影响程度。

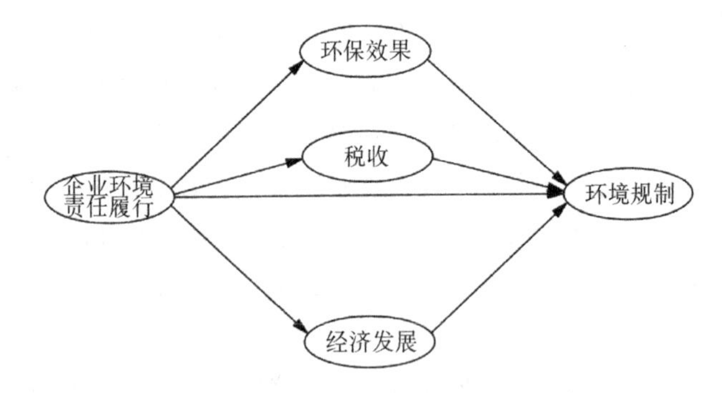

图 6-3 企业环境责任履行影响环境规制机理

(2) 研究思路

通过验证结构方程模型中各中介路径是否存在，并得到每条路径的路径系数，以反映各路径对环境规制的影响程度。对模型中介路径进行检验时，采用了 Baron 等（1986）提出的三步法、Sobel 检验以及 Bootstrap 检验三种方法。

按照 Baron 等（1986）提出的三步法，依据两变量之间 X -> M 以及 M -> Y 两条路径的显著性，验证 X -> M -> Y 中介效应是否存在。Sobel（1990）认为 Baron 的三步法具有一定的片面性，还需要进行进一步检验 X -> M 以及 M -> Y 两条路径系数乘积是否显著，从而提出 Sobel 检验（Soble，1982）。Hayes（2009）进一步提出 Sobel 检验也存在缺陷，Sobel 检验中 X -> M 以及 M -> Y 两条路径系数的乘积不符合正态分布，导致 Sobel Z 值不准确，而 Bootstrap 中介检验（Russell 等，2008；Preacher 和 Hayes，2004）可以很好地解决这个问题。因此，本书采用 Baron 的三步法、Sobel 检验和 Bootstrap 检验三种方法进行中介路径检验。

（3）观测变量定义

企业环境责任履行潜变量以及环境规制潜变量的度量指标与之前一致，不再赘述。三个中介变量的度量如下所示。

①环保效果潜变量的度量指标。

环保效果的度量指标 EB 为各省份污染物排放量降低率，具体包括三个变量：变量 1（EB1）为废水排放量降低率；变量 2（EB2）为工业 SO_2 排放量降低率；变量 3（EB3）为工业固体废物产生量降低率。三个指标越高，说明该省份环保治理效果越明显。

②企业税收潜变量的度量指标。

企业税收潜变量 TP 主要衡量上市企业实际承担的税赋，具体包括三个变量：变量 1（TP1）以企业当年所得税费用扣除递延所得税后的数额占总利润的比重衡量；借鉴王彦超等（2019）的研究成果，变量 2（TP2）以企业当年现金流量中显示的支付的税费总额与税费返还的差额除以当年营业收入得到；变量（TP3）用各省份征收的税费衡量。三个指标均与企业税收负担正相关。

③经济发展潜变量的度量指标。

各省份经济发展程度的衡量指标具体包括三个变量。变量 1（ED1）以各省份 GDP 增长率衡量；变量 2（ED2）以各省份第三产业占 GDP 比重衡量；变量 3（ED3）以各省份人口密度衡量。

（4）研究样本及描述性分析

本节选取 2009—2019 年全国 30 个省份为样本。环境规制、环保效果、经济发展指标以省份为衡量单位，各省数据可以直接得到。企业税收以及环境责任履行指标以企业为样本单位衡量，为了得到各省份数据，按照上市公司注册地所在省份对上市公司分组，计算每组各指标的平均值得到各省份的公司税收以及环境责任履行数据。结构方程最佳样本量在200—500，数据量过大或过小均影响结果的准确性（Loehlin，1992；Hair等，2013）；并且样本量应该为观测变量的10倍以上。模型共选取21个观测变量，330个样本量，满足观测变量个数10倍以上的条件。因此，选取的样本量符合结构方程的样本要求。表6－12显示了各观测变量的分布特征。

表6－12　　各变量描述性分析

潜变量	指标编号	平均数	标准差	偏斜度	峰度
企业环境责任履行（ERE）	ERE1	14.210	0.103	－1.703	2.254
	ERE2	14.325	0.115	－1.887	1.436
	ERE3	1.506	0.081	1.373	1.960
	ERE4	4.357	0.096	1.342	1.854
	ERE5	17.542	0.897	2.109	3.359
环保效果（EB）	EB1	1.922	18.587	1.063	2.859
	EB2	5.750	7.984	1.939	6.202
	EB3	2.511	1.473	0.096	－0.933
税收（TP）	TP1	－0.259	1.260	0.065	－1.300
	TP2	3.115	1.066	－0.139	－0.547
	TP3	1.947	1.354	0.581	－0.467
经济发展（ED）	ED1	0.511	0.143	－0.265	0.815
	ED2	2.403	3.397	1.901	6.287
	ED3	4.393	7.924	－0.748	6.208
环境规制（ER）	ER1	13.465	12.667	1.092	0.535
	ER2	11.270	10.001	1.934	6.487
	ER3	8.956	7.288	0.749	－0.755
	ER4	20.830	0.992	－0.120	0.832
	ER5	12.034	6.799	－1.129	－0.547

数据来源：CSMAR数据库。

借鉴 Kline（2005）的研究成果，偏斜度（skew）绝对值小于2、峰度（kurtosis）绝对值小于7时，单变量正态分布。表6－12中样本检验结果显示，所有变量指标样本数据较为平稳，每个变量偏斜度绝对值均小于2，峰度绝对值均小于7，可以判断出各单变量样本数据符合正态分布。

（5）探索性因子分析

在构建结构方程模型之前，需要通过探索性因子分析验证所选取的观测变量是否能够衡量和反映各潜变量。采用 AMOS 软件测量各潜变量的单因子模型，根据各观测变量标准化载荷系数以及模型配适度验证选取的指标是否合适。检验结果如表6－13所示。

表6－13　　各潜变量探索性因子分析结果

潜变量	观测变量	标准化载荷	S. E.	C. R.	P
企业环境责任履行（ERE）	ERE1	0.821			
	ERE2	0.890	0.037	29.969	***
	ERE3	0.867	0.034	29.213	***
	ERE4	0.858	0.038	26.277	***
	ERE5	0.540	0.022	12.166	***
环保效果（EB）	EB1	0.724	0.049	14.776	***
	EB2	0.821	0.036	22.806	***
	EB3	0.809	0.029	27.897	***
税收负担（TP）	TP1	0.828	0.122	6.786	***
	TP2	0.775	0.028	27.679	***
	TP3	0.783	0.037	21.162	***
经济发展（ED）	ED1	0.730	0.037	19.729	***
	ED2	0.814	0.083	9.807	***
	ED3	0.858	0.040	21.450	***

续表

潜变量	观测变量	标准化载荷	S. E.	C. R.	P
环境规制（ER）	ER1	0.781			
	ER2	0.810	0.024	19.874	***
	ER3	0.827	0.014	29.213	***
	ER4	0.832	0.006	15.277	***
	ER5	0.340	0.012	18.156	***

数据来源：根据 AMOS 软件检验结果，手工整理。

企业环境责任履行以及环境规制探索性因子分析结果与之前一致，其他三个变量的探索性因子分析结果如表 6-13 所示。

①环保效果潜变量的探索性因子分析。

环保效果潜变量 EB 包含的各观测变量的标准化载荷系数值均大于 0.7，说明三个观测变量均能很好的解释各省份环保效果。因此，采用 EB1 至 EB3 三个指标衡量环保治理效果合适。由于AMOS 软件无法测量三变量模型的配适度，因此，仅采用 SPSS 软件对单因子测量模型进行 KMO 值和 Bartlett 球形检验，得到 KMO 值为 0.734，大于 0.7，说明模型配适度较好。

②税收负担潜变量的探索性因子分析。

税收负担潜变量 TP 所包含的观测变量的标准化载荷系数值均大于 0.7，说明三个观测变量均能很好的解释税收负担。因此，采用 TP1 至 TP3 三个指标衡量税收负担合适。由于 AMOS 软件无法测量三变量模型的配适度，因此，仅采用 SPSS 软件对单因子测量模型进行 KMO 值和 Bartlett 球形检验，得到 KMO 值为 0.709，大于 0.7，说明模型配适度较好。

③经济发展潜变量的探索性因子分析。

经济发展潜变量 ED 所包含的观测变量的标准化载荷系数值均大于 0.7，说明三个观测变量均能很好的解释经济发展。因此，采

用 ED1 至 ED3 三个指标衡量经济发展合适。由于 AMOS 软件无法测量三变量模型的配适度，因此，仅采用 SPSS 软件对单因子测量模型进行 KMO 值和 Bartlett 球形检验，得到 KMO 值为 0.769，大于 0.7，说明模型配适度较好。

（6）信度及效度检验

在构建企业环境责任履行对环境规制影响的结构方程之前，需要检验数据变量的信度和效度。只有符合要求的样本，才能构建可靠的结构方程模型。

①信度检验。

信度表示同一潜变量下各观测变量之间的相关性，主要用于评价观测变量的可靠性、一致性和稳定性。一般包括个体信度检验和组合信度检验。个体信度用于检测潜变量对观测变量的解释能力，反映某一具体观测变量的可信性，一般以因子载荷量以及变量信度系数（SMC）两个指标衡量。因子载荷量为潜变量到观测变量的标准化回归系数，因子载荷量越大，代表潜变量对观测变量的解释能力越强，指标值应超过 0.6，小于 0.95，并且达到显著性水平（Bagozzi 等，1991）；变量信度系数是因子载荷量的平方，该数值一般应大于 0.5，最低应大于 0.36，说明该观测变量可以有效反映潜变量。组合信度主要包括 Cronbach's α 系数和组合信度系数（CR.）两个评价指标，用于评估每一个潜变量所包含的所有观测变量是否存在内部一致性。Cronbach's α 系数是所有项目折半信度系数的平均值，通常数值在 0 至 1 的区间内，一般数值大于 0.7 时，说明潜变量具有信度。组合信度系数（C. R.）数值大于 0.7 时，说明潜变量具有可靠性（Bagozzi 等，1988）。模型信度检验结果如表 6－14 所示。

如表 6－14 所示，每个观测变量的因子载荷量均大于 0.6，小于 0.95，并且均在 1% 的水平上显著；除 ER3 的变量信度略低于 0.5 外，每个观测变量的变量信度（SMC）均大于 0.5。检验结果说明每个观测变量均能很好的解释潜变量，数据具有可信性。

表 6－14　　模型信度检验结果

变量	参数显著性估计					因子载荷量	变量信度 SMC	Cronbach's α 系数	组合信度 C. R.
	Unstd.		S. E.	t－value	P				
企业环境责任履行（ERE）	ERE1	1.000				0.893	0.797	0.834	0.804
	ERE2	1.101	0.043	25.597	***	0.853	0.728		
	ERE3	0.969	0.042	23.293	***	0.813	0.661		
	ERE4	0.941	0.044	21.500	***	0.792	0.627		
环保效果（EB）	EB1	1.000				0.823	0.629	0.698	0.739
	EB2	0.879	0.148	5.939	***	0.743	0.597		
	EB3	0.782	0.059	13.254	***	0.782	0.559		
税收负担（TP）	TP1	1.000				0.698	0.583	0.732	0.716
	TP2	0.847	0.093	9.108	***	0.739	0.632		
	TP3	0.692	0.160	4.325	***	0.705	0.578		
经济发展（ED）	ED1	1.000				0.639	0.518	0.634	0.765
	ED2	3.531	0.215	16.423	***	0.716	0.567		
	ED3	4.278	0.163	26.245	***	0.725	0.632		
环境规制（ER）	ER1	1				0.834	0.792	0.687	0.761
	ER2	2.578	0.467	5.520	***	0.782	0.509		
	ER3	4.798	0.179	26.804	***	0.727	0.489		
	ER4	15.167	1.102	13.768	***	0.848	0.719		

数据来源：根据 AMOS 软件检验结果，手工整理。

从组合信度角度分析，五个潜变量的 Cronbach's α 系数分别为 0.834、0.698、0.732、0.634、0.687，均大于 0.6 的标准值；五个潜变量的组合信度（C. R.）均大于 0.7，说明每个潜变量具有较高的可靠性，可信度较高。

②效度分析。

效度表示潜变量之间的区分性，包括收敛效度和区别效度两项。收敛效度（AVE）是指同一潜变量所包含的所有观测变量之间的相关度。一般以 AVE 指标衡量，表示潜变量内部数据的相关系数。该指标越高，说明观测变量表现潜变量性质的能力也越强，指标越有效。AVE 值大于 0.5 时，说明收敛效度较好（Bagozzi 等，1991）。区别效度是指属于不同潜变量的观测变量之间的相关度，一般以 AVE 算术平方根值衡量。根据 Fornell 等（1981）的研究成果，如果 AVE 算术平方根大于潜变量之间相关系数绝对值，说明内部相关性要大于外部相关性。此时，潜变量之间存在区别，选取的指标有效。各指标的收敛效度及区别效度矩阵如表 6－15 所示。

表 6－15　　收敛效度及区别效度矩阵

潜变量	AVE	ERE	EB	TP	ED	ER
ERE	0.756	0.797				
EB	0.654	0.732	0.792			
TP	0.724	0.602	0.563	0.829		
ED	0.572	0.674	0.756	0.573	0.787	
ER	0.679	0.622	0.682	0.568	0.735	0.894

数据来源：根据 AMOS 软件检验结果，手工整理。

表 6－15 第 1 列为五个潜变量的收敛效度（AVE），该指标值均大于 0.5，说明五个潜变量均具有较好的收敛效度（Fornell 等，1981）。第 2 列至第 6 列为五个潜变量的区别效度矩阵。每列对角线位置为该变量 AVE 指标的平方根，对角线下方的数值为两个不同潜变量之间的相关系数。每个潜变量 AVE 平方根均大于所在列下方以及所在行左边数值的绝对值，说明大部分潜变量的内部相关性大于外部相关性，模型区别效度较高。

采用 AMOS 软件对单因子测量模型进行配适度检验，卡方值（χ^2）为 90.678，自由度（DF）82，χ^2/DF 值为 1.106。近似误差均方根（RMSEA）为 0.016，SRMA 为 0.023，均达到小于 0.08 的合理区间；拟合优度指数（GFI）为 0.986，调整后的拟合优度指数（AGFI）为0.976，比较拟合指数（CFI）为0.998，基准拟合指数（NFI）为0.987，增量拟合指数（IFI）为0.998，Tucker-Lewis系数（TLI）为0.997，均达到大于0.9的理想水平。结果表明模型配适度良好。

（7）多重共线性检验

结构模型如果存在多重共线性问题，将导致较大的标准误（Jagpal，1982），使得回归系数检验不显著，也可能导致共线的两个潜变量的方差会出现远大于其他潜变量间的估计值，造成模型卡方值上升。因此，需要对模型的共线性进行检验。Grewal等（2004）提出，检验模型的多重共线性可以依据各潜变量的相关系数。当两个潜变量的相关系数大于0.8时，说明模型存在多重共线性。如果两个潜变量相关性过低，说明两个变量回归显著性可能会不显著。因此，各潜变量之间的相关系数应该在0.3—0.8，但有些对共线性容忍度较低的学者提出各潜变量之间的相关系数最好在0.3—0.7。

表6-16显示了各潜变量之间的Pearson相关系数。可以看出，环保效果（EB）与经济发展（ED）的相关系数0.756以及经济发展（ED）与环境规制（ER）的相关系数（0.735），稍大于0.7。但是，低于Grewal等（2004）提出的0.8的临界值。并且，通过理论分析可以看出，经济发展是影响环境规制的关键变量。因此，该两个潜变量相关系数略大，比较符合理论假设。企业其他潜变量之间的Pearson相关系数均大于0.3，小于0.7，说明模型不存在共线性问题。通过信度、效度以及多重共线性检验，验证了所构建模型的合理性。

表6-16　　各潜变量之间的Pearson相关系数

潜变量	ERE	EB	TP	ED	ER
ERE	1.000				

续表

潜变量	ERE	EB	TP	ED	ER
EB	0.732	1.000			
TP	0.602	0.563	1.000		
ED	0.674	0.756	0.573	1.000	
ER	0.622	0.682	0.568	0.735	1.000

数据来源：根据AMOS软件检验结果，手工整理。

6.3.2　结构方程模型及配适度检验

图6-4显示了企业环境责任履行影响环境规制的结构方程模型。

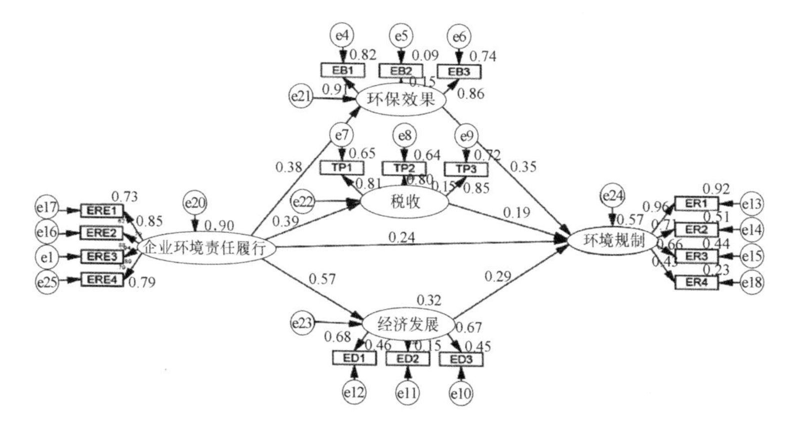

图6-4　企业环境责任履行影响环境规制的结构方程模型

初步进行配适度检验后，发现卡方值（χ^2）为570.5，自由度（DF）81，χ^2/DF值为7.043，模型拟合度较差。近似误差均方根（RMSEA）为0.108、SRMA为0.096，未达到小于0.08的合理区间；其他指标也未达到理想水平，说明模型配适度不好。但是按照Bollen等（1992）、Fisher等（2010）等学者的研究成果，结构模型配适度较低可能由于两个原因导致：一是模型设置不合理；二是模型设置合理，但是由于样本量大，导致模型没有符合正态分布，从而降低了模型的配置度。判断是模型不合理还是样本量大造成的模型配适度低，可以通过 Bollen - Stine 配适度修正法进行验证。用 Bollen - Stine 方法进行 2000 次抽样后的卡方值，与最大似然法的卡方值比较后，发现 Bollen - Stine 的卡方值均好于最大似然法，下一次出现不合理模型的几率为 0，P 值小于 0.01，说明模型配适度较低是由于样本量大导致的，本书设计的结构模型比较合理。

采用 Bollen - Stine 方法修正后，模型的配适度如表 6 - 17 所示。

表 6 - 17　　模型配适度指标

配适度指标	理想要求标准	模型配适度	配适度指标	理想要求标准	模型配适度
Bollen - Stine χ^2	越小越好	91.873	NFI	>0.9	0.981
DF（自由度）	越大越好	81.000	IFI	>0.9	0.998
χ^2/DF	$1<\chi^2/DF<3$	1.123	TLI（NNFI）	>0.9	0.997
GFI	>0.9	0.981	CFI	>0.9	0.998
AGFI	>0.9	0.972	IFI	>0.9	0.998
RMSEA	<0.08	0.019	Hoelter's N(CN)	>200	434.401
SRMA	<0.08	0.053			

数据来源：根据 AMOS 软件检验结果，手工整理。

表 6 - 17 中，Bollen - Stine 卡方值为 91.873，自由度（DF）81.000，χ^2/DF 值为 1.123。近似误差均方根（RMSEA）为 0.019，SRMA 为 0.053，均达到小于 0.08 的合理区间；拟合度指数（GFI）为 0.981，调整后的拟合优度指数（AGFI）为 0.972，比较拟合指数（CFI）为 0.998，基准拟合指数（NFI）为 0.981，增量拟合指数（IFI）为 0.998，Tucker - Lewis 系数（TLI）为 0.997，均达到大于 0.9 的理想水平。上述结果说明模型配适度良好。

6.3.3 企业环境责任履行影响环境规制的中介路径检验

采用Baron的三步法、Sobel检验和Bootstrap检验三种方法进行中介路径检验。

(1) 基本Baron三步法的中介路径检验

根据AMOS中各路径系数，得到各路径关系检验结果，如表6－18所示。

表6－18　　　　各路径关系检验结果

路径			非标准化路径系数	S. E.	C. R.	P	标准化路径系数
环境规制	<---	环境责任履行	7.082	0.421	16.821	0.000	0.234
环保效果	<---	环境责任履行	27.461	1.736	15.819	0.000	0.381
税收负担	<---	环境责任履行	-1.703	0.192	-8.869	0.000	-0.396
经济发展	<---	环境责任履行	12.865	1.771	7.264	0.000	0.577
环境规制	<---	环保效果	0.521	0.081	6.432	0.015	0.352
环境规制	<---	税收负担	-1.357	0.126	-10.769	0.000	-0.192
环境规制	<---	经济发展	0.427	0.105	4.067	0.000	0.319

数据来源：根据AMOS软件检验结果，手工整理。

表6－18中，企业环境责任履行对环境规制影响的直接效应检验，P值小于0.01，标准化路径系数为0.234，说明企业履行环境责任会促进当地环境规制强度的增加。

企业履行环境责任通过环保效果对环境规制影响的中介效应检验，经检验企业履行环境责任对环保效果影响的P值小于0.01，标准化路径系数为0.381，说明企业履行环境责任会优化当地省份环保效果。环保效果改善对环境规制影响的P值小于0.05，标准化路径系数为－0.352，说明环保效果改善会促进当地环境规制。

企业履行环境责任对税收负担影响的 P 值小于 0.01，标准化路径系数为 -0.396，说明企业履行环境责任会降低企业的税赋。企业税赋下降对环境规制影响的 P 值小于 0.01，标准化路径系数为 -0.192，说明税赋下降会抑制当地环境规制水平。企业履行环境责任对经济发展影响的 P 值小于 0.01，标准化路径系数为 0.577，说明企业履行环境责任会促进当地经济发展。经济发展水平提高对环境规制影响的 P 值小于 0.01，标准化路径系数为 0.319，说明经济发展会促进当地环境规制。根据 Baron 等（1986）的研究成果，三条路径显著，初步说明企业环境责任履行对环境规制存在部分中介效应，企业环境责任履行通过环保效果、税收负担以及经济发展影响环境规制。

（2）基于 Sobel 检验法的中介路径检验

表 6-19 报告了各中介路径 Sobel 检验结果，可以看出，三条路径的 Sobel Z 值的绝对值均大于 1.96。因此，根据 Sobel（1982、1986）的研究，环境责任履行 -> 环保效果 -> 环境规制、环境责任履行 -> 税收负担 -> 环境规制、环境责任履行 -> 经济发展 -> 环境规制三条中介路径均存在。

表 6-19　　各中介路径 Sobel 检验结果

路径	Sobel Z
路径 1：环境责任履行 -> 环保效果 -> 环境规制	3.876
路径 2：环境责任履行 -> 税收负担 -> 环境规制	2.834
路径 3：环境责任履行 -> 经济发展 -> 环境规制	3.742

数据来源：根据 AMOS 软件检验结果，手工整理。

（3）基于 Bootstrap 检验法的总中介效果验证

表 6-20 报告了企业环境责任履行对环境规制影响总效果、总中介效果、直接效果的 Bootstrap 检验结果。

表6－20　　企业环境责任履行对环境规制影响总效果、总中介效果、以及直接效果的检验结果

效果	路径系数	总中介、直接效果所占比重（%）	显著性		Bootstrapping			
					Bias－corrected 95%		Percentile 95%	
			SE	Z	Lower	Upper	Lower	Upper
总效果	0.419	100.000	0.052	8.058	0.645	0.440	0.651	0.445
直接效果	0.221	52.745	0.080	2.763	0.373	0.055	0.377	0.060
总中介效果	0.198	47.255	0.060	3.300	0.452	0.214	0.450	0.213

数据来源：根据AMOS软件检验结果，手工整理。

如表6－20所示，企业环境责任履行对环境规制影响总效果、总中介效果、直接效果的Z值绝对值均大于1.96，并且Bias－corrected检验以及Percentile检验中，95%置信区间中均不包括0，说明企业环境责任履行对环境规制的总影响、间接影响和直接影响均存在。进一步分析总中介效果和直接效果占比后，发现在企业环境责任履行对环境规制影响中，直接效果的影响程度为52.745%，三条中介路径一共起47.255%的作用。

企业环境责任履行对环境规制影响的总间接效果路径系数为正，初步说明企业环境责任履行对环境规制影响存在促进作用，企业履行环境责任会促进各省份环境规制强度的提升。

（4）基于Bootstrap检验法对中介路径验证

表6－20只通过Bootstrap检验验证了总中介效果的存在以及在总效果中的占比，还需要进一步检验每条中介路径是否存在。本书采用AMOS软件，并编制相应命令后，得到表6－21，报告了每条中介路径的检验结果。

如表6－21所示，环境责任履行－>环保效果－>环境规制（路径1）中介检验的Z值为7.529，绝对值大于1.96，并且在Bias－corrected检验以及Percentile检验中，95%置信区间中均不包括0，P值小于0.01，说明环境责任履行－>环保效果－>环境规制中介路径存在。企业履行环境责任会通过改善当地的环保效果，从而促进当地环境规制强度，假设4b成立。

表6-21 Bootstrap中介检验法对各路径检验结果

路径	路径系数	显著性		Bias - corrected 检验			Percentile 检验		
		S. E.	Z	Lower	Upper	P	Lower	Upper	P
路径1：环境责任履行->环保效果->环境规制	0.128	0.017	7.529	0.000	0.072	0.026	0.001	0.068	0.047
路径2：环境责任履行->税收负担->环境规制	-0.115	0.051	-2.254	-0.001	-0.049	0.033	-0.001	-0.040	0.086
路径3：环境责任履行->经济发展->环境规制	0.185	0.011	16.818	0.000	0.064	0.000	0.013	0.058	0.001
中介效果合计	0.198								

数据来源：根据AMOS软件检验结果，手工整理。

环境责任履行->税收负担->环境规制（路径2）中介检验的Z值为-2.254，绝对值大于1.96，并且在Bias - corrected检验以及Percentile检验中，95%置信区间中均不包括0，P值小于0.01，说明环境责任履行->税收负担->环境规制中介路径存在。企业履行环境责任会降低企业税赋，从而导致当地政府财政收入减少，降低了政府对环境治理的支持力度，降低了当地环境规制强度，假设5a成立。

环境责任履行->经济发展->环境规制（路径3）中介检验的Z值为16.818，绝对值大于1.96。并且在Bias - corrected检验以及Percentile检验中，95%置信区间中均不包括0，P值小于0.01，说明环境责任履行->经济发展->环境规制中介路径存在。企业履行环境责任会通过促进当地经济发展，从而提升当地环境规制强度，假设6成立。

6.3.4　各中介路径影响程度比较

本书通过 Baron 三步法、Sobel 检验以及 Bootstrap 检验验证了政府补贴中介路径、融资约束中介路径以及行业竞争中介路径的存在，但是只计算出总中介效应的占比，无法得出每条中介路径对企业环境责任履行与环境规制影响之间关系的影响程度。因此，继续采用 Bootstrap 检验计算各路径的影响程度。

各条中介路径对企业环境责任履行与环境规制之间关系的影响程度，需要根据 Bootstrap 检验各路径点估计值占总中介效果的比重得出。表 6－22 报告了各条中介路径的影响程度，第 1 列为各条中介路径的非标准化路径系数，第 2 列为各路径系数的绝对值，第 3 列为各路径系数绝对值占全部路径系数绝对值合计数的比例，以反映各路径的影响程度。

表 6－22　　　　各条中介路径影响程度

路　径	路径系数	影响程度	各路径占比（%）
路径 1：环境责任履行 -> 环保效果 -> 环境规制	0.128	0.128	29.907
路径 2：环境责任履行 -> 税收负担 -> 环境规制	-0.115	0.115	26.869
路径 3：环境责任履行 -> 经济发展 -> 环境规制	0.185	0.185	43.224
中介效果合计	0.198	0.428	100.000

数据来源：根据 AMOS 软件检验结果，手工整理。

表 6－22 中，通过企业环境责任履行对环境规制影响的各条中介路径分析可以看出："环境责任履行 -> 经济发展 -> 环境规制"路径对企业环境责任履行与环境规制之间关系的影响程度最大，占全部中介效果的 43.224%；"环境责任履行 -> 环保效果 -> 环境规

制”路径对企业环境责任履行与环境规制之间关系的影响程度占全部中介效果的29.907%；“环境责任履行->税收负担->环境规制”路径对企业环境责任履行与环境规制之间关系的影响程度占全部中介效果的26.869%。最终企业履行环境责任会促进当地的环境规制加强。

6.4 本章小结

本章对环境规制与企业环境责任履行之间存在耦合关系的原因进行了理论分析，并通过结构方程进行了实证检验。首先，本章从理论上剖析了环境规制影响企业环境责任履行，以及企业履行环境责任影响环境规制的原因和具体影响路径；其次，通过结构方程分别实证检验了环境规制影响企业环境责任履行的路径，以及企业履行环境责任影响环境规制的路径。结果发现：①环境规制强度变化会影响企业获得的政府补贴、企业的融资约束程度以及企业面临的行业竞争程度，进而影响企业环境责任的履行。当地政府提高环境规制强度，更加重视环境治理时，政府会增加拨付给企业的财政补贴金额，企业获得更多的资金，从而降低了企业的融资约束程度，同时也增加企业所在行业的竞争程度，最终激发企业履行环境责任的动力和意愿。因此，三个因素共同作用，可以有效促进企业环境责任履行程度的提高。②企业更好地履行环境责任，会影响当地环保治理效果、当地的税收负担以及当地经济发展速度，进而影响当地的环境规制强度。企业履行环境责任后会提高该省份环保治理效果，增加该省份对环境治理的信心，促进当地经济发展水平，从而促进当地环境规制强度和执行效率。但是企业履行环境责任会导致企业短期内设备更新改造以及环保治理成本上升，降低企业短期利润以及企业缴纳的税款，从而导致当地政府财政收入下降，环境治理支出减少，环境规制强度下降。三个因素共同作用的最终结果导致企业履行环境责任会促进当地环境规制强度。③在环境规制强度提高能够促进企业履行环境责任的三个原因中，政府补贴提高的促进作用最明显，企业融资约束程度下降对企业履行环境责任的促进作用次之，行业竞争的促进作用最小；在企业履行环境责任能够促进当地环境规制强度提高的三个原因中，经济发展速度提高的促进作用最明显，环保效果改善对当地环境规制强度提高的促进作用次之。企业履行环境责任导致税负减少，对环境规制强度呈现负向影响，但是影响程度较低。最终，企业履行环境责任会促进当地环境规制强度提高。

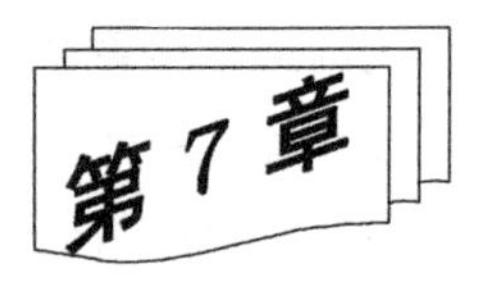

环境规制与企业环境责任履行耦合协调测算分析

在前文环境规制、企业环境责任评价以及两者耦合机理分析的基础上，本章构建了耦合模型，对环境规制与企业环境责任间的耦合状况进行了实际测算，并以此为基础，筛选相关变量，进一步探究了影响两者耦合协调关系的因素，为提升两者耦合状态、促进两者协调发展提供了参考。

7.1 构建耦合测度模型

耦合（Coupling）概念最早应用于物理学领域（Valerie，1996），是指两个或两个以上系统或运动相互间通过各种作用来彼此影响的一种现象。当各系统间配合较好，能够达到协调发展时称为良性耦合；反之，当各系统间无序地各自发展，不能协调时则称为恶性耦合（周成等，2016）。由于环境规制和企业环境责任是两个不同而又相互作用影响的系统，故本书借鉴耦合概念和容量耦合模型来构建本书的环境规制和企业环境责任相互作用的耦合协调度模型。模型构建具体步骤如下：

第一，构建环境规制和企业环境责任履行耦合度模型：

$$C_i = \left\{ \frac{ER \times ERE_i}{[(ER_i + ERE_i)/2]^2} \right\}^{\frac{1}{2}} \tag{7-1}$$

其中，ER_i 和 ERE_i 分别表示前文求得的环境规制系统和企业环境责任系统的得分。$C_i \in [0, 1]$ 表示 C_i 耦合度，该指标为正向指标，当 $C_i = 1$ 时，表明两大系统间趋向于新的有序发展，耦合状态最佳；$C_i = 0$ 时，表明两大系统处于无序发展，耦合状态最差。

第二，由于耦合度只能反映系统间的相互作用，而无法反映系统间整体功效和耦合协调水平的高低，并且在某些情况下（多区域对比研究），单纯依据耦合度指标来判断很可能产生错误的结论（刘耀彬等，2005），因此，本书依据学界普遍做法，以耦合度为基础，进一步构建了耦合协调度模型：

$$\begin{cases} D_i = \sqrt{C_i \times T_i} \\ T_i = \alpha ER_i + \beta ERE_i \end{cases} \tag{7-2}$$

其中，$D_i \in [0, 1]$ 表示耦合协调度；C_i 表示耦合度；T_i 表示环境规制与企业环境责任的评价指数，反映了两系统的协同效应和贡献程度；α 和 β 为待定权重系数，考虑到环境规制与企业环境责任同等重要，本书参考相关研究（华坚和胡近昕，2019），将两者确定为 $\alpha = \beta = 0.5$。此外，根据廖崇斌（1999）、王成和唐宁（2018）、谢泗薪和胡伟（2021）等的研究，本书将耦合协调度划分为五个阶段，具体评价标准如表7－1所示。

表7－1　环境规制与企业环境责任耦合协调度（D）评价标准

耦合协调度	类型	细分类型
[0, 0.2)	严重失调衰退阶段	U > S：企业环境责任滞后型； S > U：环境规制滞后型； S = U：两者同步发展型
[0.2, 0.4)	轻度失调衰退阶段	
[0.4, 0.6)	勉强协调过渡阶段	
[0.6, 0.8)	中度协调发展阶段	
[0.8, 1.0]	高度协调发展阶段	

7.2 分析耦合测算结果

在耦合机理分析的基础上，根据环境规制系统（ER）与企业环境责任系统（ERE）得分，运用构建的耦合协调度模型，可以得到我国2009—2019年区域环境规制与企业环境责任之间的耦合协调度得分。下面按照整体分析、地区分析和省域分析的思路对计算结果进行详细分析。

7.2.1 环境规制与企业环境责任耦合协调度整体分析

为了整体上把握我国环境规制与企业环境责任耦合协调发展的情况，本书对2009—2019年环境规制与企业环境责任耦合协调度及两者综合评价值的均值情况进行了综合分析。具体分析结果如图7-1所示。

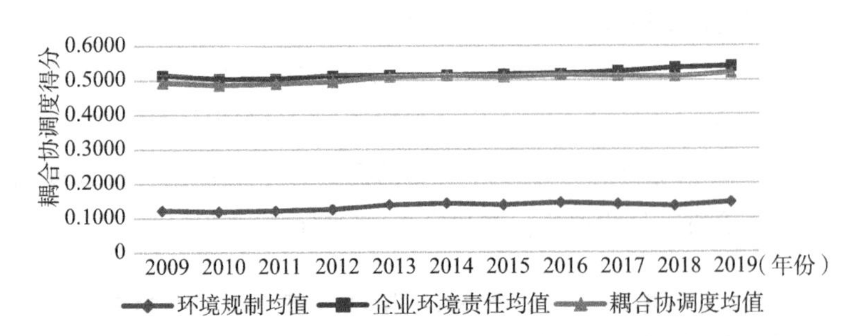

图7-1 2009—2019年中国环境规制与企业环境责任耦合协调度及两者综合评价值的均值情况

首先，从耦合协调度得分上来看，研究期内我国环境规制和企业环境责任耦合协调度从2009年的0.49上升到2019年的0.52，表现出缓慢增长的态势，10年间仅增长了4%，增长幅度较小。并且其耦合状态也没有实质性提升，仍处于勉强协调过渡阶段，未实现耦合协调发展阶段的跨越。在这种状态下，中国环境规制和企业环境责任两个系统间虽然耦合协调度仍然较低，但两者间相互促进，相互协调的发展已经占主导，两个系统正逐渐朝着有序发展的方向发展。在改革开放后的很长一段时间内，我国一直是以资源环境为代价的粗放式发展模式，环境规制水平不高，企业环境责任履行不积极等现象成为了时代的特点。后来，由于环境问题的日渐严重，我国政府逐渐开始关注环境问题，并在党的十八大期间提出了“绿水青山就是金山银山”的理念。于是各地坚持绿色发展，加强环境规制和企业环境责任等就逐渐成为政府和企业解决环境问题的重要手段。一开始，环境规制和企业环境责任履行都处于发展初期，两者间配合发展的程度不足。即强制环境规制和自愿环境规制之间尚未形成协调配合的发展趋势。后来，随着两者的快速发展以及“最严格”环保法的实施，社会各界的环境保护意识逐渐增强，政府环境规制和企业环境责任履行都不约而同地向着共同的目标发展，两者之间的协调配合越来越紧密，耦合协调情况也实现了稳步提升。

其次，从两个系统的综合评价值上来看，企业环境责任和环境规制综合得分都呈现出微弱的上升趋势，其中企业环境责任得分要高于环境规制得分，这表明中国环境规制系统发展整体落后于企业环境责任系统。经分析可知，在2014年修订“史上最严格”环保法之前，我国各地在经济发展上以追求经济发展速度为主，忽略了资源破坏、环境污染等发展质量问题。这一时期我国环境规制发展水平不高，且实施效率不高，整体环境污染情况比较严重。而从企业角度来看，在我国加入WTO后，上市公司随着国际化进程加快以及产业升级等原因，在企业环境责任履行等方面也有较快的发展，并且在各地政府重点监督、证监会要求提高、企业环境责任内涵逐渐丰富等因素影响下企业也更加自觉履行和披露企业环境责任。2014年之后，我国逐渐加大了控制类环境规制的强度，但结果类环境规制的实现仍需时间积累，效果无法立即显现。并且在我国经济正处于结构性调整背景下非正式环境规制增长也较为缓慢，因此就导致样本期内环境规制增长较为缓慢。而企业环境责任方面，虽然之前有很好的积累，但环境责任履行是需要付出成本的，这使得企业自愿履行环境责任行为缺乏持续动力，因此整体增长也较为缓慢。上述情况共同导致了我国环境规制水平较低，企业环境责任水平相对较高，但两者发展都较为缓慢的现象。这也使得现阶段我国环境规制和企业环境责任勉强协调状态呈现为环境规制滞后型的发展状态。

另外，通过对两个系统综合评价值与耦合协调度进行相关分析可以发现，环境规制系统与企业环境责任系统的综合评价值与耦合协调度的相关系数分别为 0.985 和 0.214，前者高于后者，说明环境规制系统比企业环境责任系统对两个系统耦合协调水平的影响更大。总的来看，研究期内我国环境规制水平较低，企业环境责任水平较高。即政府和社会强制、引导性环境管理不强，企业自主的环境责任意识较强。由此根据前文耦合机理分析可知，在环境规制水平不高的情况下，企业履行企业环境责任缺少了应有的压力和督促，所以环境规制就没能发挥出应有的企业环境责任促进作用。而反过来，企业环境责任对于较低的环境规制水平也就无法起到与之协调发展的作用，进而不利于两者耦合协调的发展。因此，现阶段环境规制系统是制约两者耦合协调度变化的主要因素，它发展的滞后是影响两个系统耦合协调作用发展的主要原因，所以加强环境规制力度，提升环境规制水平就成为改善两者耦合协调状态的重要途径之一。

7.2.2 新环保法执行前后环境规制与企业环境责任耦合协调度分析

更进一步，为了检验新环保法的执行效果，本书在耦合协调度计算的基础上，以 2015 年环境保护法的实施为时间节点，对样本进行分组，分别对各省份环境规制（包括分维度）、企业环境责任履行（包括分维度）以及两者间的耦合协调关系进行差异检验，以验证新环境保护法的实施是否会对环境规制、企业环境责任履行以及两者间的耦合协调关系产生影响。研究方法上，本书采用均值 T 检验方法，分组比较新环境保护法实施前后，各数据的差异和特征。

本书以 2015 年为分界线，将样本分为两组。即 2009—2014 年的新环境保护法实施以前组，2015—2019 年的新环境保护法实施以后组。两组样本中，环境规制（包括分维度）、企业环境责任履行（包括分维度）以及两者间的耦合协调度变量的 T 检验结果如表 7 - 2 所示。

表 7 - 2　新环境保护法实施前后环境规制与企业环境责任履行差异

分组	ER	ER1	ER2	ER3	ERE	ERE1	ERE2	ERE3	ERE4	ERE5	D
实施前	0. 128	0. 114	0. 697	0. 124	0. 511	0. 508	0. 612	0. 354	0. 462	0. 573	0. 498
实施后	0. 141	0. 083	0. 763	0. 163	0. 528	0. 530	0. 635	0. 359	0. 483	0. 593	0. 513
diff	-0. 013*	0. 031***	-0. 066***	-0. 038**	-0. 017***	-0. 022***	-0. 022***	-0. 004**	-0. 022***	-0. 021***	-0. 0153***
t	1. 763	4. 028	-3. 601	-2. 433	-10. 692	-16. 206	-10. 796	-2. 528	-11. 266	-10. 177	-2. 771

注：***、**、* 分别表示在 1%、5%、10% 统计意义上显著。

如表 7 - 2 所示，在两组样本中，环境规制（ER）、企业环境责任履行（ERE）以及两者间的耦合协调度（D）均存在显著差异，且实施后组的均值都高于实施前组，表明新环境保护法的实施无论是对环境规制和企业环境责任履行，还是对两者间的耦合协调关系都有着显著的改善作用，促进了环境规制、企业环境责任履行以及两者耦合效果的提升。

从环境规制的具体维度来看，三个变量在新环境保护法实施前后的均值都表现出显著的差异。其中，控制类环境规制（ER1）实施后组的均值低于实施前组的均值，表明新环境保护法实施后控制类环境规制均值显著降低。分析可知，控制类环境规制均值下降的原因是在新环境保护法实施后，以往靠工业污染治理投入、排污费入库金额罚款等手段实施的控制类环境规制逐渐由严格的法律规范所代替，即由先污染后治理、后罚款方式，向不污染管控方式转变。结果类环境规制（ER2）实施后组的均值要高于实施前组，表明新环境保护法实施后结果类环境规制与实施前相比均值有显著上升差异。这与新环境保护法严控污染，逐渐取得良好治理效果有关。非正式环境规制（ER3）实施后组的均值要高于实施前组，反映出新环境保护法实施后，社会公众环保意识显著上升的趋势。在环境保护法实施后，新闻媒体等广泛进行了宣传，各种污染问题也及时公之于众，这大大提升了社会公众环境保护行为的关注度，进而使得非正式环境规制水平有所上升。

从企业环境责任履行具体维度来看，五个变量在新环境保护法实施前后的均值也都表现出显著的差异。社会影响（ERE1）、环境管理（ERE2）、环境保护投入（ERE3）、污染排放（ERE4）和循环经济（ERE5）变量实施后组的均值均高于实施前组。首先，社会影响（ERE1）维度的结果表明新环境保护法的实施，使得企业意识到了环境污染的危害和后果，进而降低了由于没有履行环境责任而出现不利社会影响或者不良信誉的现象，提升了企业社会影响方面的得分。其次，环境管理（ERE2）维度的结果表明，在严格的新环境保护法下，企业为了避免违法，加大了环境保护、节能减排、清洁生产等方面的重视程度和管理水平。再次，环境保护投入（ERE3）维度的结果表明，新环境保护法实施后企业当年在环境保护方面的投入和违法的成本都有所增加，这与新环境保护法的实施目的紧密吻合，体现了新环境保护法的效应。另外，污染排放

（ERE4）维度的结果表明，新环境保护法实施后企业污染排放达标情况有显著提升，改善了企业污染的现象，这直接体现了新环境保护法的立法目的。最后，循环经济（ERE5）维度的结果表明，企业面对严格的新环境保护法，加强了环境保护投入和环境管理力度，进而提升了其资源的高效利用和循环利用水平，反映了新环境保护法的重要作用。总的来看，新环境保护法的实施产生了显著的效果，能够显著提升环境规制水平和微观企业环境责任履行。

7.2.3　环境规制与企业环境责任耦合协调度地区分析

基于前面的整体分析，继续按照各省份所处地理位置，将我国的30个省份划分为东部（10）、东北部（3）、中部（6）和西部（11）四大区域，分区域剖析我国2009—2019年环境规制与企业环境责任耦合协调度的变动趋势。

（1）趋势分析

图7-2展示了2009—2019年中国四大区域环境规制与企业环境责任的耦合协调度演进态势。从结果来看，2009—2019年，环境规制系统与企业环境责任系统的耦合协调度基本呈现出幅度较小的稳步上升趋势。区域上呈现出东部 > 中部 > 西部 > 东北部的态势。具体来看，虽然东部和中部地区环境规制和企业环境责任的耦合协调度较高，但与中度协调发展阶段仍有不少差距，尚未达到跨越条件。东部地区两个系统耦合协调度在样本期内增长幅度最大，由样本期初的0.52增长到0.57，增幅达5%，未来发展势头较好，但其耦合协调状态也仍处于中等勉强协调过渡阶段。而东北部地区耦合发展情况最差，其耦合协调度在发展水平和增速上都较低，截至研究期期末（2019年），是唯一耦合协调度未达到0.5的地区，环境规制和企业环境责任系统发展改革压力较大。

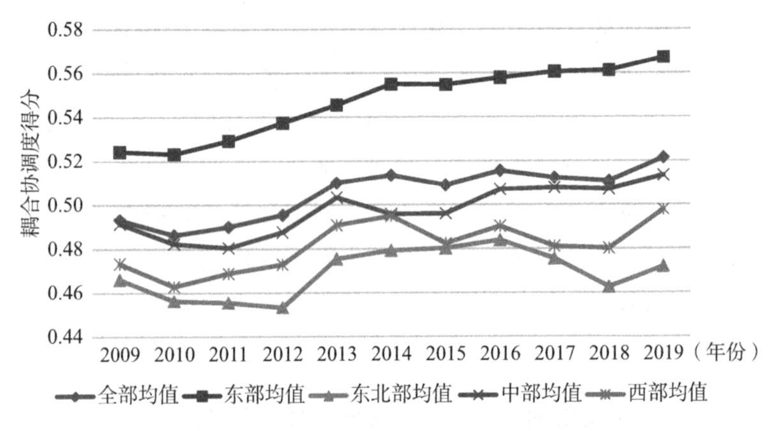

图 7-2 2009—2019 年中国四大区域环境规制与企业环境责任耦合协调度演进态势

（2）变化动因分析

在明确我国四大区域环境规制与企业环境责任耦合协调度变化趋势的基础上，按照年度计算出我国四大区域所包括的各个省份的环境规制与企业环境责任耦合协调度，如表 7-3 所示。通过对 2009—2019 年各个省份环境规制与企业环境责任耦合协调度进行分析，进一步明确我国四大区域环境规制和企业环境责任耦合协调度变动的原因。

从表 7-3 结果来看，东部地区实现勉强协调过渡阶段跨越至中度协调发展阶段的省份占 30%，发展处于高水平勉强协调过渡阶段省份占 20%，处于中等水平勉强协调过渡阶段省份占 40%，处于低水平勉强协调过渡阶段省份占 10%；东北部地区的辽宁、吉林和黑龙江则一直处于低水平勉强协调过渡阶段；中部地区除湖北和湖南处于低水平勉强协调过渡阶段外，其他四个省份都处于中等水平勉强协调过渡阶段；西部地区只有新疆于 2019 年处于高水平勉强协调过渡阶段，其他省份都处于中等水平勉强协调过渡阶段（占 3.33%）和低水平勉强协调过渡阶段（占 58.33%）。

表7-3　各个省份的环境规制与企业环境责任耦合协调度（D）

省份	2009年	2010年	2011年	2012年	2013年	2014年	2015年	2016年	2017年	2018年	2019年	省份均值
东部地区												
北京	0.57	0.57	0.58	0.58	0.59	0.60	0.61	0.62	0.62	0.61	0.63	0.60
天津	0.59	0.59	0.59	0.58	0.59	0.61	0.62	0.61	0.60	0.60	0.61	0.60
河北	0.49	0.49	0.49	0.50	0.52	0.53	0.52	0.51	0.53	0.56	0.54	0.52
上海	0.66	0.66	0.66	0.67	0.67	0.68	0.68	0.69	0.70	0.68	0.69	0.68
江苏	0.52	0.52	0.53	0.53	0.54	0.54	0.55	0.55	0.55	0.56	0.57	0.54
浙江	0.50	0.49	0.50	0.51	0.53	0.53	0.53	0.54	0.53	0.53	0.54	0.52
福建	0.46	0.46	0.47	0.48	0.49	0.50	0.50	0.49	0.49	0.49	0.49	0.48
山东	0.52	0.51	0.52	0.52	0.53	0.54	0.53	0.55	0.55	0.54	0.56	0.53
广东	0.49	0.50	0.50	0.51	0.51	0.52	0.52	0.53	0.53	0.54	0.54	0.52
海南	0.44	0.45	0.47	0.49	0.49	0.50	0.48	0.49	0.50	0.49	0.50	0.48
年度均值	0.52	0.52	0.53	0.54	0.55	0.55	0.55	0.56	0.56	0.56	0.57	0.55
东北部地区												
辽宁	0.49	0.49	0.48	0.48	0.50	0.51	0.49	0.50	0.49	0.48	0.50	0.49
吉林	0.47	0.46	0.45	0.45	0.46	0.48	0.47	0.47	0.47	0.45	0.47	0.47
黑龙江	0.44	0.42	0.43	0.42	0.46	0.45	0.47	0.47	0.46	0.45	0.45	0.45
年度均值	0.47	0.46	0.46	0.45	0.48	0.48	0.48	0.48	0.48	0.46	0.47	0.47
中部地区												
山西	0.56	0.53	0.52	0.52	0.55	0.52	0.52	0.53	0.55	0.53	0.54	0.54
安徽	0.49	0.48	0.48	0.49	0.51	0.50	0.50	0.52	0.51	0.51	0.52	0.50
江西	0.45	0.46	0.46	0.47	0.48	0.48	0.49	0.48	0.49	0.49	0.50	0.48
河南	0.50	0.49	0.50	0.50	0.52	0.52	0.52	0.54	0.53	0.53	0.54	0.52
湖北	0.48	0.47	0.46	0.46	0.48	0.48	0.47	0.49	0.49	0.49	0.50	0.48
湖南	0.47	0.46	0.46	0.47	0.48	0.47	0.48	0.48	0.48	0.48	0.49	0.47
年度均值	0.49	0.48	0.48	0.49	0.50	0.50	0.50	0.51	0.51	0.51	0.51	0.50

续表

省份	2009年	2010年	2011年	2012年	2013年	2014年	2015年	2016年	2017年	2018年	2019年	省份均值
西部地区												
内蒙古	0.49	0.48	0.51	0.49	0.54	0.54	0.50	0.51	0.51	0.50	0.51	0.51
广西	0.46	0.46	0.45	0.45	0.47	0.47	0.48	0.47	0.47	0.48	0.48	0.47
重庆	0.48	0.48	0.47	0.47	0.48	0.48	0.49	0.49	0.50	0.50	0.51	0.49
四川	0.42	0.42	0.44	0.44	0.45	0.45	0.45	0.46	0.46	0.47	0.47	0.45
贵州	0.50	0.49	0.50	0.50	0.51	0.50	0.48	0.48	0.48	0.49	0.50	0.49
云南	0.44	0.44	0.45	0.46	0.47	0.47	0.47	0.46	0.46	0.47	0.48	0.46
陕西	0.48	0.49	0.48	0.48	0.49	0.48	0.48	0.48	0.48	0.48	0.50	0.48
甘肃	0.47	0.47	0.46	0.49	0.48	0.47	0.44	0.47	0.47	0.46	0.46	0.47
青海	0.48	0.43	0.47	0.46	0.47	0.51	0.49	0.52	0.46	0.47	0.49	0.48
宁夏	0.50	0.49	0.50	0.52	0.55	0.57	0.53	0.57	0.53	0.51	0.51	0.52
新疆	0.47	0.44	0.45	0.45	0.49	0.50	0.49	0.49	0.48	0.47	0.56	0.48
年度均值	0.47	0.46	0.47	0.47	0.49	0.49	0.48	0.49	0.48	0.48	0.50	0.48

这种分布发展情况与我国各地的资源禀赋、产业结构以及发展程度密切相关。其中，东部地区大多临海，改革开放比较早，各种改革政策落实得也比较到位。因而东部地区整体上经济发达，产业结构更为合理，环境规制水平也相对较高。从企业角度来看，东部地区上市公司主要涉及战略性新兴产业、电子制造业、信息产业、金融业、先进制造业等行业，涵盖较为全面，产业结构升级明显，东部地区上市公司污染排放少，且扩散较快，环境责任履行压力较小，这造成了东部地区整体企业环境责任履行水平相对较低的现象。因此，在各地区环境规制水平都低于企业环境责任发展水平的大背景下，东部地区的环境规制与企业环境责任之间发展较为接近，差距较小，造成了两者间有着较高耦合协调关系的现象。

东北部地区是我国的老工业基地，有着较长的工业发展历史，长久以来该地区工业以重工业为主，资源消耗大、污染严重等现象普遍存在。在我国经济发展步入新常态后，其产业结构单一、升级缓慢等问题逐渐突出，导致了东北部地区经济的严重下滑。在迫切发展经济的背景下，东北部地区的环境规制水平一直低于其他地区。并且，从上市公司来看，东北部地区的上市公司主要以制造业为主，因此在当地环境规制水平较低，强制性环境监管不高的背景下，企业对环境责任的履行也缺乏监督和动力，表现出较低的企业环境责任水平。因此，东北部地区在环境规制和企业环境责任履行双低的情况下，两个系统间无法产生应有的相互协调促进作用，耦合协调度最低，要落后于其他三大区域。

中部地区6个省份经济发展水平仅次于东部，上市公司总数和各省份平均上市公司数也均排名第2位，有着较好的产业结构布局和产业链分布。另外，该地区内各省份经济发展差距较小，发展较为均衡，并且该地区第二产业占比高，是以工业为支柱产业的地区。在这样的背景下，中部作为以工业为主的地区，为了防控污染和保护环境，其环境规制水平较高，仅次于东部地区。而工业企业在履行环境责任时，又天生比农业和服务业等有劣势（更容易产生污染），于是在相同监管标准和整体重视环境责任的背景下，表现出低于东部的企业环境责任履行水平。于是，在环境规制水平较高，企业环境责任履行水平较低的情况下，中部地区两个系统间差距较小，有着仅次于东部地区的耦合协调水平。

我国西部地区省份众多，幅员辽阔，资源丰富，自然生态基础较好。但该地区经济发展起步较晚，产业链不健全且大多产业位于产业链下游，附加值较低，整体呈现出传统农业、旅游业和现代工业共存发展的特点，产业二元经济结构明显。由于西部地区具有传统农业和旅游业等第一、第三产业占比较高的特点，该地区一直有着优良的自然环境，地方政府对环境问题监管也较为松弛，使得该地区环境规制水平偏低。而从企业来看，虽然西部地区各省份的上市公司数量少，但由于农业和旅游业等企业履行环境责任较为容易，且在所有企业都逐渐重视企业环境责任的背景下，西部地区上市公司也都积极响应实施，表现出来了较高的企业环境责任水平。因此，西部地区的环境规制水平较低，企业环境责任水平偏高，两者之间的差距相对较大，进而使得西部地区两个系统的耦合协调度水平较低。

总的来看，我国四大区域环境规制和企业环境责任之间的耦合协调度与我国整体发展情况类似，虽有所增长，但在研究期内仍都处于勉强协调过渡阶段，未能实现阶段性跨越。各个地区的发展情况也基本与当地的产业结构和经济发展水平相符，有着较为明显的地域特征。

7.2.4 环境规制与企业环境责任耦合协调度省份分析

基于前面的整体分析、地区分析，将进一步就 30 个省份在样本期间内的环境规制与企业环境责任耦合协调度得分及其变化情况进行深入分析。各省份具体耦合协调计算结果如图 7－3 所示。

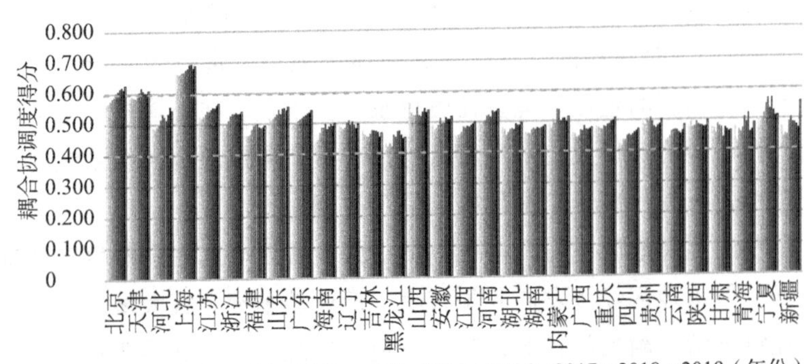

图 7－3　2009—2019 年各省份环境规制与企业环境责任耦合协调度变化情况

从计算结果来看，绝大部分样本省份都保持了增长的发展趋势。截至2019年底，东部的北京、上海和天津（占到全部样本省份的10%）环境规制与企业环境责任的耦合协调度得分达到0.6—0.8，两个系统耦合协调状态实现了阶段跨越，从勉强协调过渡阶段跨越至中度协调发展阶段。其余27个省份（占到全部样本省份的90%）环境规制和企业环境责任的耦合协调度得分均处于0.4至0.6之间，一直处于勉强协调过渡阶段。其中，江苏、新疆和山东三省份耦合协调度得分较为接近跨越点（占全部样本省份的10%），处于高水平勉强协调过渡阶段；辽宁、陕西、湖北、福建、青海、湖南、云南、广西、四川、吉林、甘肃和黑龙江12个省份处于低水平勉强协调过渡阶段（占全部样本省份的40%）；而其他12个省份（占全部样本省份的40%）则都处于中等水平的勉强协调过渡阶段。总的来看，中国各省份环境规制和企业环境责任的耦合协调度基本都处于勉强协调过渡阶段。但现阶段仍有部分省份耦合协调度得分低于0.5，耦合状态较差，存在较大改进空间。

具体来看，东部的上海和北京都是我国最发达的地区，一个是经济中心，一个是政治中心，两地人口素质较高，国际化上市公司云集，政府、社会公众以及企业等对环境问题也认知深刻，环保意识普遍较高。产业上，两地都以第三产业为主（截至2021年，上海和北京的第三产业占比分别为73.3%和81.7%）。并且上海和北京现存的第二产业也基本都以高端制造业和战略性新兴产业为主，产业转型升级水平较高。在此背景下，近年来两地在环境规制上都实施了强有力的措施，水平较高。在较高水平的环境规制推动下，上海和北京的环境规制和企业环境责任协调发展状况较好，耦合度领先于东部及全国其他省份，实现了耦合阶段的跨越。天津地处东部沿海地区，产业结构呈现“第二、第三产业主导”的格局。自2014年中国提出经济发展新常态后，天津在污染治理方面实施了强有力的治理措施，关闭搬离了26000多家企业，集成电路、航空航天、国防军工、重型装备、电子信息、生物医药、精细化工、新材料、新能源等先进产业成为了天津重点发展的行业，产业转型升级效果明显。随着天津环境规制水平的增长，其环境规制和企业环境责任之间的耦合协调度得到较大提升，迈入了中度协调发展阶段。

东北三省（黑龙江、吉林、辽宁）基本都处于低水平勉强协调过渡阶段。这三个省份都是以资源型产业为主的产业结构类型，并且多以重工业为主，产业结构单一。资源消耗大、污染严重等现象普遍存在，这与当地环境规制水平较低，企业自愿履行环境责任的动力不足有关。

中部地区的山西省一直以来都是以工业为主的省份，在较长的一段时间内其产业主要以煤炭产业为基础，形成了以能源原材料为主导，高度依赖煤炭的产业结构。为了 GDP 的增长，山西省在环境规制得分上增长较差（年均增长率为 -2.13%），一直处于较低的环境规制水平。而当地上市公司大多与能源相关，其环境责任履行的情况更容易受到投资者和社会公众的关注，往往为了吸引投资者表现出较好的企业环境责任水平。于是在这两方面的作用下，山西省的环境规制和企业环境责任耦合状况从 2009 年的高水平勉强协调过渡阶段降低到 2019 年的中等水平勉强协调过渡阶段，是中部地区唯一的一个耦合协调度下降的省份。

西部地区耦合较差的省份有 6 个，这些省份经济总量处于全国中下游水平，但在自然环境方面却有着得天独厚的优势。在这样的背景下，这些地区生态环境质量较高，各个上市公司在整体监管下也有着较高的企业环境责任水平。于是，西部一些省份在保持和提高结果类环境规制和非正式环境规制的基础上，适当降低了其控制类环境规制的水平，进而使得其环境规制和企业环境责任之间的耦合协调度有所下降。这种结果与在不同生态环境质量水平下环境规制与企业环境责任之间的耦合作用有关。

从耦合协调度变化的省域差异来看，2009—2019年耦合协调度增长率在15%以上省份只有1个，占样本总数的3.33%，是西部的新疆；增长率在10%—15%之间的省份共6个，占样本总数的20%，其中以东部和西部省份为主；增长在5%—10%之间的省份共8个，占样本总数的26.67%，其中以东部和中部省份为主；增长在0—5%之间的省份共11个，占样本总数的36.67%，其中以西部和东北部省份为主；负增长的省份共4个，占样本总数的13.33%，其中东北部1个、中部1个、西部2个。由此可以看出，绝大部分省份在环境规制和企业环境责任耦合协调发展方面都取得了较好成绩，其中中部和西部增长最快，但西部两极分化现象较为明显，而东部和东北部增长较为平稳，且区域内省份增长较为均衡。

7.3　耦合协调类型与优化路径

由于环境规制水平和企业环境责任水平都会随着时间的变动而变动，具有一定时序性。因此，本书在两者耦合协调度时空分异解析的基础上，又进一步从动态角度分析了两者耦合协调类型的变化，并以此为基础提出相应的优化路径。

为了更好的分析，本部分以环境规制得分排名为纵向坐标（y），以企业环境责任得分排名为横坐标（x），绘制了2009年、2012年、2016年和2019年环境规制和企业环境责任综合排名散点图（排名范围为［1，30］，排名越高表明水平越高），具体如图7-4所示。

图7-4将2009年、2012年、2016年和2019年的散点图分为了4个象限，第Ⅰ象限属于环境规制和企业环境责任排名双高型地区；第Ⅱ象限属于环境规制排名低、企业环境责任履行排名高的低

高型地区；第Ⅲ象限属于环境规制和企业环境责任履行排名双低型地区；第Ⅳ象限属于环境规制排名高，企业环境责任履行排名低的高低型地区。

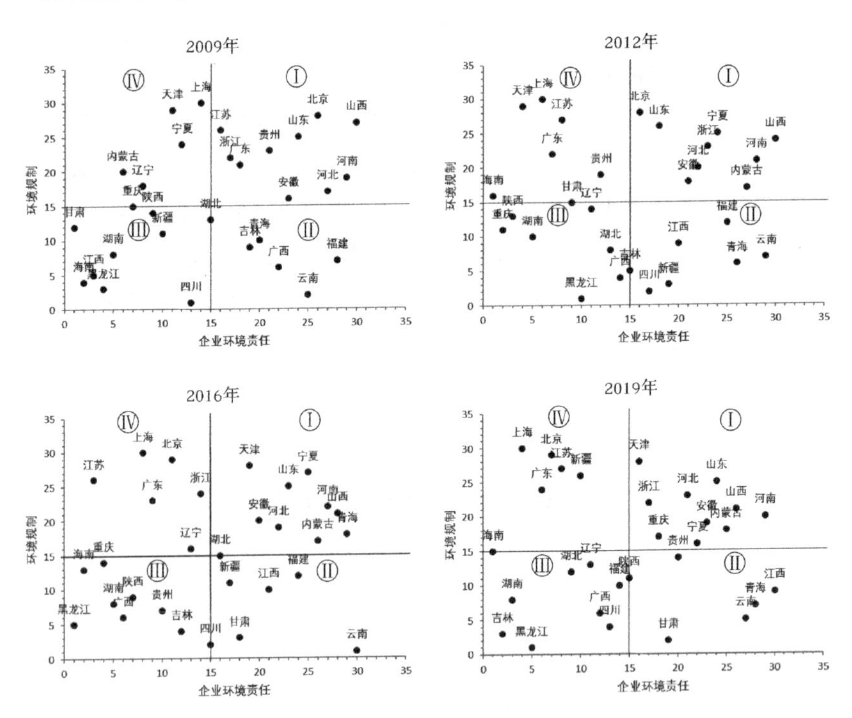

图 7－4　2009 年、2012 年、2016 年和 2019 年环境规制与企业环境责任综合排名散点图

首先，通过第Ⅰ象限的双高型地区可知，2009 年有江苏、浙江、广东、贵州、安徽、山东、北京、河北、河南和山西 10 个省份是双高型地区；2012 年有北京、山东、宁夏、浙江、山西、河北、河南、安徽和内蒙古 9 个省份是双高型地区；2016 年有山东、河南、安徽、河北、山西、内蒙古、宁夏、天津、青海 9 个省份是双高型地区；2019 年有河北、浙江、山西、河南、安徽、内蒙古、宁夏、天津、山东和重庆 10 个省份是双高型地区。可以看出，中国双高型省份的数量基本保持不变。结构上从2009年主要集中在东部地区，发展到2019年东部、中部和西部三个地区均匀分布。这个区域的省份的环境规制和企业环境责任水平都处于前列，有着较好的发展前景。环境规制促进了企业社会责任的提升，企业环境责任的提升又有效地促进了地区环境规制水平的增长，两者逐渐向着良性协调的方向发展。在未来，这些省份应该继续保持良好的优势和已有的政策基础，继续提升环境规制和企业环境责任水平，促进两个系统的协调发展。

其次，通过第Ⅱ象限的低高型地区可知，2009年有青海、吉林、广西、福建和云南5个省份处于低高型地区；2012年有福建、江西、云南、青海、新疆和四川6个省份处于低高型地区；2016年有福建、新疆、江西、甘肃和云南5个省份处于低高型地区；2019年有贵州、江西、青海、云南和甘肃5个省份处于低高型地区。这些省份的企业环境责任得分较高，但是环境规制水平却较低。进一步分析可知，这些地区大部分处于西部，经济发展水平较低。于是，在拥有较好环境基础的背景下，当地为了经济发展会保持较低的环境规制水平。另外，由于社会公众和投资者对处于环境较好地区企业的环境行为更加敏感，使得这些地区的上市公司往往会表现出较高的企业环境责任。在未来，这些地区应以加强环境规制为重点，不断促进产业结构优化转型，引进更多的绿色项目和绿色产业，进而实现环境规制和企业环境责任的耦合协调发展。

再次，通过第Ⅲ象限的双低型地区可知，2009年有新疆、陕西、四川、甘肃、湖南、江西、海南和黑龙江8个省份处于双低型地区；2012年有陕西、重庆、湖南、黑龙江、湖北、广西和辽宁7个省份处于双低型地区；2016年有重庆、海南、黑龙江、湖南、陕西、广西、贵州和吉林8个省份处于双低型地区；2019年有湖南、吉林、黑龙江、湖北、辽宁、福建、广西和四川8个省份处于双低型地区。这些地区在环境规制和企业环境责任履行方面都表现出较差的水平。通过图 7－4 可以看出，样本期间双低型省份数量没有降低，并且有多个经济发展水平较高地区相继进入双低型区域。这反映出我国部分省份根深蒂固的粗放式发展思路，建议这些地区应该高度关注环境污染问题，加大环境规制力度，采取多样化的环境规制工具，引导企业自觉履行环境责任，加快产业结构转型升级，进而实现环境规制和企业环境责任履行双增长的目标。

最后，通过第Ⅳ象限的高低型地区可知，2009 年有上海、天津、宁夏、内蒙古、辽宁和重庆 6 个省份处于高低型地区；2012 年有天津、上海、江苏、广东、贵州、海南和甘肃 7 个省份处于高低型地区；2016 年有上海、北京、江苏、广东、浙江和辽宁 6 个省份处于高低型地区；2019 年有上海、北京、江苏、新疆和广东 5 个省份处于高低型地区。这些省份有着较高的环境规制水平，但企业环境责任得分却较低。分析可知，上述地区经济发展水平较高，并且有着较为先进的产业布局，已脱离了粗放式发展模式，且这些地区的政府和社会公众往往都有着较高的环境意识，即环境规制水平较高。此外，这些地区的企业绝大多数都已经实现了转型，并且也都以高科技、服务业、金融业等产业为主，基本不存在环境污染问题。因此这些地区的企业缺乏进行环境责任履行的污染背景，环境责任履行水平较低。未来这些地区应该在继续保持现有环境规制水平基础上，尽快督促和辅导相应企业从不同方面和维度履行环境责任。

7.4 耦合协调发展收敛性及支撑要素异质性分析

7.4.1 耦合协调发展收敛性分析

为了进一步分析我国区域环境规制和企业环境责任系统间耦合

协调差异的走向，本书基于σ收敛分析法，对中国各地区耦合协调度进行了收敛分析。σ收敛分析法为：

$$\sigma_t = \{N^{-1}\sum_{m=1}^{N}[X_m(t) - [N^{-1}\sum_{k=1}^{N}X_k(t)]]^2\}^{\frac{1}{2}} \tag{7-3}$$

其中，$X_m(t)$ 表示 m 省份在第 t 年时候的耦合协调度，$m \in [1, 30]$，$t \in [1, 30]$，N 代表省份总数，等于 30。σ_t 能够反映耦合协调度的差距，当 $\sigma_{t+1} < \sigma_t$ 时，表明差距减小。计算结果如图 7-5 所示。

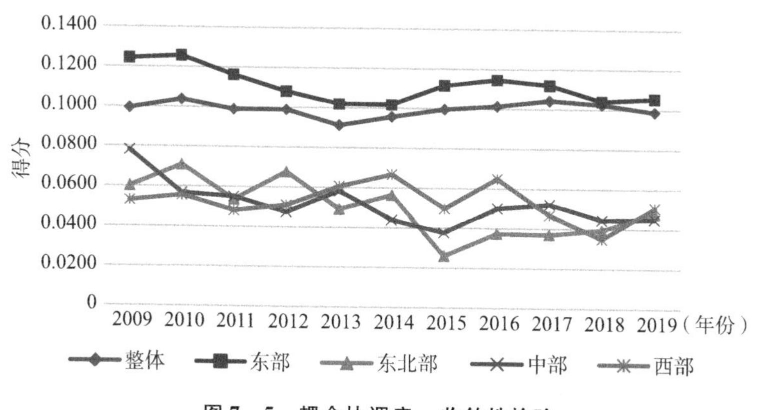

图 7-5 耦合协调度σ收敛性检验

通过图 7-5 可以看出，整体耦合协调度差异呈现出波动下降的趋势，即中国各省份的环境规制和企业环境责任耦合协调度差异在逐渐缩小。东部、东北部、中部和西部地区两个系统耦合协调差异都呈现出波动下降趋势，其中中部地区耦合协调差异在样本期内波动下降幅度最大，也是 2019 年耦合协调差异度最小的地区。东部地区耦合协调度差异一直处于高位，但呈下降趋势，差异度逐年降低。东北部地区耦合协调度差异在样本期内也下降较多，耦合协调度发展状况较为均衡。西部地区两个系统耦合协调差异基本也呈波动下降趋势，但最终其波动下降幅度最小，相比 2009 年，2019 年耦合协调差异的变化并不大。

7.4.2 耦合协调发展支撑要素异质性分析

在环境规制和企业环境责任耦合协调度计算的基础上，为了进一步分析影响两者耦合协调关系的主要支撑要素以及这些要素的异质性，本部分就整体、东部、东北部、中部和西部区域展开了耦合协调度支撑要素的异质性分析。

根据研究目的，将上文计算的2009—2019年的环境规制和企业环境责任耦合协调度（D）作为解释变量，将环境规制系统（ER）与企业环境责任系统（ERE）两个系统中的各一级指标作为解释变量，即解释变量包括控制类环境规制（ER1）、结果类环境规制（ER2）、非正式环境规制（ER3）、社会影响（ERE1）、环境管理（ERE2）、环境保护投入（ERE3）、污染排放（ERE4）和循环经济（ERE5）指标。最终，构建面板模型为：

$$D_{i,t} = \alpha + \beta_1 ER1_{i,t} + \beta_2 ER2_{i,t} + \beta_3 ER3_{i,t} + \beta_4 ERE1_{i,t} + \beta_5 ERE2_{i,t} + \beta_6 ERE3_{i,t} + \beta_7 ERE4_{i,t} + \beta_8 ERE5_{i,t} + \varepsilon_{i,t} \quad (7-4)$$

其中，α为常数项，β_1、β_2、β_3、β_4、β_5、β_6、β_7和β_8为解释变量的回归系数，$\varepsilon_{i,t}$为随机误差项。

本面板数据（$T=11$，$N=30$）属于短面板数据，且$N \gg T$，可以认为面板数据是平稳的，并且通过相关性分析和方差膨胀因子检验，各变量间也不存在严重的多重共线性，因此可以进行面板数据分析。

另外，为确定具体模型，本书首先进行了Hausman检验，Hausman检验结果显示各模型P值都小于0.05，支持采用固定效应模型进行回归。因此，本书使用Stata 16软件，基于固定效应模型对整体、东部、东北部、中部和西部地区的两个系统耦合协调度支撑要素的异质性进行了回归分析，结果见表7-4。

表7-4　　　　耦合协调度支撑要素回归分析结果

变量	耦合协调度（D）				
	整体	东部	东北部	中部	西部
ER1	0.312***	0.251***	0.456***	0.345***	0.329***
	22.73	6.81	13.83	11.55	23.42
ER2	0.020***	0.029**	0.024	0.01	0.01
	3.97	2.58	1.95	1.63	0.96
ER3	0.230*	0.133	0.587**	0.540***	0.587***
	1.91	1.12	7.39	13.18	12.3
ERE1	0.234***	0.359**	0.345***	0.048	0.120**
	3.16	2.76	34.92	0.56	2.9
ERE2	0.102***	0.007	0.062	0.022	0.085*
	3.05	0.08	0.48	0.25	2.14
ERE3	0.103***	0.117**	-0.071	0.024	0.069
	2.77	2.48	(-1.30)	0.34	1.18
ERE4	0.116**	-0.012	0.08	0.001	0.043
	2.49	(-0.15)	0.46	-0.02	-0.83
ERE5	0.156**	0.437**	-0.06	0.228**	0.042
	2.53	2.92	(-0.41)	2.94	0.73
_cons	0.06	-0.003	0.170**	0.214***	0.204***
	1	(-0.04)	4.38	13.95	7.31
R^2	0.7721	0.8516	0.9984	0.9747	0.9741
N	330	110	33	66	121
F	232.46	58.03	32.59	85.41	234.22

注：***、**、*分别表示在1%、5%、10%统计意义上显著。

从表7-4可以看出，整体上环境规制和企业环境责任两个系统耦合协调度由控制类环境规制（ER1）、结果类环境规制（ER2）、非正式环境规制（ER3）、社会影响（ERE1）、环境管理（ERE2）要素、环境保护投入（ERE3）、污染排放（ERE4）和循环经济（ERE5）等支撑要素驱动。其中，控制类环境规制（ER1）、结果类环境规制（ER2）、社会影响（ERE1）、环境管理（ERE2）要素和环境保护投入（ERE3）在1%的水平上显著；污染排放（ERE4）和循环经济（ERE5）在5%的水平上显著，非正式环境规制（ER3）在10%的水平上显著，且都具有正向贡献。经过分析可知，现阶段两个系统耦合协调处于勉强协调过渡阶段，耦合水平较低，并且属于环境规制滞后型。因此，无论是环境规制系统指标，还是企业环境责任系统指标都对两个系统耦合协调发展有着积极的作用。

从东部地区来看，控制类环境规制（ER1）、结果类环境规制（ER2）、社会影响（ERE1）、环境保护投入（ERE3）和循环经济（ERE5）五个指标是支撑两个系统耦合提升的主要因素。因此，东部省份应该继续全面增强宏观环境规制的力度，并且还应该敦促域内企业加强环境保护投入以及加强循环经济发展力度。

从东北部地区来看，控制类环境规制（ER1）、非正式环境规制（ER3）和社会影响（ERE1）三个支撑要素对两个系统耦合协调度具有显著的促进作用。分析可知，提升工业污染治理投资额、加大排污处罚力度、出台相关环境法规等控制类环境规制和非正式环境规制，以及提升企业社会影响等因素是东北部地区现阶段提升两个系统耦合的重点实施措施。

从中部地区来看，控制类环境规制（ER1）、非正式环境规制（ER3）和循环经济（ERE5）三个支撑要素对两个系统耦合具有显著的促进作用。可以看出，中部地区两个系统耦合仍需从全面环境规制入手，而企业方面的环境影响和污染排放治理也发挥着重要的作用。

从西部地区来看，其和我国整体情况类似，控制类环境规制（ER1）、非正式环境规制（ER3）、社会影响（ERE1）、环境管理（ERE2）等支撑要素对两个系统耦合具有显著的驱动作用。即要

对环境规制和企业环境责任全方位大力发展，来促进两者耦合协调度的提升。

7.5　本章小结

本章对环境规制与企业环境责任的耦合状况进行了测算与分析，检验了新环境保护法的执行效果，为提升两者耦合状态、促进两者协调发展提供了参考。首先，本章构建了环境规制与企业环境责任耦合的测度模型，并从整体、地区、省域三个层面进行分析，判断了宏观政策的执行效果；其次，对环境规制与企业环境责任耦合的类型进行划分，结合不同类型提出相应的优化建议；最后，分析环境规制与企业环境责任耦合协调发展的收敛性和支撑要素的异质性。研究发现：①2009—2019年，我国环境规制和企业环境责任耦合协调度稳步增长，但增长幅度不大；②新环境保护法的实施无论是对环境规制和企业环境责任履行，还是对两者间的耦合协调关系都有着显著的改善作用；③我国环境规制系统发展整体落后于企业环境责任系统，环境规制水平较低是影响两者耦合协调的主要因素；④2009—2019年，我国省份层面环境规制系统与企业环境责任系统的耦合协调度都保持了持续增长的发展趋势，整体上呈现出东部>中部>西部>东北部的态势；⑤环境规制和企业环境责任两个系统耦合协调度在不同地区的支撑要素有所差异，但控制类环境规制是促进各个地区耦合协调发展的重要因素，需要进一步加强。

环境规制与企业环境责任履行耦合协调的空间异质性分析

本章主要探讨三个问题：一是中国各区域环境规制与企业环境责任履行之间的耦合协调性是否存在空间差异。二是如果存在空间差异，不同区域之间的耦合协调度是否存在空间关联性。三是如果各地区环境规制与企业环境责任履行之间的耦合协调性存在空间关联性，那么受邻近省份影响，各省份耦合协调度发生转换的概率为多少。为解决上述三个问题，本章采用以下三种检验方法进行验证。

8.1 研究方法

8.1.1 Theil 指数

目前测算地区差异性的方法有很多，常用的方法包括变异系数法、差异系数法、基尼系数法、Theil 指数法等，不同方法存在差异。相比其他的方法，Theil 指数法可以将地区差异进一步细分为总体差异、区域内差异和区域间差异，以衡量组内差距和组间差距对总差距的贡献。因此，通过 Theil 指数验证东部、中部、西部以及东北部四个区域环境规制与企业环境责任履行之间的耦合协调性是否存在空间差异以及差异大小。为了详细剖析环境规制与企业环境责任履行之间的耦合协调性空间差异性，将 Theil 指数进一步划分为各区域内差异和区域间差异两类。其中，各区域内差异是指每个区域内各省份之间的耦合协调性是否存在差异以及差异大小。区域间差异是指四个区域之间的耦合协调性是否存在差异以及差异大小。

Theil 指数的计算方法如下：

$$Theil = T_W + T_B \tag{8-1}$$

$$T_W = \sum_{i=1}^{n_e} T_i \ln\left(n_e \frac{T_i}{T_e}\right) + \sum_{i=1}^{n_m} T_i \ln\left(n_m \frac{T_i}{T_m}\right) + \sum_{i=1}^{n_w} T_i \ln\left(n_W \frac{T_i}{T_w}\right) + \sum_{i=1}^{n_{en}} T_i \ln\left(n_{en} \frac{T_i}{T_{en}}\right) \tag{8-2}$$

$$T_B = \ln\left(T_e \frac{n}{n_e}\right) \sum_{i=1}^{n_e} T_i \ln\left(n_e \frac{T_i}{T_e}\right) + \ln\left(T_m \frac{n}{n_m}\right) \sum_{i=1}^{n_m} T_i \ln\left(n_m \frac{T_i}{T_m}\right) + \ln\left(T_w \frac{n}{n_w}\right) \sum_{i=1}^{n_w} T_i \ln\left(n_w \frac{T_i}{T_w}\right) + \ln\left(T_{en} \frac{n}{n_{en}}\right) \sum_{i=1}^{n_{en}} T_i \ln\left(n_{en} \frac{T_i}{T_{en}}\right) \tag{8-3}$$

上述公式中，T_W 为东部、中部、西部、东北部四大区域内差异，T_B 为东部、中部、西部、东北部四大区域间差异，n 为空间观测单元数，n_e、n_m、n_w、n_{en}分别为东部、中部、西部、东北部区域内部的观测单元数，T_i 为 i 观测单元耦合协调性占全国的比重，T_e、T_m、T_w、T_{en}分别为东部、中部、西部、东北部区域内部耦合协调性分别占全国的比重。

8.1.2　空间自相关分析

空间自相关是指某地理单元的属性数据与其周围地理单元的属性数据具有一致性或相反性特征，即在空间相互作用和空间扩散作用的影响下，不同地理单元的属性数据不再相互独立，而是存在相互作用。本部分通过空间自相关分析，考察30个省（自治区、直辖市）环境规制与企业环境责任履行之间的耦合协调性是否存在空间依赖，即各省份的耦合协调性与其他省份的耦合协调性是否存在内在关联以及关联程度和方向。

常见的空间自相关分析包含全局自相关和局部自相关两种。全局自相关是指整个区域在总体上存在集聚的特性和空间关联性。局部自相关是指某一特定区域中的分析对象与其相邻地区的研究对象存在一定的集聚性。此时，具有空间关联性的不是整个区域，而是区域中的部分省份。由于环境规制具有空间性、实践性和扩散性等特点，并且我国相邻省份之间行政管理政策具有一定的同质性和推广效应，导致环境规制政策在不同区域间存在相互影响。因此，可通过全局自相关分析来反映不同地理单元之间耦合协调性的平均关联程度及其显著性，从整体上揭示环境规制与企业环境责任履行之间的耦合协调性的空间分布情况。

进行全局空间自相关检验常用的检验工具为 Goble Moran's I 指数，具体计算式为：

$$\text{Moran's I} = \frac{\sum_{i=1}^{n}\sum_{j=1}^{n} W_{ij}(x_i - \bar{x})(x_j - \bar{x})}{S^2 \sum_{i=1}^{n}\sum_{j=1}^{n} W_{ij}} \tag{8-4}$$

式（8-4）中，$S^2 = \frac{1}{n}\sum_{i=1}^{n}(x_i - \bar{x})^2$，$\overline{x_i} = \frac{1}{n}\sum_{i=1}^{n} x_i$，$x_i$ 为省份 i 的环境规制强度，n 为省份个数，W_{ij} 为空间权重矩阵。本章通过 Stata 软件进行 Moran 检验。如果 P 值小于 10%，说明通过显著性检验，各省份环境规制与企业环境责任履行之间的耦合协调性存在空间自相关性。某省份耦合协调性会影响邻近省份耦合协调性的制定，同时，临近省份的耦合协调性变化也会影响本省的耦合协调性。

Moran's I 指数取值范围为 [-1, 1]。Moran's I 指数为正值说明各区域空间正相关，即耦合协调性相似的省份存在集聚性，某省份耦合协调性变动与邻近省份耦合协调性变动趋势正相关。当某省份耦合协调性上升时，会导致邻近省份更加重视环境治理，提高耦合协调性；同时，邻近省份加强环境政策管理也会导致本省耦合协调性上升。Moran's I 指数为负值说明空间负相关，即耦合协调性相似的省份存在分散现象，某省份耦合协调性变动与邻近省份耦合协调性变动趋势负相关。当某省份耦合协调性上升时，会导致邻近省份放松环境政策管理；同时，邻近省份加强环境政策管理也会引导本省耦合协调性下降。Moran's I 指数为 0 表示不存在空间自相关，各省份耦合协调性不影响邻近区域耦合协调性或者影响程度较低，并且也不受到邻近企业耦合协调性影响。Moran's I 指数绝对值越大表明空间关联程度越强，即某省份耦合协调性的变化导致邻近省份耦合协调性的同向变动幅度变大。

8.1.3　空间马尔可夫链

俄国数学家安德雷·马尔可夫提出的马尔可夫链是对一组离散的时间和状态，通过构建不同状态相互转化的概率分布矩阵来反映事物发展的状态和变化的趋势。传统马尔可夫链可以考察某省份环境规制与企业环境责任履行之间的耦合协调性在研究期内从某一强度转移到另一个强度的概率，可以分析出各省份耦合协调性转移的状态，包括各省份耦合协调性是否稳定不变、强度提升还是下降、转移强度等级跨度多大等。但受地理单元位置的影响，一个区域的耦合协调性并不是独立的、非记忆性、完全随机的，而是受相邻地理单元的区域现象作用和影响。因此，需引入空间滞后概念以考察考虑空间邻近因素后，某地理单元的属性数据在不同的地理背景条件下发生转移的概率。即在考虑邻近省份耦合协调性影响后，各省份耦合协调性提升或降低的概率。

本部分根据大小排序按照四分位数将各省份环境规制与企业环境责任履行之间的耦合协调性分成不同等级，以某省份的领域状态代表该省的空间滞后值，构建研究区域各地理单元空间权重矩阵，把传统马尔可夫链的 $M \times M$ 阶状态转移概率矩阵分解为 M 个 $M \times M$ 转移条件概率矩阵，以分析耦合协调性提升或下降与空间地理背景之间的内在关系，从而分析所研究省份及其内部耦合协调性空间溢出性规律。本部分按 30 个省（自治区、直辖市）的耦合协调度在初始年份的空间滞后效率值来分类确定滞后条件，空间滞后条件通过耦合协调性和空间权重矩阵的乘积来计算，即 $\sum W_{ij}X_j$，其中 X_j 表示某地区的耦合协调性，W_{ij} 表示空间权重矩阵元素，具体转移矩阵如表 8-1 所示。

表 8-1　空间马尔可夫链状态转移矩阵（假设 M=4）

空间滞后	t/t+1	1	2	3	4
1	1	$X_{11/1}$	$X_{12/1}$	$X_{13/1}$	$X_{14/1}$
	2	$X_{21/1}$	$X_{22/1}$	$X_{23/1}$	$X_{24/1}$
	3	$X_{31/1}$	$X_{32/1}$	$X_{33/1}$	$X_{34/1}$
	4	$X_{41/1}$	$X_{42/1}$	$X_{43/1}$	$X_{44/1}$
2	1	$X_{11/2}$	$X_{12/2}$	$X_{13/2}$	$X_{14/2}$
	2	$X_{21/2}$	$X_{22/2}$	$X_{23/2}$	$X_{24/2}$
	3	$X_{31/2}$	$X_{32/2}$	$X_{33/2}$	$X_{34/2}$
	4	$X_{41/2}$	$X_{42/2}$	$X_{43/2}$	$X_{44/2}$
3	1	$X_{11/3}$	$X_{12/3}$	$X_{13/3}$	$X_{14/3}$
	2	$X_{21/3}$	$X_{22/3}$	$X_{23/3}$	$X_{24/3}$
	3	$X_{31/3}$	$X_{32/3}$	$X_{33/3}$	$X_{34/3}$
	4	$X_{41/3}$	$X_{42/3}$	$X_{43/3}$	$X_{44/3}$
4	1	$X_{11/4}$	$X_{12/4}$	$X_{13/4}$	$X_{14/4}$
	2	$X_{21/4}$	$X_{22/4}$	$X_{23/4}$	$X_{24/4}$
	3	$X_{31/4}$	$X_{32/4}$	$X_{33/4}$	$X_{34/4}$
	4	$X_{41/4}$	$X_{42/4}$	$X_{43/4}$	$X_{44/4}$

通过比较传统马尔可夫转移概率矩阵和空间马尔可夫转移概率矩阵，可以分析耦合协调性提升或下降与空间地理背景之间的内在关系，从而分析所研究省份及其内部耦合协调性空间溢出性规律。

8.2　耦合协调性的空间异质性分析

8.2.1　各区域 Theil 指数分析

为了更好地分析各地区环境规制与企业环境责任履行之间耦合协调性的空间差异，本部分依据各省份地理位置，将我国划分为东部、中部、西部和东北部地区。东部地区包括北京、天津、河北、上海、江苏、浙江、福建、山东、广东、海南；中部地区包括山西、安徽、江西、河南、湖北、湖南；西部地区包括内蒙古、广西、重庆、四川、贵州、云南、陕西、甘肃、青海、宁夏、新疆；东北部地区包括辽宁、吉林、黑龙江。通过计算整体及四大区域的 Theil 指数，结果见表 8－2 和图 8－1，衡量各省份环境规制与企业环境责任履行之间耦合协调性的总体差异、四个区域之间的耦合协调性组间差异及区域内部各省份之间的耦合协调性组内差异，并甄别环境规制与企业环境责任履行耦合协调性的总体差异是源于区域内差异还是区域间差异。

表 8－2　环境规制与企业环境责任履行之间耦合协调性的 Theil 指数结果

年份	Theil	区域间差异		区域内差异	
		T_B	贡献率	T_W	贡献率
2010	0.00496	0.00157	31.76%	0.00338	68.24%
2011	0.00450	0.00168	37.30%	0.00282	62.70%
2012	0.00452	0.00195	43.01%	0.00258	56.99%

续表

年份	Theil	区域间差异		区域内差异	
		T_B	贡献率	T_W	贡献率
2013	0.00386	0.00131	33.91%	0.00255	66.09%
2014	0.00424	0.00165	38.96%	0.00259	61.04%
2015	0.00456	0.00204	44.88%	0.00251	55.12%
2016	0.00473	0.00176	37.18%	0.00297	62.82%
2017	0.00500	0.00240	47.97%	0.00260	52.03%
2018	0.00486	0.00271	55.71%	0.00215	44.29%
2019	0.00454	0.00212	46.75%	0.00241	53.25%

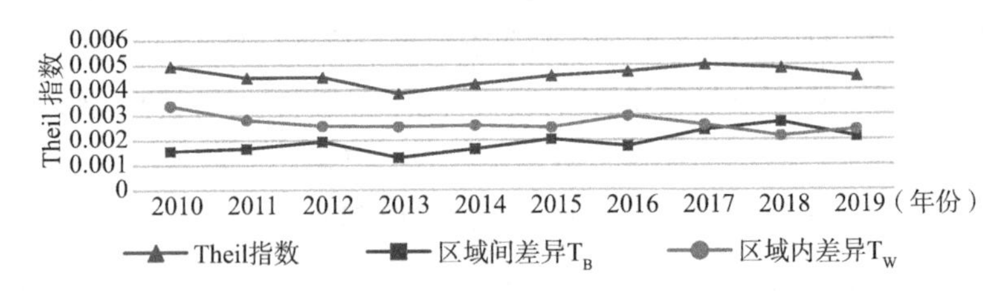

图 8-1 环境规制与企业环境责任履行之间耦合协调性的 Theil 指数结果

依据表 8-2 和图 8-1 分析我国环境规制与企业环境责任履行之间耦合协调性的空间差异变化趋势，可以看出：①2010—2013年中国环境规制与企业环境责任履行之间耦合协调性的 Theil 指数下降 22.11%，说明环境规制与企业环境责任履行之间耦合协调性的空间差异出现大幅下降，各区域以及各省份间耦合协调性差异基本保持减少趋势；②2014—2017 年中国环境规制与企业环境责任履行之间耦合协调性的 Theil 指数又逐渐回升，说明各区域以及各省份间环境规制与企业环境责任履行之间耦合协调性的空间差异被再次拉大。2017 年我国环境规制与企业环境责任履行之间耦合协调性的空间差异达到最高值，说明该年各区域或者各省份间耦合协调性差异大幅提高；③2018—2019 年中国环境规制与企业环境责任履行之间耦合协调性的Theil指数再次回落，说明耦合协调性的空间差异出现大幅下降。通过分析2010—2019年Theil指数值的变化趋势，可以发现我国环境规制与企业环境责任履行之间空间差异波动性较大。

依据表8-2和图8-1分析我国环境规制与企业环境责任履行之间耦合协调性存在空间差异的原因。（1）通过计算区域间差异T_B占Theil指数值的比重以及区域内差异T_W占Theil指数值的比重，可以得到区域间差异与区域内差异对耦合协调性空间差异的贡献度。贡献度越高，说明该因素对耦合协调性存在空间差异的推动作用越明显，是引起耦合协调性存在空间差异的原因。如表8-2和图8-1所示，区域内差异贡献度基本保持在50%以上，说明区域内各省份之间的耦合协调性差异是我国环境规制与企业环境责任履行之间耦合协调性存在空间差异的主要原因。（2）区域内差异贡献度基本保持下降趋势。2010—2013年耦合协调性的区域内差异T_W逐渐下降，四大区域内部各省份之间的耦合协调性逐渐保持一致，环境规制的有效性趋于一致。但随着耦合协调性的区域内差异逐渐下降，区域内差异T_W占总差异的比重也由68.24%下降至56.99%。此时，耦合协调性的区域内差异的下降推动2010—2013年中国环境规制与企业环境责任履行之间耦合协调性存在的空间差异逐渐减少。（3）区域间差异贡献度基本保持上升趋势。2014—2019年区域间差异T_B逐渐上升，四大区域之间的耦合协调性差异逐渐拉大，环境规制的有效性存在差异。但随着耦合协调性的区域间差异逐渐上升，区域间差异T_B占总差异的比重也由33.91%上升至46.75%，四大区域之间的耦合协调性差异逐渐上升，也推动耦合协调度在2018年达到峰值（55.71%），说明当年耦合协调性空间差异中的55.71%是由四大区域之间的差异导致的。此时，耦合协调性区域间差异的上升推动了2014—2019年中国环境规制与企业环境责任履行之间耦合协调性存在的空间差异逐渐上升。

8.2.2 区域间差异分析

为了进一步分析我国环境规制与企业环境责任履行之间耦合协调性空间差异波动性较大的原因，本部分进一步根据经济区域内各省份耦合协调度的均值衡量四大区域的环境规制与企业环境责任履行之间耦合协调性，分析四大区域耦合协调性的变动趋势，并比较四个区域耦合协调性的空间差异。

（1）区域间差异变动趋势分析

以2010—2019年区域内各省份环境规制与企业环境责任履行之间耦合协调性的均值，评价四个区域的环境规制强度差异，如表8－3所示。

表8－3　四大区域的耦合协调性

区域	2010年	2011年	2012年	2013年	2014年	2015年	2016年	2017年	2018年	2019年	均值
东部	0.5233	0.5292	0.5374	0.5455	0.555	0.5547	0.5578	0.5605	0.5612	0.5671	0.5492
中部	0.4822	0.4804	0.4875	0.5033	0.4957	0.496	0.507	0.5079	0.5072	0.5134	0.4981
西部	0.4629	0.4688	0.4729	0.4907	0.4948	0.4824	0.4902	0.481	0.4801	0.4977	0.4822
东北部	0.4563	0.4555	0.4533	0.4754	0.4792	0.4802	0.4839	0.4755	0.4626	0.4718	0.4694
全国	0.4862	0.4900	0.4954	0.5099	0.5135	0.509	0.5155	0.5123	0.5108	0.5214	0.5064
标准差	0.0496	0.0477	0.0482	0.0457	0.0483	0.0499	0.0514	0.0526	0.0515	0.0507	0.0496

表8－3中，东部地区2010—2019年耦合协调性均值为0.5492，环境规制与企业环境责任履行之间耦合协调性最高；东北部地区2010—2019年耦合协调性均值为0.4694，环境规制与企业环境责任履行之间耦合协调性最低；中部地区和西部地区2010—2019年耦合协调性均值分别为0.4981和0.4822，环境规制与企业环境责任履行之间耦合协调性分别排名第二、第三。因此，四个区域环境规制与企业环境责任履行之间耦合协调性存在显著差异，整

体上呈现“东—中—西—东北”递减的规律。

（2）区域间差异的原因分析

表8－3第6行列示了四个区域环境规制与企业环境责任履行之间耦合协调性的标准差。标准差是各数据偏离平均数的偏离程度，能反映一个数据集的离散程度。标准差越大说明区域之间耦合协调性的差异越大。通过分析四个区域之间耦合协调性的标准差，可以看出从2010年至2013年，四个区域之间的耦合协调性差异基本呈现下降趋势；2014年至2019年四个区域之间的耦合协调性差异基本呈现上升趋势。耦合协调性差异变动趋势与区域间差异 T_B 变动趋势基本保持一致。

①2010—2013年区域间耦合协调性差异下降的原因。

2010—2013年区域间耦合协调性差异下降的原因主要在于中部、西部、东北部地区环境规制与企业环境责任履行之间耦合协调性大幅上升，缩短了与东部地区耦合协调性的差距，导致四个区域耦合协调性趋于一致，空间差异性下降。如前文中环境规制与企业环境责任履行之间耦合协调性影响因素的分析，GDP、产业结构、收入、城镇率和外资利用程度是影响耦合协调度的关键因素。几个因素共同作用导致东部地区环境规制与企业环境责任履行之间耦合协调性远高于其余三个地区。表8－4和表8－5展示了四个区域GDP和非农业GDP比重的变动趋势。

表8－4　　四个区域GDP变动趋势

年度	东部地区		中部地区		西部地区		东北部地区	
	GDP	增速（%）	GDP	增速（%）	GDP	增速（%）	GDP	增速（%）
2010	223387.7	17.57	85993.1	21.48	76161.7	20.51	28615.1	12.35
2011	259908.9	16.35	103940.0	20.87	92935.0	22.02	34024.5	18.90
2012	283480.2	9.07	115592.5	11.21	105737.9	13.78	37542.4	10.34

续表

年度	东部地区		中部地区		西部地区		东北部地区	
	GDP	增速（%）	GDP	增速（%）	GDP	增速（%）	GDP	增速（%）
2013	310695.1	9.60	127427.1	10.24	118538.5	12.11	40485.8	7.84
2014	336238.2	8.22	138980.4	9.07	129982.9	9.65	42163.0	4.14
2015	364282.5	8.34	148415.2	6.79	137983.0	6.15	41918.3	-0.58
2016	396109.7	8.74	161098.5	8.55	149852.9	8.60	42714.5	1.90
2017	437173.0	10.37	180259.3	11.89	168387.1	12.37	44928.0	5.18
2018	476378.3	8.97	200973.1	11.49	187606.9	11.41	47610.8	5.97
2019	509770.4	7.01	217515.3	8.23	203210.5	8.32	50126.5	5.28

表8-5　　四个区域非农业GDP比重变动趋势

年度	东部地区		中部地区		西部地区		东北部地区	
	比重	增速（%）	比重	增速（%）	比重	增速（%）	比重	增速（%）
2010	93.74		87.79		86.65		87.11	
2011	93.84	0.11	88.44	0.75	86.93	0.32	86.79	-0.36
2012	93.91	0.07	88.82	0.43	87.16	0.27	86.19	-0.69
2013	94.03	0.13	89.24	0.47	87.50	0.39	85.76	-0.49
2014	94.26	0.25	89.70	0.51	87.72	0.25	85.86	0.11
2015	94.48	0.23	90.10	0.45	87.80	0.09	85.60	-0.30
2016	94.74	0.28	90.44	0.38	87.92	0.13	86.60	1.17
2017	95.17	0.45	91.23	0.87	88.67	0.86	86.73	0.14
2018	95.38	0.22	91.94	0.77	89.22	0.62	87.01	0.33
2019	95.40	0.02	91.77	-0.18	89.00	-0.24	86.74	-0.32

具体原因如下：第一，东部地区具有优越的地理环境和经济发展水平。经济增长过程伴随的资源需求增加会对环境产生破坏，经济增长促进的技术创新又能够推动治污减排（Zhen等，2020）。如

表8-4和表8-5所示，东部地区的GDP总额远高于其余三个地区。由于GDP增加使得当地政府会有更多的资金用于生态环境的保护，同时导致对当地环保方面的要求提高，也促进了企业环境责任的履行。因此，GDP增加可以提高环境规制与企业环境责任之间的耦合协调度。第二，东部地区人口密集，城镇化水平较高。城镇化水平提高带来的人口集聚一方面会加大资源开发、环境污染，另一方面也会通过人才引进和劳动力提高带动产业转型，促进环境不断改善（Scherner等，2013）。第三，随着东部地区产业转移和产业结构转型的深入发展，东部地区的污染密集型产业逐步向中部、西部地区转移，导致东部地区的污染排放量逐年减少，环境压力得到有效缓解。良好的环境治理效果推动企业更愿意向外界披露环境信息。因此，东部地区环境规制与企业环境责任履行之间耦合协调性远高于其余三个地区。

但是，2010—2013年，中部地区、西部地区、东北部地区环境规制与企业环境责任履行之间耦合协调度的上升幅度高于东部地区，拉低了四个区域之间的空间差异。2010—2013年，中部地区GDP分别保持21.48%、20.87%、11.21%、10.24%的高速增长。高速增长的GDP也促进了中部地区环境规制的执行效果，提高了环境规制与企业环境责任履行耦合协调度；2010—2013年，西部地区GDP分别保持20.51%、22.02%、13.78%、12.11%的高速增长，也促进了环境规制与企业环境责任之间耦合协调度的提高。另外，如前文中关于环境规制与企业环境责任履行之间耦合协调性影响因素的分析，产业结构也是影响耦合协调度的重要影响因素。西部地区早些年大多处于工业化初、中期，工业化程度较低。近年来随着“西部大开发”战略和“一带一路”倡议的实施，促使西部地区各省级政府加大了环境治理资本投入，提高了环境规制强度以平衡经济发展和生态环境之间的关系，也推动环境规制有效性的提高；2010—2013年，东北部地区GDP分别保持12.35%、

18.90%、10.34%、7.84%的高速增长。高速增长的GDP也促进了中部地区环境规制的执行效果，提高了环境规制与企业环境责任之间耦合协调度。因此，中部地区、西部地区、东北部地区环境规制与企业环境责任履行之间耦合协调度快速上升，增速超过东部地区耦合协调度，也导致四个区域环境规制与企业环境责任之间耦合协调度的空间差异下降。

②2014—2019年区域间耦合协调性差异上升的原因。

2014—2019年四个区域之间的耦合协调性差异逐渐拉大的原因主要在于东部和中部地区环境规制与企业环境责任履行之间耦合协调性大幅上升，而西部地区耦合协调度保持基本不变，东北部地区耦合协调度甚至呈现缓慢下降趋势，导致东部和中部地区耦合协调度越来越优于其他两个地区，四个区域耦合协调度差异逐渐拉大。

2014—2019年东部地区GDP总额以及非农业GDP比重均远高于其他三个区域，导致东部地区耦合协调度也高于其他三个区域。同时，2016—2019年，中部地区GDP增长率保持高速增长，GDP增长率为8.55%、11.89%、11.49%、8.23%，略高于东部区域GDP增速。中部区域非农业GDP比重增长率也保持高速增长，同样略高于东部地区非农业GDP比重增速，说明中部地区产业结构向第二产业和第三产业倾斜。GDP的高速增长以及产业结构的优化推动中部地区环境规制与企业环境责任履行之间耦合协调性大幅上升。

2014—2016年，东北部地区环境规制与企业环境责任之间耦合协调度缓慢上升，2017—2019年耦合协调度甚至出现下降趋势。可能原因在于：第一，长期以来东北部地区的经济发展模式以粗放式为主，使得当地的自然资源和生态环境在无节制的开发下逐渐受到破坏，在此背景下当时逐渐完善环境规制体系，在重点行业进行节能减排改造，但经济发展活力也因此受到制约，2015年政府做出全面振兴东北老工业基地的战略部署，当地政府通过降低环境规制强度以减轻企业的生产成本；第二，东北部地区最近人口流失严重，大量高端人才外流，导致该地区教育水平下降。而教育水平下降会降低人们环保意识，进一步制约政府注重当地环境问题改善的动力。最终导致东北部地区各省级政府实施环境规制的强度下降（Lieflander 等，2018），也影响环境规制的执行效果，导致东北部地区环境规制与企业环境责任履行之间耦合协调度上升缓慢，甚至下降。

8.2.3 区域内差异分析

通过区域间差异与区域内差异对耦合协调性空间差异的贡献度分析耦合协调性存在空间差异的原因发现，区域内差异贡献度基本保持在 50% 以上，说明区域内各省份之间的耦合协调性差异是我国环境规制与企业环境责任履行之间耦合协调性存在空间差异的主要原因。

（1）区域内差异变动趋势分析

表 8 - 6 最后一列列示了 2010—2019 年各区域耦合协调性 Theil 指数的平均值，以比较四个区域内部各省份间环境规制与企业环境责任履行耦合协调性空间差异的大小。可以看出，东部地区 2010—2019 年 Theil 指数的平均值最高，是其他三个区域 Theil 指数平均值的近 5 倍。说明东部地区内部各省份之间的耦合协调性空间差异最大，也是耦合协调性区域内差异较高的重要因素，导致耦合协调性空间差异较大，说明东部地区 2010—2014 年 Theil 指数保持下降趋势，说明东部地区各省份之间耦合协调性差异下降（见图8 - 2）。结合表 8 - 3 中四大区域的耦合协调性变动趋势，可以发现，2010—2014 年东部地区各省份耦合协调性均值保持上升趋势，说明东部地区各省份环境规制与企业环境责任履行之间的耦合协调性上升；2014—2016 年，东部地区 Theil 指数上升说明东部地区各

省份之间耦合协调性差异增加；2017—2019 年，东部地区 Theil 指数下降说明东部地区各省份之间耦合协调性差异下降。

表 8－6　各区域耦合协调性的 Theil 指数变动趋势

区域	2010年	2011年	2012年	2013年	2014年	2015年	2016年	2017年	2018年	2019年	均值
东部	0.0069	0.0059	0.0051	0.0045	0.0045	0.0055	0.0057	0.0055	0.0048	0.0049	0.0053
中部	0.0013	0.0013	0.0009	0.0014	0.0008	0.0006	0.0010	0.0011	0.0008	0.0008	0.0010
西部	0.0014	0.0011	0.0012	0.0016	0.0020	0.0011	0.0019	0.0010	0.0006	0.0012	0.0013
东北部	0.0017	0.0010	0.0015	0.0008	0.0011	0.0002	0.0005	0.0005	0.0005	0.0008	0.0008

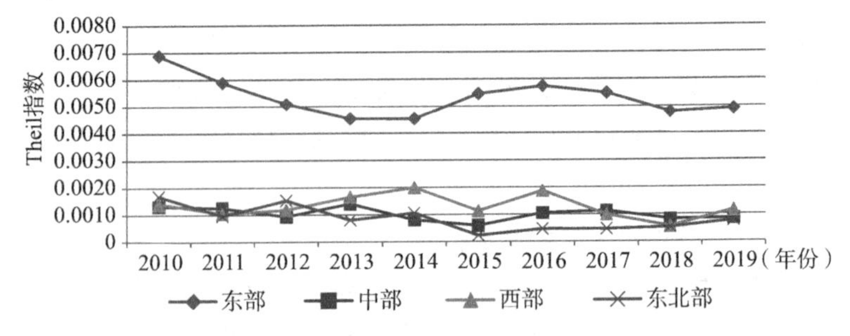

图 8－2　2010—2019 年各区域耦合协调性的 Theil 指数变动趋势

西部、中部、东北部地区 2010—2019 年耦合协调性 Theil 指数的平均值分别为 0.0013、0.0010、0.0008。三个区域耦合协调性 Theil 指数均值相差不大，均远低于东部地区，说明西部、中部、东北部地区内部各省份之间的耦合协调性差异较小。并且，2010—2019 年，中部地区和西部地区耦合协调性 Theil 指数上下频繁波动，但是变动区间较小；东北部地区耦合协调性 Theil 指数保持明显的下降趋势，由 2010 年的 0.0017 下降至 2019 年的 0.0008。结合表 8－3 四大区域的耦合协调性变动趋势，发现 2010—2019 年东北部地区各省份耦合协调性均值保持上升趋势，说明东北部地区各

省份环境规制与企业环境责任履行之间的耦合协调性上升。

（2）区域内差异的原因分析

依据前文构建的耦合协调性模型，得到各省份 2010—2019 年环境规制与企业环境责任履行之间的耦合协调度，以分析区域内耦合协调性存在差异的原因，结果如表 8 - 7 所示。表 8 - 7 中列示了四个区域内各省份耦合协调性的标准差，标准差越大说明该区域内各省份耦合协调性的差异越大。

表 8 - 7　　各省份耦合协调性变动趋势

区域	省份	2010年	2011年	2012年	2013年	2014年	2015年	2016年	2017年	2018年	2019年
东部	北京	0.5686	0.5760	0.5837	0.5891	0.6022	0.6087	0.6165	0.6200	0.6140	0.6266
	天津	0.5903	0.5862	0.5837	0.5894	0.6056	0.6188	0.6078	0.6029	0.6012	0.6095
	河北	0.4851	0.4922	0.4975	0.5163	0.5342	0.5245	0.5149	0.5344	0.5581	0.5440
	上海	0.6627	0.6624	0.6675	0.6690	0.6766	0.6810	0.6930	0.6958	0.6828	0.6906
	江苏	0.5183	0.5253	0.5333	0.5426	0.5402	0.5480	0.5536	0.5517	0.5603	0.5665
	浙江	0.4894	0.4998	0.5117	0.5268	0.5332	0.5318	0.5362	0.5328	0.5346	0.5405
	福建	0.4630	0.4660	0.4813	0.4938	0.4972	0.4997	0.4906	0.4870	0.4898	0.4949
	山东	0.5100	0.5162	0.5216	0.5297	0.5442	0.5316	0.5486	0.5508	0.5432	0.5557
	广东	0.4987	0.4990	0.5079	0.5130	0.5181	0.5220	0.5271	0.5327	0.5361	0.5428
	海南	0.4465	0.4694	0.4856	0.4854	0.4982	0.4811	0.4894	0.4969	0.4916	0.5001
	标准差	0.0658	0.0615	0.0581	0.0557	0.0565	0.0619	0.0639	0.0628	0.0585	0.0599
中部	山西	0.5326	0.5232	0.5233	0.5499	0.5230	0.5203	0.5348	0.5466	0.5332	0.5403
	安徽	0.4758	0.4807	0.4917	0.5129	0.4952	0.4978	0.5161	0.5104	0.5097	0.5183
	江西	0.4571	0.4608	0.4675	0.4849	0.4815	0.4872	0.4842	0.4897	0.4948	0.5001
	河南	0.4912	0.4996	0.5044	0.5192	0.5220	0.5153	0.5356	0.5315	0.5344	0.5398
	湖北	0.4747	0.4564	0.4649	0.4753	0.4780	0.4747	0.4938	0.4888	0.4886	0.4955
	湖南	0.4621	0.4619	0.4735	0.4776	0.4749	0.4804	0.4774	0.4802	0.4823	0.4864
	标准差	0.0274	0.0265	0.0232	0.0293	0.0218	0.0187	0.0255	0.0265	0.0226	0.0231

续表

区域	省份	2010年	2011年	2012年	2013年	2014年	2015年	2016年	2017年	2018年	2019年
西部	内蒙古	0.4779	0.5056	0.4937	0.5379	0.5372	0.5000	0.5086	0.5101	0.5001	0.5142
	广西	0.4587	0.4484	0.4511	0.4715	0.4686	0.4850	0.4740	0.4727	0.4752	0.4794
	重庆	0.4788	0.4731	0.4729	0.4825	0.4805	0.4882	0.4904	0.4984	0.5007	0.5088
	四川	0.4202	0.4394	0.4368	0.4518	0.4545	0.4499	0.4565	0.4621	0.4677	0.4724
	贵州	0.4861	0.4972	0.4953	0.5079	0.4957	0.4801	0.4750	0.4825	0.4882	0.5016
	云南	0.4408	0.4484	0.4636	0.4667	0.4685	0.4674	0.4598	0.4553	0.4657	0.4832
	陕西	0.4932	0.4763	0.4790	0.4933	0.4849	0.4816	0.4801	0.4770	0.4775	0.4961
	甘肃	0.4713	0.4561	0.4856	0.4780	0.4748	0.4429	0.4735	0.4666	0.4609	0.4642
	青海	0.4299	0.4655	0.4576	0.4703	0.5072	0.4908	0.5192	0.4590	0.4656	0.4883
	宁夏	0.4913	0.4955	0.5177	0.5475	0.5668	0.5325	0.5678	0.5270	0.5095	0.5112
	新疆	0.4430	0.4516	0.4485	0.4900	0.5044	0.4880	0.4873	0.4807	0.4705	0.5557
	标准差	0.0257	0.0226	0.0242	0.0298	0.0331	0.0241	0.0318	0.0225	0.0168	0.0252
东北	辽宁	0.4855	0.4805	0.4840	0.5024	0.5079	0.4945	0.5048	0.4950	0.4834	0.4963
	吉林	0.4618	0.4545	0.4533	0.4634	0.4757	0.4748	0.4735	0.4707	0.4548	0.4671
	黑龙江	0.4215	0.4316	0.4226	0.4604	0.4541	0.4714	0.4734	0.4608	0.4495	0.4520
	标准差	0.0324	0.0245	0.0307	0.0234	0.0271	0.0125	0.0181	0.0176	0.0182	0.0225

①东部地区各省份耦合协调性存在差异的原因。

从表8-7可以看出东部地区各省份间耦合协调性的标准差最大；西部、中部、东北部地区各省份间耦合协调性的标准差相差不大，远低于东部地区。这再次验证了东部地区区域内差异最大，是环境规制与企业环境责任履行之间耦合协调性存在空间差异的重要原因。

上海和北京两个直辖市的环境规制与企业环境责任履行之间耦合协调性最大，远高于区域内其他省份，并且2010—2019年保持稳定上升趋势。可能的原因在于上海和北京是中国经济发展最快的省份，GDP 增长率高，产业结构更倾向于第二、第三产业，环境污染小，推动环境规制与企业环境责任履行之间耦合协调性较高；海南是东部地区中耦合协调性最低的省份，与上海和北京的耦合协调性差异也逐渐拉大。可能的原因在于海南是东部地区 GDP 最低的省份，并且海南环境较好，坚持生态立省，重点发展热带高效农业和旅游产业，污染源少，环境规制程度也较低，因而与企业环境责任履行之间没有形成明显的耦合协调性。

②中部地区各省份耦合协调性存在差异的原因。

大部分省份的环境规制与企业环境责任履行之间耦合协调性保持小幅波动。耦合协调性较大的省份是山西和河南，可能原因在于山西是我国最大的煤产地，有大量与煤炭开发相关的企业，导致山西环境污染程度较高，政府环境治理压力较大，环境规制强度高。高强度政治压力也对企业履行环境责任提出了更高的要求，导致环境责任和企业环境责任履行之间耦合协调性提高。河南耦合协调性较高的原因在于近年来经济快速发展，大力发展高技术产业和先进制造业，积极推动战略性新兴产业，工业不断向中高端迈进；同时更加重视环境保护，绿色转型加快推进，污染防治成效显著，生态保护持续加强，生态经济稳步发展，治理能力不断提高，环境规制的执行效果不断提升。

③西部地区各省份耦合协调性存在差异的原因。

西部地区环境规制与企业环境责任履行之间耦合协调性相差较小。大部分省份耦合协调性在 2010—2019 年均保持上涨趋势。主要原因在于两个方面：一是西部地区各省份建设项目竣工验收环保投资在数量和增速上都在当年处于全国前列。二是重大项目安排上更加突出了脱贫攻坚、生态环保和科技创新三个领域。西部地区各省份对环境治理重视程度上升，企业配合度较高，环境规则与企业环境责任履行之间的耦合协调性提高。但是甘肃耦合协调性不升反降，主要原因在于：第一，易地扶贫搬迁和承接东部产业转移力度加大，对资源、农林或城建用地的需求在增长；第二，甘肃生态环境本身比较薄弱，需要提高对生态环境保护的重视程度；第三，由于特殊的地理位置，甘肃有建设和维护西部生态安全屏障的政治责任，需要加大环境治理；第四，甘肃祁连山作为省级生态保护区，生态环境破坏问题严重，生态修复和整治工作进展缓慢，环境规制效果不佳。

④东北部地区各省份耦合协调性存在差异的原因。

东北部地区各省份环境规制与企业环境责任履行之间耦合协调性差异程度最小，并且差异逐渐下降。东北部三个省份的耦合协调度相差较小，主要原因在于三个省份经济发展程度、产业结构基本相同，并且均存在人口流失较多，大量人口尤其高端人才外流，城镇化和教育水平下降。因此，东北部地区三个省市之间具有相似的经济和社会现状，导致三个省份环境规制与企业环境信息履行耦合协调性相差不大。

8.3 耦合协调性的空间关联性分析

我国环境规制与企业环境责任履行之间耦合协调性存在明显的空间差异性，尤其四大区域内部各省份之间耦合协调性存在较大差异。本部分运用 Global Moran's I 指数考察我国 30 个省份环境规制与企业环境责任履行之间耦合协调性是否存在空间依赖，即各省份的耦合协调性与各省份的空间分布是否存在内在关联以及关联程度和方向。依据各省份之间的边界是否相邻构建空间权重矩阵（相邻为 1，不相邻为 0），并对其进行标准化处理，在此基础上，通过所研究省份的耦合协调性数据，测度出不同年份各省份的 Moran's I 值，测度结果如表 8 - 8 所示。

表 8－8　　2010—2019 年耦合协调性的 Moran's I 值

指标＼年份	2010	2011	2012	2013	2014
Moran's I	0.303	0.330	0.360	0.360	0.372
Z	2.981	3.235	3.476	3.423	3.506
P	0.001	0.001	0.000	0.000	0.000
指标＼年份	2015	2016	2017	2018	2019
Moran's I	0.433	0.366	0.439	0.514	0.408
Z	4.096	3.483	4.130	4.704	3.801
P	0.000	0.000	0.000	0.000	0.000

表 8－8 结果显示，2010—2019 年各省份环境规制与企业环境责任履行之间耦合协调性的 Moran's I 指数的 P 值均小于等于 0.001，各省份耦合协调性的 Moran's I 指数均在 1% 的水平上显著，说明 2010—2019 年各省份耦合协调性存在显著的空间关联性。各省份耦合协调性会显著影响邻近省份的环境政策执行效果，并且该省份环境政策制定也会受到邻近省份耦合协调性的影响。另外，各年耦合协调性的 Moran's I 指数均为正值，表明整体上各省份耦合协调性空间正相关，存在空间聚集效应。即某省份耦合协调性上升会引起邻近省份环境规制执行效果的增加；同样，邻近省份耦合协调性上升也会导致本省环境政策更加严格。

8.4　耦合协调性的空间溢出效应分析

我国环境规制与企业环境责任履行之间耦合协调性存在明显的空间关联性，一个省份的耦合协调性会显著影响临近省份环境规制的执行效果，同时也会受到临近省份环境规制执行作用的影响。

8.4.1 传统马尔可夫链检验

本部分首先考察基于传统马尔可夫链的我国环境规制与企业环境责任履行之间耦合协调性转移概率矩阵。按四分位数将各省份的耦合协调性强度划分为低水平、中低水平、中高水平、高水平四类，分别用 H = Ⅰ、Ⅱ、Ⅲ、Ⅳ表示，H 值越大表示环境规制与企业环境责任履行之间耦合协调性越强。耦合协调性被划分为四个相邻又不相互交叉的完备区间：(0.0029，0.0086]、(0.0086，0.0133]、(0.0133，0.0180]、(0.0180，0.0912]。这四个等级据此得到的一阶传统马尔可夫转移概率矩阵，如表 8-9 所示。其中，主对角线上的数值是各等级环境规制强度保持自身等级的概率，矩阵中非主对角线上的数值为不同等级耦合协调性相互转化的概率。

表 8-9　耦合协调性传统马尔可夫转移概率矩阵

本地状态	频数	Ⅰ	Ⅱ	Ⅲ	Ⅳ
	300	<25%	25%—50%	50%—75%	>75%
Ⅰ	79	0.810	0.165	0.013	0.013
Ⅱ	78	0.103	0.590	0.308	0.000
Ⅲ	71	0.014	0.211	0.620	0.155
Ⅳ	72	0.000	0.000	0.069	0.931

由表 8-9 可知：①各省份环境规制与企业环境责任履行之间耦合协调性具有保持原有状态等级稳定性的特征。从转移概率矩阵的对角线元素看，对角线上的概率值都较大，均大于非对角线上的概率值，最小值为 0.590，最大值为 0.931，表明各省份环境规制与企业环境责任履行之间耦合协调性至少有 59% 的可能性维持原有状态等级不变。此外，非对角线上的概率最大值为 0.308，表明各省份环境规制与企业环境责任履行之间耦合协调性发生转移的概

率并不大。②各省份环境规制与企业环境责任履行之间耦合协调性向相邻等级转移的概率大于跨级转移的概率。处于Ⅰ等级的耦合协调性转移至Ⅱ等级的概率为 16.5%，大于转移至Ⅲ等级的概率 1.3%；处于Ⅱ等级的耦合协调性至Ⅲ等级的概率为 30.8%，大于转移至Ⅳ等级的概率 0，说明每个地区耦合协调性的强弱会考虑到当地地理环境、资源禀赋、经济发展水平等因素的固有限制，并不会出现较大幅度的波动。③各省份耦合协调性整体向上转移的概率大于向下转移的概率。如从转移的方向看，各省份耦合协调性从Ⅱ等级向Ⅰ等级转移的概率为 10.3%，小于向Ⅲ等级转移的概率 30.8%，说明我国近年来生态文明建设卓有成效，产业结构转型升级成功，经济高质量发展急需寻找新的突破点，导致环境规制政策执行效果存在上升趋势、环境规制有利于企业环境责任履行。

8.4.2　空间马尔可夫链检验

通过空间相关性分析，各省份环境规制与企业环境责任履行之间耦合协调性的演变不仅受到自身内在因素的影响，还受到周围邻近省份环境规制强度的影响。因此，在传统马尔可夫转移概率矩阵中引入空间地理因素，考察在相邻地理背景因素影响下的空间马尔可夫转移概率，进一步探讨我国各省份环境规制与企业环境责任履行之间耦合协调性的演变规律，结果如表 8 - 10 所示。

表 8 - 10　　耦合协调性空间马尔可夫转移概率矩阵

空间滞后	本地状态	频数	Ⅰ	Ⅱ	Ⅲ	Ⅳ
		300	<25%	25%—50%	50%—75%	>75%
Ⅰ	Ⅰ	32	0.813	0.125	0.031	0.031
	Ⅱ	10	0.300	0.500	0.200	0.000
	Ⅲ	10	0.100	0.200	0.700	0.000
	Ⅳ	0	0.000	0.000	0.000	0.000

续表

空间滞后	本地状态	频数	Ⅰ	Ⅱ	Ⅲ	Ⅳ
		300	<25%	25%—50%	50%—75%	>75%
Ⅱ	Ⅰ	40	0.825	0.175	0.000	0.000
	Ⅱ	30	0.100	0.600	0.300	0.000
	Ⅲ	17	0.000	0.294	0.529	0.176
	Ⅳ	8	0.000	0.000	0.250	0.750
Ⅲ	Ⅰ	7	0.714	0.286	0.000	0.000
	Ⅱ	34	0.059	0.647	0.294	0.000
	Ⅲ	34	0.000	0.206	0.676	0.118
	Ⅳ	18	0.000	0.000	0.111	0.889
Ⅳ	Ⅰ	0	0.000	0.000	0.000	0.000
	Ⅱ	4	0.000	0.250	0.750	0.000
	Ⅲ	10	0.000	0.100	0.500	0.400
	Ⅳ	46	0.000	0.000	0.022	0.978

对比表8-10与表8-9可以发现：第一，各省份耦合协调度的转移在空间上并不是孤立存在的，而是会受到相邻省份耦合协调度的影响，不同地理背景下耦合协调度转移概率不同，如 $P12 = 16.5\%$，$P12 \mid 1 = 12.5\%$，$P12 \mid 2 = 17.5\%$，$P12 \neq P12 \mid 1 \neq P12 \mid 2$。同时也表明，相邻省份的耦合协调度对区域的耦合协调度演变过程起着重要的作用，即空间相关性对耦合协调度演变趋势的影响是显著的。第二，不同耦合协调度等级的地理背景下，相邻省份耦合协调度转移的溢出效应不同。在相邻省份较低水平耦合协调度的影响下，该省份环境规制强度向较高水平转移的概率降低，如 $P12 \mid 1 = 12.5\%$，$P12 \mid 2 = 17.5\%$，$P12 \mid 1 < P12 \mid 2$，表明耦合协调度较低的省份对周围省份耦合协调度具有负向溢出效应；相反，在相邻省份较高等级耦合协调度的影响下，该省份向高等级耦合协调度转移的概率增加，如 $P34 \mid 3 = 11.8\%$，$P34 \mid 4 = 40\%$，$P34 \mid 4 >$

P34 | 3，表明耦合协调度较高省份对周围省份环境规制强度具有正向溢出效应。

四种空间滞后条件下的四个转移概率矩阵均不相同，表明在邻近省份耦合协调度存在差异性的情况下，本地耦合协调度受到影响而发生转换的概率也各不相同，说明邻近省份耦合协调度对本地耦合协调度演变过程起着重要的作用，即空间相关性影响了耦合协调度演变趋势。具体来看：

第一，当邻近省份耦合协调度处于低水平时，各省份耦合协调度至少有 50% 的概率维持原有状态；当邻近省份耦合协调度处于中低水平时，各省份耦合协调度至少有 52.9% 的概率维持原有状态；当邻近省份耦合协调度处于中高水平时，各省份耦合协调度至少有 64.7% 的概率维持原有状态；当邻近省份耦合协调度处于高水平时，各省份耦合协调度至少有 25% 的概率维持原有状态。此外，从整体上看，对角线上的值高于非对角线上的值，进一步说明在邻近省份耦合协调度的影响下，各省份耦合协调度依然具有保持原有状态等级稳定性的特征。

第二，当邻近省份耦合协调度处于中低水平时，本地由低水平提升至中低水平的概率为 17.5%，本地由中低水平下降至低水平的概率为 30%；当邻近省份耦合协调度处于中高水平时，本地由中低水平提升至中高水平的概率为 29.4%，本地由中高水平下降至中低水平的概率为 20.6%；当邻近省份耦合协调度处于高水平时，本地由中高水平提升至高水平的概率为 40%，本地由高水平下降至中高水平的概率为 2.2%。说明在邻近省份特定的耦合协调度下，本地耦合协调度向上转移的可能性要大于向下转移的可能性，但在邻近省份耦合协调度处于中低水平时除外。

第三，当邻近省份耦合协调度处于低水平时，本地由低水平提升至中低水平的概率为 12.5%；当邻近省份耦合协调度处于中低水平时，本地由中低水平提升至中高水平的概率为 30%；当邻近省份耦合协调度处于中高水平时，本地由中高水平提升至高水平的概率为11.8%。说明随着邻近省份耦合协调度的逐渐提高会带动本地耦合协调度也随之提高，但在邻近省份耦合协调度处于中高水平时除外。

8.5 本章小结

本章以“空间异质性—空间关联性—空间溢出效应”为研究思路，通过Theil指数、Moran's I指数、空间马尔可夫模型三种方法验证我国四大经济区域环境规制与企业环境责任履行耦合协调性是否存在区域差异性、空间关联性及空间溢出效应，并进一步分析了差异存在的原因。研究发现：①2010—2019年，我国环境规制与企业环境责任履行之间的耦合协调度空间差异波动性较大，四个区域环境规制与企业环境责任履行之间耦合协调存在显著差异，整体上呈现“东—中—西—东北”区域递减的规律。②区域内各省份之间的耦合协调度差异是我国环境规制与企业环境责任履行之间耦合协调存在空间差异的主要原因。③2010—2019年，各省份环境规制与企业环境责任履行之间的耦合协调存在显著的空间关联性。各省份耦合协调度会显著影响邻近省份的环境政策执行效果，并且该省份环境政策制定也会受到邻近省份耦合协调的影响。并且各省份耦合协调存在空间聚集效应，某省份耦合协调度上升会引起邻近省份环境规制执行效果的增加，同样邻近省份耦合协调度上升也会导致本省环境政策更加严格；④在邻近省份耦合协调度的影响下，各省份耦合协调度依然具有保持原有状态等级的稳定性特征，但当邻近省份的耦合协调度优于本省耦合协调度时，极有可能会促进本省耦合协调度向上转移；⑤耦合协调度空间相关性影响了耦合协调度演变趋势，各省份耦合协调整体向上转移的概率大于向下转移的概率。

第9章 环境规制与企业环境责任耦合的制约性因素分析

在环境规制和企业环境责任耦合协调测算以及空间异质性分析的基础上，本章从制度创新与绿色创新角度出发，分析了两者影响环境规制和企业环境责任耦合发展的机制。并基于此选取指标，构建模型，对制度创新和绿色创新制约环境规制和企业环境责任耦合的情况进行了实证检验。本章研究结果明确了影响环境规制和企业环境责任耦合协调的因素，丰富了有关提升两者耦合关系的研究，也为相关政策建议的提出提供了参考。

9.1　制约环境规制与企业环境责任耦合的因素分析框架

自党的十八大把生态文明建设纳入中国特色社会主义事业“五位一体”总体布局以来，生态文明建设统领“五位一体”建设，成为经济建设、政治建设、文化建设、社会建设的核心驱动力。但由于我国长期以经济发展为主要目标，环境保护让位于经济发展现象依然存在，并且公众顺应自然的生态文明理念尚未形成，现有生态文明制度也仍不健全。我国资源趋紧、环境破坏问题严峻、生态系统退化局面尚未得到根本扭转，高投入、高消耗、高排放、难循环、低效率的增长方式还未根本性改变，未来应对气候变化挑战依然严峻。因此，生态文明建设成为现阶段的重要任务。

十几年来，我国政府高度重视生态文明建设在促进经济可持续发展中的关键作用，树立了新经济发展观、实施生态文明发展战略等一系列重大政策举措。随着生态文明建设中生态技术不能满足需求、制度创新相对薄弱等问题的不断显现，社会各界逐渐更加重视生态文明建设中科技创新与制度创新“并驾齐驱”的发展。首先，科技创新对于提高社会生产力的作用毋庸置疑，其与可持续发展理念的结合，促进绿色科技创新[①]（以下简称“绿色创新”）的兴起，进而会促进生态文明和绿色发展。其次，2016 年习近平总书记在“科技三会”上强调要坚持科技创新和制度创新“双轮驱动”后，《国家创新驱动发展战略纲要》、党的十九大报告和党的二十大报告中都明确提出科技创新与体制机制创新应当相互协调、持续发力。要顺利实现生态文明建设，由传统发展方式转向绿色发展方式，不仅需要大规模、系统性的绿色创新，而且还需要对现有绿色发展体系进行一揽子改革，即构建系统性的适应新发展模式的技术体系和公共政策体系，为生态文明建设目标的实现提供制度基础和激励源泉。可见，实现生态文明建设，绿色创新和制度创新缺一不可。因此，只有充分利用好绿色创新和制度创新“两个轮子”，才能支撑并驱动环境规制与企业环境责任耦合的环境治理体系驶入现代化、高水平的快车道。

在“双轮驱动”背景下，该如何将制度创新与绿色创新同时纳入考察，剖析其对我国环境规制与企业环境责任履行耦合的影响程度，将有利于科学、全面地认识制约我国环境规制与企业环境责

① 绿色科技创新坚持可持续发展理念，强调“循环经济”的运行机制，以及创新主体的多元合作化，注重追求社会和生态效益的统一，是当前中国科技创新发展的重要方向之一。

任履行耦合的因素，对于我国更好地推进生态文明建设、促进人与自然的和谐共生具有重要参考价值。

9.2 双轮驱动影响机理分析

绿色创新和制度创新对环境规制与企业环境责任耦合的影响框架分析如图9-1所示。

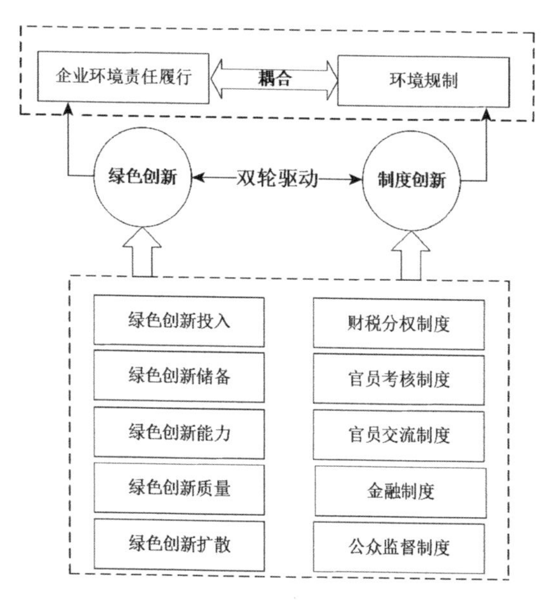

图9-1 基于“双轮驱动”的环境规制与企业环境责任履行耦合的制约性因素研究

9.2.1 制度创新

制度创新是技术创新和管理创新的前提。只有具有完善的制度创新机制，才能保证技术创新和管理创新有效进行。经济体制改革的核心问题就是要处理好政府和市场的关系。生态文明建设离不开制度创新，既要尊重市场规律，又要更好地发挥政府作用。就生态文明建设制度的创新来说，既要有市场创新，又要有政府创新。市场创新主要是依托发展绿色金融，从转变经济增长模式对金融的需求以及金融自身的创新要求分析。发展绿色金融是推动生态文明建设创新与金融创新的深度结合，促进了金融资本开展与生态文明相关的科技创新成果孵化，是一种为新技术、创新科技企业服务的金融活动。政府创新主要是政府提供创新投入。在一般的情况下，市场对资源配置起基础性调节作用，但对生态文明创新需要政府投资介入。原因是生态文明建设具有外溢性和公共性的特征，政府必须提供生态文明建设的引导性和公益性投资。同时政府还应为生态文明建设成果的采用提供必要的鼓励和强制措施，主要包括政府优先采购绿色创新的产品和服务、给予绿色创新必要的补贴或减免税等。当然政府的生态文明建设投入不能替代企业绿色投资的主体地位，更不能挤出企业的绿色创新投入。

在制度创新层面，中共中央、国务院在《关于完整准确全面贯彻新发展理念做好碳达峰碳中和工作的意见》中提出了加快构建碳达峰、碳中和“1+N”政策体系，其中涉及了投资政策、绿色金融政策、财税价格政策、市场化机制以及其他相应的体制保障（如统计监测、监督考核、激励补偿等）。首先，投资政策主要解决绿色治理和绿色技术创新的融资问题，绿色治理和绿色技术创新所需要的资金投入大、周期长、外溢性强以及面临着未来的不确定性，这就决定需要在政府投资引导的基础上，完善社会资本的参与机制和回报机制，激发市场主体绿色治理和绿色技术创新投资。其次，绿色金融政策本质上是“环境+金融”的政策组合，能够为各类市场主体协同环境保护和金融发展提供激励。一方面，金融机构通过设计和提供绿色金融产品，可以从源头上降低环境风险转化为金融风险的概率，在降低各类风险发生概率的基础上较好地阻隔各类风险之间的转换；另一方面，绿色金融产品为市场主体的绿色转型提供了指引，激励市场主体重视环境风险的潜在影响和实际影响，并为市场主体的绿色转型提供差异化的金融产品供给。市场主体还可以进一步通过绿色金融产品及其衍生品进行多样化和拓展性的投资，进而在降低绿色转型经济成本的同时，提升绿色转型的实际经济效应和创造新的福利来源。再次，财税价格政策包括财税政策和价格政策，前者主要包括绿色财政投入、绿色税收优惠政策、绿色投融资机制、绿色政府采购和生态补偿机制等，后者主要是指资源能源的定价。最后，市场化机制主要包括资源和能源市场交易体系以及以价格机制为导向的环境治理合约机制，如碳排放交易机制、排污权交易机制、用能权交易机制等。

基于投资政策、绿色金融政策、财税价格政策、市场化机制等制度创新层面的内容，依据环境规制和企业环境责任耦合协调关系影响作用，本书选取了财政分权制度、官员考核制度、官员交流制度、金融制度和公众监督制度等指标来对制度创新驱动环境规制和企业环境责任耦合协调关系进行进一步分析。

（1）财政分权制度

财政分权制度可以发挥宏观调控作用，影响环境规制与企业环境责任耦合。财政分权理论指出地方政府与中央政府在提供公共物品上的效率存在差别，该理论强调要充分发挥不同等级政府配置资源的功能（Oates，1972）。有学者认为，财政分权会刺激地方政府间形成“逐顶竞争”，使地方官员的政策取向与当地民众的环保需求相吻合，从而有助于提高环境质量（He，2015）。财政分权还通过赋予地方政府对污染企业更加广泛的监管权，可以将污染严重的企业驱逐出管辖区（Markusen 等，1992）。也有学者提出了相反的观点，认为政府虽然将污染企业向邻近地区转移，但由于环境污染具有高度负外部性，会产生“污染回流效应”，反而加重了污染（沈坤荣等，2020）；并且财政分权会使地方政府更多地关注自身经济和政治利益，进而牺牲了环境治理的公共职能（鲁玮骏等，

2021）。此外，还有学者对财政分权制度的衍生品财政纵向失衡进行了研究，发现财政纵向失衡对绿色发展效率、环境治理、经济增长质量均产生显著的抑制作用（郭爱君等，2020；储德银等，2019）。

（2）官员考核制度

环境污染是当前中国民生之患，为了遏制生态环境进一步恶化，环境治理成为党的十八大以来党和政府的工作重点，中央政府开始尝试从制度层面着力转变官员绩效考核方式，引导地方政府重视环境治理。最初为了全面有效地推进环境治理工作，经中共中央批准，2013 年 12 月中央组织部印发了《关于改进地方党政领导班子和领导干部政绩考核工作的通知》。该通知明确规定，今后对于地方党政领导班子和领导干部的考核，不能把 GDP 及其增长率作为政绩评价的主要指标，不能实施地区 GDP 及其增长率排名。要根据领导干部的职责要求，设置各有侧重的考核指标，把经济发展和民生改善、生态文明建设等作为考核评价的重要内容。自此，多个省份陆续出台政策严格管控高污染行业的产能扩张，大量中小型高污染企业被关停或限产。然而环境污染问题改善有限，尤其是 2015 年和 2016 年冬季，大范围的雾霾天气笼罩北方地区，凸显了增长方式和经济结构的深层问题。鉴于我国生态文明建设水平仍总体滞后于经济社会发展，是全面建成小康社会的明显短板（戴彦德，2016）。2016 年 12 月 22 日，中共中央办公厅、国务院办公厅印发了《生态文明建设目标评价考核办法》，据此国家发展改革委、环境保护部、国家统计局、中央组织部等部门又联合印发了《绿色发展指标体系》和《生态文明建设考核目标体系》，为开展生态文明建设评价考核提供了依据，促进和引导了经济社会发展理念和发展方式的加快转变。这些政策和办法的制定以及进一步实施将有效改善我国环境现状，进而能够促进我国环境规制和企业环境责任的耦合协调发展。

（3）官员交流制度

新制度经济学认为企业行为会受到所处制度环境的影响，优化生态文明制度环境，发挥政府主导效应是提升环境规制与企业环境责任履行整体协调性的重要途径。而政府的行为主体是政府系统中的人，这主要是指政府系统中的地方官员。他们既是政府政策的制定者，又是政府政策的执行者。而我国财政分权制度和政治晋升制度反映了官员行为的内在逻辑。在财政分权制度下，地方官员拥有较多自主权，能自由选择政策类型，实现区域经济发展；在政治晋升制度下，随着生态文明水平的提高和信息环境的改善，环境已成为地方政府官员的重要考核指标，因此地方官员有能力及动机优化环境政策、干预企业环保行为，提升环境规制和企业环境责任履行耦合协调性，达到地区生态环境绩效考核要求。

官员交流对环境规制和企业环境责任履行耦合的影响主要通过三个方面实现：首先，官员交流能够扩大官员个体的社会资本，丰富其理论和实践经验。事实上，环境规制政策的实施并不令人满意的主要原因是市场失灵和政策失灵。丰富的理论和实践经验可以使地方官员更加合理地配置资源，以实现我国环境规制所追求的资源的合理配置与公共利益的最优秩序，并在选择和设计环境政策时更加全面地考虑生态、技术和经济之间的复杂关系，进而有效解决环境领域的政策失灵问题，提升环境规制和企业环境责任履行耦合协调性。其次，官员交流会破坏原有政企关系，打破了企业单纯依靠寻租行为获得政府支持的“美梦”，企业有强烈动机配合政府相关政策。在现行保护生态环境的强烈呼声下，环境合法性已成为各利益相关者关注的焦点，企业不得不通过遵循环境规制相关政策、履行环境责任以获取政府的政策优惠和其他支持，促进环境规制和企业环境责任履行的耦合协调。最后，官员交流会加剧地方官员的“攫取之手”。地方官员对企业行为的影响具体表现为“支持之手”和“攫取之手”，而进行交流的官员必须努力奋斗完成绩效考核以保住自己的职位并寻求一切晋升的可能。国务院印发的《生态文明建设目标评价考核办法》中规定，要对政府官员生态环境指标进行考核，地方官员为了政绩考核必然会加大“攫取之手”的力度，将改善生态环境的任务转嫁给企业，并要求企业更好地执行环境规制政策、履行企业环境责任，以实现其自身政绩诉求。

（4）金融制度

绿色金融作为一项应对气候变化、防止环境进一步恶化的经济活动，不仅成为当下发展绿色经济的主要支撑，而且也成为调整产业结构、推动企业环境责任履行、经济高质量发展的新动力新引擎。2016年，中国人民银行联合七部委发布《关于构建绿色金融体系的指导意见》，将绿色金融定义为支持环境改善、应对气候变化和资源节约高效利用的经济活动。即对环保、节能、清洁能源、绿色交通、绿色建筑等领域的项目融资、项目运营、风险管理等提供的金融服务。近年来，我国的绿色金融迅速发展，绿色金融产品、工具不断丰富，取得了很多重大进展。但遗憾的是，这一领域的研究却相对滞后。在习近平总书记提出“3060”目标后，支持绿色低碳转型的绿色金融的重要性进一步提升。紧接着原中国银保监会印发的《关于推动银行业和保险业高质量发展的指导意见》、国务院印发的《关于加快建立健全绿色低碳循环发展经济体系的指导意见》和“十四五”规划等重要政策文件均对大力发展绿色金融做出了重要的论述，为我国绿色金融的发展提供了政策支持。

发挥金融政策对环境治理有输血供氧的作用。环保产业的发展需要大量的前期投资，健全完善绿色金融的相关政策，充分发挥绿色信贷、绿色债券、绿色保险等金融产品的作用，可以在很大程度上缓解政府和企业发展绿色产业和项目的资金短缺问题。绿色金融的早期研究主要集中在理论上探讨金融机构在环境保护和经济可持续发展中的作用（White，1996；Jeucken和Bouma，1999）。大多数研究认为开展绿色金融业务不仅对金融企业自身具有积极影响

（Chami 等，2002；Scholtens 和 Dam，2007），而且金融机构可通过合理配置金融资源来承担环境责任（Lioui 和 Sharma，2012；Kim 和 Li，2014；刘锡良和文书洋，2019），促进生态和资源保护（Eremia 和 Stancu，2006；王遥等，2016），有利于产业结构调整和经济转型升级（马骏，2015）。

（5）公众监督制度

媒体关注对企业经营活动、环境治理以及企业价值等方面有着重要的影响。媒体的关注既是企业取得合法性的途径，又是企业合法性产生危机的来源（Bednar，2012）。媒体对企业的报道数量、态度与公众对该企业的关注、评判息息相关。媒体在社会公众了解和评判企业、形成对企业的评价过程中起着重要的作用（Carroll 和 Mccombs，2003）。媒体关注主要通过以下两种渠道影响企业环境保护行为。一方面，新闻媒体是把企业信息传播给大众的中间人，能够减少企业和其利益相关者的信息不对称（Saxton 和 Anker，2013）。另一方面，媒体又充当了社会监督的角色，影响着公众如何评价被关注企业、企业行为又如何能够满足大众的预期。通过以上方式，媒体监督和利益相关者预期都会给企业的环境保护行为带来压力（Kassinis 和 Vafeas，2006）。当前，我国正处于逐步完善各类法律体系的过程中，企业履行环境责任的外部环境正在逐步建立，尤其媒体的曝光增加了行政机构介入违规企业的可能性，媒体监督正逐渐成为法律监管体系的有效辅助（李培功和沈艺峰，2010）。因此，公众监督制度是否健全、效应发挥是否到位，都会对环境规制和企业环境责任的发展和耦合协调性产生影响。

9.2.2　绿色创新

绿色创新是实现高质量发展和生态文明的必由之路。1992 年，联合国环境与发展大会上提出的绿色科技创新是推动全球可持续发展的重要议程，绿色科技创新的重要作用在一系列国际文件、协议及公约中得到充分体现，并形成绿色科技创新的科技发展新理念和新方向，为全球可持续发展服务。1995 年，中国科学院院长周光召教授指出绿色科技是未来科技为社会服务的基本方向，是人类走向可持续发展的必然选择。绿色科技将科技的发展与人类前途命运相连接，是符合可持续发展的内涵要求，其所体现的价值理念渗透于传统产业转型升级、环保产业发展、绿色经济深化等方面，是以人与自然和谐共生为目标导向的原创性科学发现与技术创新活动，是当前我国科技创新发展的重要方向之一。已有很多学者探讨了绿色科技与经济发展、要素等关系，并对绿色科技创新的作用机制、评价指标体系及方法、运行本质进行了研究。

绿色创新为生态文明建设提供了技术支持和动力源泉，是我国经济社会发展突破资源瓶颈和环境压力的必然选择。习近平总书记在多个场合强调绿色科技创新应以解决损害群众健康的突出环境问题为抓手，融入生态环境保护建设的全过程，渗透到绿色发展方式和生活方式的形成之中。2019 年，《关于构建市场导向的绿色技术创新体系的指导意见》明确了绿色技术创新的内涵与外延，提出绿色技术创新体系包括绿色技术创新的主体、绿色技术创新指导目录、绿色技术创新成果转化和应用以及适应绿色技术创新的制度环境，并指出绿色技术创新的重点在于坚持绿色理念、市场导向以及相应的激励机制（Yin 等，2020）。

目前针对科技创新评价、创新能力和创新绩效的相关研究成果颇为丰硕，大多都采取设定指标体系的方式而展开。国外研究中，欧盟发布的《2020 创新记分牌报告》设计了包括创新基础条件、创新投资、创新活动和创新影响四个一级指标的评价指标体系，对其内部成员国的创新绩效进行评价。世界知识产权组织、康奈尔大学和欧洲工商管理学院联合发布的全球创新指数，从创新投入和创新产出两个维度，对全球 130 多个经济体的创新综合表现展开评价排名。国内研究中，在全国层面，国家统计局社科文司“中国创新指数（CII）研究”课题组，设计了包括创新环境、创新投入、创新产出和创新成效四个一级指标的中国创新能力评价指标体系，对我国的创新能力进行评价，研究发现自 2005 年以来我国创新能力稳步提升，在创新环境、创新投入、创新产出、创新成效四个领域均取得了积极进展。在省域层面，赵彦云和甄峰（2007）从资源能力、攻关能力、技术实现能力、价值实现能力、人才实现能力、辐射能力、支撑发展能力和网络能力八个方面对省域创新能力进行诠释；刘思明等（2022）从创新资源、知识创新、企业创新和协同创新四个方面对省域科技创新能力进行刻画。在城市层面，黄亮等（2017）从科技创新投入、科技创新产出、科技创新载体与科技创新绩效四个方面构建城市创新能力评价指标体系。

综上所述，既有研究就创新测度、评价方法、地区差异等主题展开了诸多有益探讨，但是基本都聚焦于科技创新或者技术创新某一方面的考量，忽略了企业绿色科技创新是创新投入、效率、质量等一系列因素相互勾稽、相互影响的综合系统。为了全面反映绿色科技创新对环境规制与企业环境责任履行之间耦合关系的影响，本部分基于会计基本理论、信号传递理论等，从绿色科技创新的投入、产出及投入产出效率等视角出发，动态分析绿色创新投入、储备、能力、质量和扩散对环境规制与企业环境责任履行之间耦合关系影响的作用机理和传导机制。

（1）绿色创新投入

企业绿色创新投入增加会激发环境规制与企业环境责任履行之间的耦合关系。首先，企业绿色创新投入增加反映企业绿色创新意识提高，企业更加重视绿色生产和环保责任。面对环境规制的制约作用，企业自发履行环境责任的积极性和意愿提高，有助于提高环境规制的实施效果。其次，随着我国环境规制程度加强，公众和消费者的环保意识不断提高，进而更愿意购买绿色产品。企业提高绿色创新投入将提高企业产品绿色化程度，吸引更多消费者，从而增加企业销售收入和营业利润。而经营绩效的提高也会激发企业更好地履行环境责任。最后，企业绿色创新投入的增加会降低企业污染程度和生产消耗，改善当地环境，提高企业履行环境责任对环境规制执行效果的促进作用。

（2）绿色创新储备

企业绿色创新储备增加会激发环境规制与企业环境责任履行之间的耦合关系。首先，企业绿色创新储备人才增加，会充实企业的研发基础，增加企业员工对于绿色创新和绿色环保的知识积累和重视程度。员工的意愿会直接影响企业的行为选择，提高企业对绿色生产和环境责任的重视程度，从而提高企业对环境规制政策的执行力和配合程度。其次，企业绿色创新人才储备增加会促进企业绿色生产的持续进行，保证企业并不仅着眼于现状的短期生产，更为企业未来长远节能减排、绿色创新提供保障，从而促进环境规制对企业履行环境责任的长远影响。同时，企业对环境责任的长期重视也是保证环境规制政策执行效果的长效机制。因此企业绿色创新储备增加会激发环境规制与企业环境责任履行之间的耦合作用。

（3）绿色创新能力

企业绿色创新能力反映了绿色创新投入和产出之间的关系，高水平的绿色创新能力能保证企业以较低的资源投入，在创造出企业期望产品的同时，产生较少的气体、液体、固体废物和污染物等非期望产品。

绿色创新能力提高会激发环境规制与企业环境责任履行之间的耦合关系。首先，绿色创新能力提高会提高企业产出期望、降低废弃物的排放，同时提高企业员工的工作执行力和工作效率，从而降低企业履行环境责任的成本，激发企业履行环境责任的意愿；其次，随着企业绿色创新能力提高，企业气体、液体、固体废物和污染物等非期望产品排放量减少，有利于改善当地环境，提高环境规

制政策的执行效果和有效性。因此，企业绿色创新能力提高会激发环境规制与企业环境责任履行之间的耦合作用。

（4）绿色创新质量

在严格的环境规制政策监管下，企业可能为了应对政府检查和治理，采取象征性环保以及“漂绿”等行为，出现通过追求创新数量来迎合相关监管部门和政府的策略性绿色创新，以及表面上采取节能减排等绿色生产行为，但实质上并未真正履行环境责任的情况。这将显著降低环境规制对企业履行环境责任的促进作用。而企业绿色创新质量的提高将显著改善该情况，提高环境规制与企业环境责任履行之间的耦合作用。

企业绿色创新质量以企业绿色创新专利水平衡量。按照专利种类的不同，发现绿色发明专利由于更关注专利的创新性、先进性以及产出效果，专利局审批时间较长，属于高质量创新；而企业在短期内就可以申请获批的实用新型专利和外观设计专利更注重外观、包装的设计，对企业生产水平和产品功能的改善较少，属于低质量创新（黎文靖和郑曼妮，2016）。企业绿色创新质量提高代表企业更注重绿色发明专利的申请，而减少了绿色实用新型专利和外观设计专利的申请。高水平绿色发明专利的增加可以有效提高企业节能减排的实施效果、提高产品的绿色化程度。良好的绿色生产情况会激发企业对外披露企业环境信息、履行环境责任的意愿，从而提高环境规制对企业环境责任履行的实施效果。

（5）绿色创新扩散

绿色创新扩散会激发环境规制与企业环境责任履行之间的耦合作用。首先，随着绿色创新技术在各企业中扩散，将引起其他企业对相关技术和产品的模仿，从而有利于绿色生产和绿色产品在企业和市场中推广，督促更多企业履行环境责任，提高环境规制对企业履行环境责任的激励作用；其次，绿色创新扩散也代表着创新人才在企业中的流动，从而有利于知识扩散和绿色意识的推广，以达到促进企业履行环境责任的目的；最后，各省份之间绿色创新扩散也有利于各省份间环境规制政策制定和实施效果的交流和更新，可以促进环境规制政策的实施效果和有效性。因此，绿色创新扩散会激发环境规制与企业环境责任履行之间的耦合作用。

9.3 研究设计

9.3.1 样本选择

依据前文的研究成果，本书继续以2009—2019年我国30个省份数据为样本[①]，建立平衡面板数据，研究制度创新和绿色创新对环境规制与企业环境责任履行耦合关系的驱动作用（其中官员考核和公共监督指标由于缺少数据，故选取2011—2019年进行分析）。公司财务数据和企业创新数据来源于CSMAR数据库，宏观数据来源于国家统计局网站以及各省统计局网站。研究对主要变量按照前后1%进行了Winsorize缩尾处理。

9.3.2 指标选取

（1）耦合协调度（D）

环境规制与企业环境责任履行之间的耦合协调度采用第7章计算的耦合协调度指数。

（2）制度创新（Institutional Innovation，II）指标选取

①财政分权。

财政分权方面通常用财政纵向失衡（Fiscal Vertical Imbalance，

① 数据选择说明见1.4章节中的研究方法。

VFI）来反映。财政纵向失衡的本质是衡量我国财政分权体制下的地方财政收支矛盾，进而反映中央政府与地方政府的财政关系。关于财政纵向失衡的测度，目前国内学者普遍参考 Eyraud 等（2013）提出的两种测量方法：

$$VFI = 1 - \frac{PFR}{PFE} \quad (9-1)$$

$$VFI = 1 - \frac{FR}{FS} \times (1 - LFG) = 1 - \frac{\frac{PFR}{PFR + CFR}}{\frac{PFE}{PFE + CFE}} \times \left(1 - \frac{LE - LR}{LE}\right) \quad (9-2)$$

式（9－1）、式（9－2）中 VFI 为财政分权指数，FR、FS 分别表示财政收入分权与财政支出分权，LFG 表示地方政府财政收支缺口率，PFR、CFR 分别代表人均地方财政收入和人均中央财政收入，PFE 和 CFE 分别表示人均地方财政支出和人均中央财政支出，LE、LR 分别描述了地方财政支出与收入。式（9－2）的计算方法在国内应用更为广泛，认可度较高（郭炳南，2022）。另外，它全面考虑引起我国财政纵向失衡的体制诱因，综合收入分权与支出分权的非对称特点，更能体现地方与中央之间的纵向财政关系。据此本书在研究中主要采用第二种方法来衡量各省份财政分权情况。

②官员考核。

基于官员考核的内涵和现实背景，本书以《中国绿色发展指数报告——区域比较》（关成华和韩晶，2020）中的省级绿色发展指数（Green Development Index，GDI）作为衡量官员考核制度的代理变量，检验其对环境规制与企业环境责任耦合的影响效果。具体评价指标体系如表 9－1 所示。由于该指标体系是在 2010 年才建立，故本书结合耦合协调度的研究期间，选取了 2011—2019 年的绿色发展指标体系进行研究。

表9-1　　省级绿色发展指标体系（GDI）

一级指标	二级指标	三级指标	四级指标
绿色发展评价体系	经济增长绿化度	绿色增长效率指标	人均地区生产总值
			单位地区生产总值能耗
			人均城镇生活消费用电
			单位地区生产总值二氧化碳排放量
			单位地区生产总值二氧化硫排放量
			单位地区生产总值化学需氧量排放量
			单位地区生产总值氢氧化物排放量
			单位地区生产总值氨氮排放量
		第一产业指标	第一产业劳动生产率
		第二产业指标	第二产业劳动生产率
			单位工业增加值水耗
			单位工业增加值能耗
			工业固体废弃物综合利用率
			工业用水重复利用率
		第三产业指标	第三产业劳动生产率
			第三产业增加值比重
			第三产业就业人员比重
	资源环境承载潜力	资源丰裕与生态保护指标	人均水资源量
		环境压力与气候变化指标	单位土地面积二氧化碳排放量
			人均二氧化碳排放量
			单位土地面积二氧化硫排放量
			人均二氧化硫排放量
			单位土地面积氢氧化物排放量
			人均氢氧化物排放量
			单位土地面积氨氮化物排放量
			人均氨氮排放量
			空气质量达到二级以上天数占全年比重
			首要污染物可吸入颗粒物天数占全年比重
			可吸入细颗粒物（PM2.5）浓度年均值

续表

一级指标	二级指标	三级指标	四级指标
绿色发展评价体系	政府政策支持度	绿色投资指标	环境保护支出占财政支出比重
			城市环境基础设施建设投资占全市固定资产投资比重
			科教文卫支出占财政支出比重
		基础设施指标	人均绿地面积
			建成区绿化覆盖率
			用水普及率
			城市生活污水处理率
			生活垃圾无害化处理率
			互联网宽带接入用户数
			每万人拥有公共汽车数
		环境治理指标	工业二氧化硫去除率
			工业废水化学需氧量去除率
			工业氢氧化物去除率
			工业氨氮去除率

资料来源：关成华，韩晶．中国绿色发展指数报告区域比较［M］．北京：经济日报出版社，2020.

③官员交流制度。

中共中央印发的《党政领导干部职务任期暂行规定》明确规定党政领导职务每个任期为五年，意味着地方官员均有机会到其他地区进行交流，由于这种官员流动使得各个任职地之间建立起一种直接或间接联系，进而构成官员交流网络。通过在人民网手工收集整理地方官员任职履历，列示出我国官员因履职过程而形成的城市间的关联矩阵，最后利用 Gephi 工具构建了可视化的官员交流网络拓扑分布。具体构建过程如下。

首先，从人民网地方政府官员资料库中查询得到我国 323 个地级以上城市的市委书记在 2009—2019 年任职的官员名字列表及其简历，作为基础信息；其次，考虑到官员交流网络关系的真实性，对所有同名的官员进行了二次筛查，区分是否为同一个人，对每一个官员赋予独一无二的 ID 编码；再次，根据官员简历查找每个官员历任城市的列表，根据各个市委书记担任副市长以上职务的调任履历构建“城市—城市”的一模矩阵，矩阵反映了不同城市之间基于官员交流的联结关系，若官员 A 从城市 i 调任到城市 j，那么矩阵（i，j）的值为 1，否则为 0，城市自身的对角线取值为 0；最后，通过大型社会网络分析软件 Gephi 形成可视化网络。

复杂网络中的中心度分析可以将网络中节点的重要程度通过计量指标进行量化。复杂网络分析中常用的三种定量化工具分别为：度中心性、中介中心性和接近中心性。本部分用接近中心性（Closeness，CLO）表示官员交流程度。

接近中心性反映的是网络中某一节点与其他节点之间的接近程度，是当前节点到其他所有节点的最短距离累加起来的倒数，也就是说该节点距离网络中其他所有节点的距离越近，接近中心性越大，越处于网络中的核心位置。具体计量方法为：

$$CLO_i = \frac{n-1}{\sum_{j=1}^{n} c_{(i,j)}} \tag{9-3}$$

其中，$\sum_{j=1}^{n} c_{(i,j)}$ 为城市 i 与网络中其他所有城市的距离之和，用 n－1 来消除规模效应。需要指出的是，如果某个城市不会跟所有城市都有联系，那么这种非完全相连的网络无法准确计算接近中心性，这种情形下应先除以该城市所直接相连的所有城市数量之和，再乘以这些城市数量在整个官员交流网络中数量的比例。类似的方法参见 Liu（2010）的研究。

④金融制度。

绿色金融（Green Finance，GF）是反映金融制度对环境规制与企业环境责任耦合协调度影响最为直接的金融因素。在 2010 年以前，我国绿色金融的信息处于碎片化状态，信息披露渠道多样化，数据难以收集，2010年以后，绿色金融信息披露开始规范化，数据在口径上逐步一致。本书依据《中国绿色金融发展报告》，以及李虹等（2019）、牛海鹏等（2020）的研究，选取以下指标来衡量绿色金融发展水平（见表9-2）。

表9-2　　　绿色金融发展水平指标

一级指标	表征指标	指标说明
绿色信贷	高能耗产业利息支出占比	六大高耗能工业产业利息支出/工业利息总支出
绿色投资	环境污染治理投资占GDP比重	环境污染治理投资/GDP
绿色保险	农业保险深度	农业保险收入/农业总产值
政府支持	财政环境保护支出占比	财政环境保护支出/财政一般预算支出

注：各省份绿色金融指数数据来源于《中国统计年鉴》、各省份《统计年鉴》以及《中国保险年鉴》。

⑤公众监督制度。

媒体对一个事件的关注程度，可以用媒体报道中与该事件相关的新闻总量来衡量（刘锋等，2014）。现有文献对媒体关注主要是采用互联网的新闻搜索引擎对相关公司进行检索获得其新闻报道的次数来衡量，这种方法充分考虑了网络媒体这一大众接收信息的主要渠道。但由于媒体报道内容的千差万别，不同的报道内容、报道倾向对受众的影响呈现显著差异，进而对耦合也会呈现不同效应。由于报道繁多，网络搜索方法无法进一步对其内容进行识别。随着媒体关注研究的进一步深入，部分学者针对媒体报道的语言特征展开相关研究，将媒体关注按照报道的态度倾向分为正面报道、中性报道与负面报道等，其主要使用少数几个代表性纸质报刊中的报道进行深度文本分析（李培功和沈艺峰，2010），但这种衡量方式的主要缺点在于纸质报刊的公众覆盖率是有限的，不能完全衡量媒体关注的程度。除了考虑媒体倾向，越来越多的学者将媒体报道的内容与其研究主题紧密联系起来，于忠泊等（2011）采用财务负面关键词过滤报道内容，用于研究媒体财务负面报道对企业盈余管理行为的影响。Jia 等（2016）总结媒体环境负面报道的词汇，研究其对企业环境再次违规的影响。也有专家通过信息搜索发现媒体对上市公司正面报道极少，同时相比于正面环境活动信息，市场对负面环境信息的反应更大（王云等，2017）。

基于上述分析及数据可得性，本书对公众监督指标主要通过媒体关注度来衡量。该指标既考虑了媒体报道的负面倾向性，又考虑了媒体报道的内容为企业环境表现。在反映环境问题媒体关注度方面，百度指数（Baidu Index，BI）有着很强的适用性。该指数是以百度海量网民行为数据为基础的数据分析平台，是当前互联网乃至整个数据时代最重要的统计分析平台之一，自发布之日起便成为众多企业营销决策的重要依据。因此，本书鉴于百度指数的广泛性，采用百度指数中环境污染关键词的搜索指数来反映媒体的环境关注程度。鉴于环境污染关键词的百度搜索指数在 2011 年前有大量零值，故本书结合耦合协调度的研究期间，选取了 2011—2019 年的相关数据进行了分析研究。另外，为了消除变量间的量纲关系，使数据具有可比性，本书对 BI 指标进行了标准化处理。

（3）绿色创新（Green Innovation，GI）指标选取

①绿色创新投入。

绿色创新投入（Green Innovation Input，GII）是指一个组织用于绿色科学研究与试验发展的经费支出。考虑数据的可获得性，用各省份的地方财政科技支出衡量。考虑到各省份经济规模差异，绿色创新投入 GII 以各省份的地方财政科技支出占该省份 GDP 的比例衡量。

②绿色创新储备。

绿色创新储备（Green Innovation Reserve，GIR）是指为了进行

科学研究与实验发展所储备的人才。创新人才充足为企业提高未来科技创新活力和能力提供了坚实基础。绿色创新储备指数以各省份每万人普通高校在读学生数的对数衡量。

③绿色创新能力。

参考 Chung 等（1997）、Tone（2001）以及 Oh（2010）的研究成果，以基于松弛方向性距离函数 SBM 的生产率增长指数（Global Malmquist Luenberger，GML）的方法，以单位工业增加值能耗、单位工业增加值、工业固体废物产生量、单位工业增加值 SO_2 排放量、单位工业增加值工业废水排放总量作为非期望产出，测度企业的科技创新效率。GML 指数计算公式为：

$$
\begin{aligned}
GML_t^{t+1} &= \frac{1+\overline{D}^G(x^t,y^t,b^t;g_y^t,g_b^t)}{1+\overline{D}^G(x^{t+1},y^{t+1},b^{t+1};g_y^{t+1},g_b^{t+1})} \\
&\quad \times \frac{\dfrac{[1+\overline{D}^G(x^t,y^t,b^t;g_y^t,g_b^t)]}{[1+\overline{D}^t(x^t,y^t,b^t;g_y^t,g_b^t)]}}{\dfrac{[1+\overline{D}^G(x^{t+1},y^{t+1},b^{t+1};g_y^{t+1},g_b^{t+1})]}{[1+\overline{D}^{t+1}(x^{t+1},y^{t+1},b^{t+1};g_y^{t+1},g_b^{t+1})]}} \\
&= GEC_t^{t+1} \times GPTC_t^{t+1}
\end{aligned}
\tag{9-4}
$$

其中，方向距离函数 $D^G(x^t,y^t,b^t)=\max\{\beta \mid (y+\beta y, b-\beta b) \in P^G(x)\}$。当一个生产活动中出现期望产出增加（减少），非期望产出减少（增加）时，$GML_t^{t+1}>(<)1$，说明生产率提高（降低）。GEC_t^{t+1} 代表全域效率变化指数，$GPTC_t^{t+1}$ 代表全域技术变化指数。当二者大于 1 时，分别表示科技创新效率提高和绿色技术进步。数据来源于《中国统计年鉴》《中国科技统计年鉴》《中国工业经济统计年鉴》《中国能源统计年鉴》和《中国环境统计年鉴》。

④绿色创新质量。

借鉴黎文靖和郑曼妮（2016）的研究成果，企业通过追求创新数量来迎合相关监管部门和政府的策略性创新，可以保证企业在短期内获取大量实用新型专利和外观设计专利的低质量专利（张杰等，2016），但高质量发明专利较少，从而无法有效促进科技创新进步。因此，借鉴 Tong 等（2014）、黎文靖和郑曼妮（2016）、张杰和郑文平（2018）的研究成果，认为不同类型专利数量可以反映企业科技创新质量的差异。将企业申请“高质量”发明专利的行为认定为自发性创新；将企业申请实用新型专利和外观设计专利的行为认定为策略性创新。并且由于专利授权环节存在时间滞后性，以及专利授权审批人员偏好等人为因素的影响，专利申请数量比授予数量更能真实反映企业创新水平（王斌和谭清美，2013）。因此，本书采用绿色发明专利申请数量占企业当年绿色专利申请总量的比重反映企业的绿色创新质量（Green Innovation Quality，GIQ）。GIQ 数值越大，说明绿色发明专利所占比重越大，企业绿色创新质量越高；反之，GIQ 数值越小，说明绿色发明专利所占比重越小，企业绿色创新质量越低。

⑤绿色创新扩散。

基于刘章生（2017）的研究成果，采用条件 β 收敛模型检验是否存在绿色创新扩散效应，并确定各省份绿色创新扩散指数（Green Innovation Proliferate，GIP），模型如下：

$$G_{i,t+1} = \beta_0 + \beta_1 \ln GML_{i,t} + 控制变量 + \varepsilon_{i,t} \tag{9-5}$$

其中，i 代表省份，t 代表时间，$G_{i,t+1}$ 代表 i 省绿色创新能力指数 GML 在 t+1 期内的平均增长率；β 为系数项，$\beta = \frac{1-e^{-\eta T}}{T}$。如果 β<0，则表明绿色创新能力指数 GML 存在绝对收敛，即绿色创新能力较低的省份存在追赶绿色创新能力较高省份的趋势，即存在绿色创新扩散效应。控制变量包括 i 省 GDP 增长率、环境规制强度、科技创新投入。

将各省份 t 期变量值代入式（9-5）中，可以得到 i 省 t 期的 β 数值。β 值大小可以反映绿色创新扩散程度。β 越小说明绿色创

新扩散程度越高。因此，本书以β为i省绿色创新扩散指数GIP。

（4）控制变量选取

在对相关文献（张中元和赵国庆，2012；邢贞成等，2018；范庆泉等，2020；何枫等，2020；胡宗义等，2022）和两者耦合协调机制深入分析（见第4章）的基础上，本书从宏观角度选取了七个控制变量：X1为各省份外资利用程度；X2为各省份GDP增长率；X3为各省份产业结构合理化程度；X4为各省份产业结构高级化程度；X5为各省份贸易开放度；X6为各省份人口城镇化水平；X7为各省份市场化程度。各指标计算或来源如表9－3所示。

表9－3　耦合协调度影响因素

变量	指标	计算或来源
X1	外资利用程度	外商直接投资/GDP
X2	GDP增长率	国家统计局
X3	产业结构合理化程度	基于泰尔指数计算
X4	产业结构高级化程度	第三产业/第二产业
X5	贸易开放度	进出口总额/GDP
X6	人口城镇化水平	城镇人口/地区常住人口
X7	市场化程度	樊纲指数

9.4　模型构建

9.4.1　制度创新角度制约因素分析模型构建

为了验证财政分权、官员考核、官员交流、金融制度以及公众监督制度对环境规制与企业环境责任履行之间耦合关系的影响，本书在Hausman检验和White检验后，选择采用稳健标准误Robust固定效应模型进行回归，建立基本模型为：

$$D_{i,t} = \beta_0 + \beta_1 \text{II} + 控制变量 + Year_t + \varepsilon_{i,t} \quad (9-6)$$

变量Ⅱ代表五个不同的制度创新变量。D代表2009—2019年各省份环境规制与企业环境责任之间的耦合协调度得分。控制变量选取了七个变量：X1为各省份外资利用程度；X2为各省份GDP增长率；X3为各省份产业结构合理化程度；X4为各省份产业结构高级化程度；X5为各省份贸易开放度；X6为各省份人口城镇化水平；X7为各省份市场化程度。

9.4.2 绿色创新角度制约因素分析模型构建

同理为了验证绿色创新投入、储备、能力、质量和扩散效应对环境规制与企业环境责任履行之间耦合关系的影响，本书首先采用Hausman检验，验证应该采用的固定效应回归；其次，考虑文本面板数据是大样本小时间形式，采用White检验验证数据存在异方差情况，采用稳健标准误Robust进行回归。本书建立基本模型为：

$$D_{i,t} = \beta_0 + \beta_1 GI + \text{控制变量} + Year_t + \varepsilon_{i,t} \qquad (9-7)$$

变量GI代表五个不同的绿色创新变量。D代表2009—2019年各省份环境规制与企业环境责任之间的耦合协调度得分。控制变量共选取了七个变量：X1为各省份外资利用程度；X2为各省份GDP增长率；X3为各省份产业结构合理化程度；X4为各省份产业结构高级化程度；X5为各省份贸易开放度；X6为各省份人口城镇化水平；X7为各省份市场化程度。

9.5 实证分析结果

9.5.1 制度创新制约环境规制与企业环境责任履行耦合关系的实证检验结果

(1) 描述性统计

表9-4显示了制度创新中各主要变量的描述性统计结果。首

先，从指标数量上来看，制度创新变量中官员考核制度和公共监督制度的数据仅反映了 2011—2019 年的情况，共 270 个。而其他变量的数据较全，反映了 2009—2019 年的情况，共 330 个。其次，从各指标统计量来看，除市场化程度外，其他各变量的标准差都在 1 以内，离散程度较小，并且各主要变量基本符合正态分布，适合进行进一步分析。

表 9－4　　　　描述性统计

变量	含义	N	Mean	SD	Min	Max
D	耦合协调度	330	0.510	0.0500	0.420	0.680
VIF	财政分权制度	330	0.680	0.190	0.220	0.940
GDI	官员考核制度	270	0.380	0.0700	0.280	0.640
CLO	官员交流制度	330	0.2860	0.2408	0	1
GF	金融制度	330	0.170	0.100	0.0600	0.690
BI	公共监督制度	270	0.070	0.930	－2.010	2.310
X1	外资利用程度	330	0.0200	0.0200	0.0001	0.110
X2	GDP 增长率	330	0.0900	0.0300	0.0300	0.160
X3	产业结构合理化程度	330	0.220	0.130	0.0200	0.600
X4	产业结构高级化程度	330	1.140	0.630	0.550	4.170
X5	贸易开放度	330	0.280	0.310	0.0300	1.360
X6	人口城镇化水平	330	0.570	0.130	0.300	0.890
X7	市场化程度	330	7.710	1.860	3.360	11.23

（2）回归结果

表 9－5 报告的是财政分权制度（VFI）、官员考核制度（GDI）、官员交流制度（CLO）、金融制度（GF）和公共监督制度（BI）五个变量制约环境规制与企业环境责任履行耦合关系的固定效应检验结果。回归结果显示，在 5% 的水平上，财政分权制度（VFI）的回归系数显著为负；在 5% 的水平上，官员考核制度（GDI）的回归系数显著为正；在 10% 的水平上，官员交流制度（CLO）的回归系数显著为正；在 1% 的水平上，金融制度（GF）

的回归系数显著为正；在5%的水平上，公共监督制度（BI）的回归系数显著为正。说明随着财税纵向失衡程度的加剧，地方政府的竞争日趋激烈，进而在自身经济和政治利益的驱动下，牺牲了环境治理的公共职能，抑制了环境规制与企业环境责任履行之间的耦合关系。而官员考核、官员交流、金融制度和公共监督等变量都发挥了正向的、积极的作用，进而能显著促进环境规制与企业环境责任履行之间耦合关系的提高。

表9-5　　制度创新制约耦合协调度的回归结果

变量	财政分权制度（VFI）	官员考核制度（GDI）	官员交流制度（CLO）	金融制度（GF）	公共监督制度（BI）
VFI	-0.0772** (-2.58)				
GDI		0.0588** (2.50)			
CLO			0.0054* (1.66)		
GF				0.158*** (3.07)	
BI					0.00352** (2.40)
X1	0.0581 (0.79)	0.106* (1.98)	0.177** (2.464)	0.161** (2.37)	0.162*** (3.21)
X2	-0.226*** (-3.16)	-0.144 (-1.47)	-0.199*** (-3.442)	-0.222*** (-3.13)	-0.203* (-1.88)
X3	0.0421 (1.03)	0.0895* (1.96)	0.046** (2.370)	0.0259 (0.62)	0.0833* (1.90)
X4	0.00770 (1.01)	0.00496 (0.78)	0.005 (1.277)	0.000774 (0.10)	0.00229 (0.35)

续表

变量	财政分权制度（VFI）	官员考核制度（GDI）	官员交流制度（CLO）	金融制度（GF）	公共监督制度（BI）
X5	-0.0485*** (-4.21)	-0.0427*** (-3.66)	-0.048*** (-4.411)	-0.00557 (-0.35)	-0.0392*** (-3.46)
X6	0.0899** (2.05)	0.149*** (2.77)	0.118*** (3.724)	0.0424 (0.95)	0.100* (1.88)
X7	-0.000982 (-0.47)	0.000434 (0.20)	-0.001 (-0.442)	-0.00182 (-0.85)	-0.000323 (-0.15)
_cons	0.529*** (13.34)	0.393*** (11.09)	0.454*** (21.061)	0.479*** (14.60)	0.457*** (14.20)
N	330	270	330	330	270
R^2	0.433	0.373	0.45	0.449	0.356
F	25.64***	26.02***	28.32***	28.68***	37.87***

注：括号内为变量t值，***、**、*分别在1%、5%、10%统计意义上显著。

（3）稳健性检验

为了进一步检验制度创新方面的财政分权制度（VFI）、官员考核制度（GDI）、官员交流制度（GLO）、金融制度（GF）和公共监督制度（BI）等变量对环境规制与企业环境责任履行之间耦合关系的影响情况。本书进一步采用Tobit回归进行稳健性检验，结果见表9-6。

表9-6　制度创新制约耦合协调度的稳健性检验结果

变量	财政分权制度（VFI）	官员考核制度（GDI）	官员交流制度（CLO）	金融制度（GF）	公共监督制度（BI）
VFI	-0.130*** (-5.44)				
GDI		0.0795*** (4.21)			

续表

变量	财政分权制度(VFI)	官员考核制度(GDI)	官员交流制度(CLO)	金融制度(GF)	公共监督制度(BI)
GLO			0.0165** (2.19)		
GF				0.190*** (5.85)	
BI					0.00425** (2.01)
X1	-0.0128 (-0.16)	0.0740 (0.91)	0.169 (1.46)	0.163** (2.23)	0.152* (1.90)
X2	-0.164** (-2.86)	-0.0193 (-0.25)	-0.143 (1.56)	-0.179*** (-3.15)	-0.0885 (-1.10)
X3	0.0406** (2.04)	0.0806*** (3.2)	0.052** (2.24)	0.0224 (1.12)	0.0745*** (2.89)
X4	0.0133*** (3.05)	0.00962* (1.93)	0.007** (2.00)	0.00159 (0.35)	0.00703 (1.36)
X5	-0.0357*** (-3.41)	-0.0227** (-1.97)	0.043*** (3.95)	0.0127 (1.09)	-0.0163 (-1.27)
X6	0.106*** (3.44)	0.201*** (4.68)	0.193*** (5.96)	0.0547* (1.67)	0.148*** (3.29)
X7	-0.00092 (-0.59)	0.000906 (0.53)	0.001 (0.72)	-0.00194 (-1.23)	-0.00033 (-0.19)
_cons	0.542*** (18.4)	0.332*** (10.61)	0.368 (14.99)	0.458*** (21.05)	0.409*** (13.94)
N	330	270	330	330	270
sigma_u	0.0293*** (6.67)	0.0353*** (6.52)	0.041*** (6.64)	0.0337*** (7.18)	0.0393*** (6.21)
sigma_e	0.0126*** (24.13)	0.0118*** (21.41)	0.011*** (23.29)	0.0124*** (24.33)	0.0120*** (21.22)

注：括号内为变量t值，***、**、*分别在1%、5%、10%统计意义上显著。

表9-6列示了五个制度创新变量制约环境规制与企业环境责任履行之间耦合关系的Tobit检验结果。回归结果显示，财政分权制度（VFI）在1%水平上显著负相关，而官员考核制度（GDI）、官员交流制度（GLO）、金融制度（GF）和公共监督制度（BI）则分别在1%、5%、1%以及5%的水平上显著正相关。和前面整体回归的计算结果一致，再一次验证了财政分权制度（VFI）抑制环境规制与企业环境责任履行之间耦合关系，官员考核制度（GDI）、官员交流制度（GLO）、金融制度（GF）和公共监督制度（BI）能显著促进环境规制与企业环境责任履行之间耦合关系的结论。

（4）实证检验结论

通过对2009—2019年30个省份的固定效应检验、Tobit检验（官员考核制度（GDI）和公共监督制度（BI）分析时用的是2011—2019年数据），可以发现，财政分权制度（VFI）、官员考核制度（GDI）、官员交流制度（GLO）、金融制度（GF）和公共监督制度（BI）均对环境规制与企业履行环境责任的耦合关系有显著影响。另外，从影响方向上来看，除财政分权制度（VFI）是负向影响外，其余变量均是正向影响。总体来看，制度创新是制约环境规制与企业环境责任履行耦合关系的重要影响因素和动力机制。

9.5.2　绿色创新制约环境规制与企业环境责任履行耦合关系的实证检验结果

（1）描述性统计

表9-7显示了各主要变量的描述性统计结果。

表9-7　描述性统计

变量	含义	N	Mean	SD	Min	Max
D	耦合协调度	330	0.510	0.0500	0.420	0.680
GII	绿色创新投入	330	5.567	26.665	1.794	225.815

续表

变量	含义	N	Mean	SD	Min	Max
GIR	绿色创新储备	330	0.574	3.340	0	29.39
GML	绿色创新能力	330	2.397	5.587	0	33.609
GIQ	绿色创新质量	330	3.474	0.055	1.179	5.708
GIP	绿色创新扩散	330	1.193	6.851	0.001	59.26
X1	外资利用程度	330	0.0200	0.0200	0	0.110
X2	GDP 增长率	330	0.0900	0.0300	0.0300	0.160
X3	产业结构合理化程度	330	0.220	0.130	0.0200	0.600
X4	产业结构高级化程度	330	1.140	0.630	0.550	4.170
X5	贸易开放度	330	0.280	0.310	0.0300	1.360
X6	人口城镇化水平	330	0.570	0.130	0.300	0.890
X7	市场化程度	330	7.710	1.860	3.360	11.23

从表9-7可以看出，2009—2019年各省份环境规制与企业环境责任履行耦合协调度水平（D）均值为0.510，最小值为0.420，最大值为0.680，标准差为0.0500，说明各省份耦合协调度水平相差不大。各省份绿色创新投入指标标准差为26.665，说明各省份绿色创新投入水平差异较大。各主要变量基本符合正态分布。

（2）回归结果

表9-8报告的是绿色创新投入（GII）、绿色创新储备（GIR）、绿色创新能力（GML）、绿色创新质量（GIQ）和绿色创新扩散（GIP）五个变量制约环境规制与企业环境责任履行耦合关系的固定效应检验结果。

表9-8回归结果显示，在1%的水平上，绿色创新投入（GII）的回归系数显著为正；在5%的水平上，绿色创新能力（GML）、绿色创新质量（GIQ）的回归系数显著为正；在10%的水平上，绿色创新储备（GIR）和绿色创新扩散（GIP）的回归系数显著为正。上述结果说明绿色创新投入、绿色创新储备、绿色创新能力、

绿色创新质量能显著促进环境规制与企业环境责任履行之间耦合关系的提高。

表9-8　　　　绿色创新制约耦合协调度的回归结果

变量	绿色创新投入 D	绿色创新储备 D	绿色创新能力 D	绿色创新质量 D	绿色创新扩散 D
GII	0.597*** (9.045)				
GIR		0.547* (1.793)			
GML			0.821** (2.111)		
GIQ				0.066** (2.372)	
GIP					0.030* (1.889)
X1	0.020* (1.818)	0.991*** (3.856)	0.537*** (12.205)	-0.683*** (-8.025)	-6.136*** (-3.415)
X2	0.287 (1.527)	-7.928** (-2.249)	-0.806* (-1.829)	-2.878*** (-4.421)	-30.486** (-2.089)
X3	-0.013** (-2.600)	-3.388*** (-4.403)	0.011 (0.098)	0.183*** (9.632)	3.059*** (7.516)
X4	-0.174* (-1.758)	-3.065* (-1.803)	-0.531 (-1.351)	0.471*** (16.241)	-2.382 (0.218)
X5	-0.013** (-2.167)	-0.356*** (-2.759)	-0.058** (-2.522)	-0.744*** (-4.276)	-21.467*** (-5.327)
X6	0.040** (2.105)	-1.295* (-1.726)	-0.186 (-1.208)	-0.222*** (-5.842)	-1.644*** (-2.941)
X7	0.651*** (3.056)	2.110*** (5.466)	-0.042*** (-8.401)	0.667** (2.065)	-1.927 (-0.315)

续表

变量	绿色创新投入 D	绿色创新储备 D	绿色创新能力 D	绿色创新质量 D	绿色创新扩散 D
Constant	-1.285* (1.828)	21.549 (1.493)	-7.822*** (-4.174)	26.752*** (9.520)	212.427*** (3.596)
R^2_adj	0.374	0.0859	0.232	0.107	0.112
F	90.80***	12.86***	31.52***	13.68***	26.86***
N	330	330	330	330	330

注：括号内为变量 t 值，***、**、* 分别在 1%、5%、10% 统计意义上显著。

（3）稳健性检验

为了进一步检验绿色创新投入、储备、能力、质量和扩散效应对环境规制与企业环境责任履行之间的耦合关系。本书进一步采用 Tobit 回归进行稳健性检验，结果见表 9－9。

表 9－9　绿色创新制约耦合协调度的稳健性检验结果

变量	绿色创新投入 D	绿色创新储备 D	绿色创新能力 D	绿色创新质量 D	绿色创新扩散 D
GII	0.323*** (6.872)				
GIR		7.850*** (7.047)			
GML			0.443* (1.801)		
GIQ				0.132*** (4.125)	
GIP					0.469* (1.907)
X1	-6.084*** (-6.493)	-0.691*** (-17.275)	0.471*** (16.241)	-0.004*** (-4.002)	0.467*** (16.103)

续表

变量	绿色创新投入 D	绿色创新储备 D	绿色创新能力 D	绿色创新质量 D	绿色创新扩散 D
X2	-29.705** (-2.290)	-2.917*** (-5.284)	0.313*** (6.521)	-0.029*** (-3.222)	0.123*** (3.844)
X3	3.030*** (11.654)	0.187*** (17.012)	0.084*** (12.009)	0.002*** (28.374)	0.086*** (12.286)
X4	0.202*** (2.971)	0.189*** (5.108)	0.100 (0.383)	0.008 (0.889)	0.106 (0.408)
X5	-21.469*** (-8.734)	-0.772*** (-7.352)	-0.461*** (-5.835)	-0.026*** (-8.667)	-0.484*** (-6.127)
X6	-1.667*** (-2.783)	-0.224*** (-8.961)	-0.043** (-2.151)	-0.003*** (-3.079)	-0.046** (-2.312)
X7	-1.825 (-0.410)	0.666*** (3.524)	0.076** (2.103)	-0.000 (-0.000)	0.076** (2.076)
Constant	28.157*** (4.876)	27.024*** (12.488)	-6.405*** (-5.333)	0.178*** (4.139)	-6.244*** (-5.195)
sigma_u	5.326*** (4.234)	0.308*** (5.704)	0.216*** (6.353)	0.007*** (6.954)	0.210*** (6.176)
sigma_e	7.850*** (7.047)	0.313*** (6.521)	0.132*** (4.125)	0.010*** (6.757)	0.123*** (3.844)
N	330	330	330	330	330

注：括号内为变量t值，***、**、*分别在1%、5%、10%统计意义上显著。

表9-9列示了五个绿色创新变量制约环境规制与企业环境责任履行之间耦合关系的Tobit检验结果。回归结果显示，绿色创新投入（GII）、绿色创新储备（GIR）、绿色创新能力（GML）、绿色创新质量（GIQ）和绿色创新扩散（GIP）的回归系数分别在1%、1%、10%、1%以及10%的水平上显著为正。再次验证了绿色创新投入、绿色创新储备、绿色创新能力、绿色创新质量和绿色创新

扩散能显著促进环境规制与企业环境责任履行之间耦合关系的提高。

（4）实证检验结论

通过对2009—2019年30个省份的固定效应检验以及Tobit检验，可以发现绿色创新投入、绿色创新储备、绿色创新能力、绿色创新质量和绿色创新扩散均能显著促进环境规制与企业履行环境责任的耦合关系。可见，绿色创新是影响环境规制与企业环境责任履行耦合关系的重要因素。

9.6　本章小结

本章基于“双轮驱动”视角，剖析了制度创新和绿色创新“双轮”影响环境规制与企业环境责任履行耦合的机理，并进行了实证检验。研究发现：①实现生态文明建设，绿色技术创新和制度创新缺一不可，两者必然影响环境规制与企业环境责任的耦合关系。②随着地方政府的竞争日趋激烈，财政分权制度抑制了环境规制与企业环境责任履行之间的耦合关系；而官员考核制度、官员交流制度、金融制度和公共监督制度等变量都发挥了正向的、积极的作用，显著提高环境规制与企业环境责任履行耦合协调程度。③绿色创新能显著促进环境规制与企业环境责任履行之间耦合协调性，且五个子项（绿色创新投入、绿色创新储备、绿色创新能力、绿色创新质量、绿色创新扩散）也都能显著促进环境规制与企业环境责任履行耦合协调性。

第10章 环境规制与企业环境责任耦合对经济发展的推动效应

本章前半部分的内容都围绕环境规制与企业环境责任耦合关系展开，丰富和完善了有关两者关系的研究。但两者耦合的好坏到底对经济发展有什么影响，以及波特假说、遵循成本假说等相关理论到底是否正确尚不明确。因此，为了进一步分析两者耦合协调关系的经济作用和影响，验证相关假说，本章在理论分析支撑下，采用面板 VAR 模型，进一步分析了环境规制与企业环境责任耦合对经济发展的推动作用。

10.1　理论分析

是要生态环境，还是要经济发展，怎样实现生态环境和经济发展相协调等问题一直是社会各界和相关学者们关注的话题。早在 1991 年，Grossman 和 Krueger 针对环境污染问题进行了研究，首次实证分析了环境质量与人均收入之间的关系。在此基础上，Panayotou（1994）提出了环境库兹涅茨曲线（Environmental Kuznets Cure，KEC），刻画了环境质量与收入间的倒“U”形关系，为环境污染与经济发展的相关研究奠定了基础。KEC 表明，当一个国家经济发展水平较低的时候，环境污染的程度较轻，但是随着人均收入的增加，环境污染由低到高，环境恶化程度随经济的增长而加剧；当经济发展达到一定水平后，也就是说，到达某个临界点或称“拐点”以后，随着人均收入的进一步增加，环境污染又由高到低，其环境污染的程度逐渐减缓，环境质量逐渐得到提高（Grossman 和 Krueger，1995；Kuznets，1995）。在 KEC 理论提出后，关于环境与经济发展之间的探讨不断深入，怎样解决经济发展中的生态环境问题逐渐成为了学者们研究的重点。生态环境是一种不具有竞争性和排他性的公共物品，因此具有很强的外部性。现阶段有关环境问题的研究主要从政府宏观调控和市场调控角度来展开，因此，作为政府宏观调控重要手段的环境规制和作为市场调控手段的企业环境责任之间耦合协调性的高低将直接影响一地的生态环境，进而也会对该地的经济发展情况产生影响（刘传明等，2021）。

从理论上看，环境规制和企业环境责任的耦合协调发展是政府和企业共同进行环境保护的一种协调行为。耦合协调的高低不仅直接影响生态环境的好坏，而且还能间接影响微观经济主体的交易费用、运行成本、整体收益和管理效率，进而影响本区域和周边区域经济主体的行为和选择。总的来看，环境规制和企业环境责任的耦合协调发展行为是政府宏观调控和市场机制协调发展的结果，能够很好地解决环境污染的负外部性问题。

虽然环境规制和企业环境责任的耦合协调发展能够解决环境污染问题，有利于改善生态环境。但关于两者耦合协调发展和经济发展关系的研究尚存争议。“环境库兹涅茨曲线”“遵循成本假说”“波特假说”“污染天堂”“污染光环”和“环境竞次假说”等理论，分别从不同角度对两者关系进行阐述，得出了不同的结论。具体来看，两者耦合协调状况与经济发展相互作用的机理如图 10－1 所示。

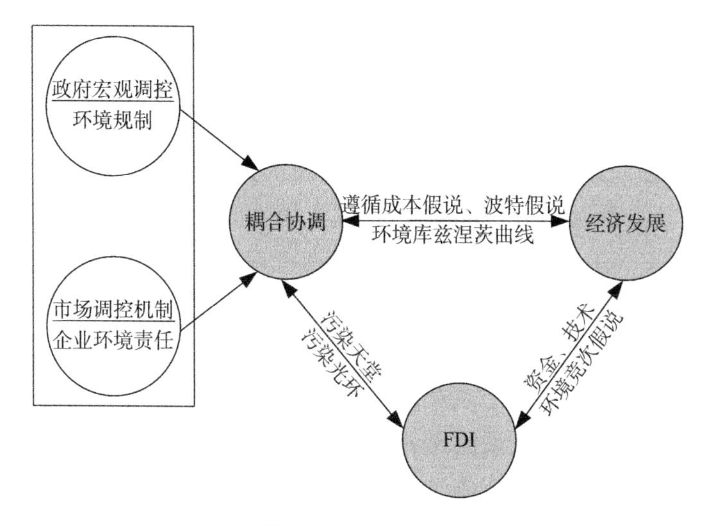

图 10-1　环境规制与经济发展相互影响机理

首先，根据“遵循成本假说”，当环境规制和企业环境责任耦合程度较高时，宏观政策以及企业微观经营上都会直接或间接增加企业的运行成本，束缚企业的发展，进而抑制了整体经济的发展（Gray W. B.，1998；王文普，2011；张婷婷，2014）。反过来根据“环境库兹涅茨曲线”理论可以发现，经济发展能够通过规模效应、技术效应和结构效应对环境规制和企业环境责任的耦合情况产生影响。其中，追求规模效应不利于生态保护，会抑制两者耦合水平，而技术效应和结构效应则有利于生态保护，会促进两者耦合协调发展。分析可知，在经济发展初期，经济发展的规模效应起到主导作用，资源环境的投入超过了资源环境的再生速度，环境污染大量产生，不利于环境规制和企业环境责任履行，制约了两者耦合协调水平的提高；而随着经济的高质量发展和人民收入水平的提高，资源环境问题也越来越受到政府、企业以及社会大众的重视，经济发展的技术效应和结构效应就开始发挥主要作用，减缓环境恶化现象，环境规制和企业环境责任履行程度随之逐渐提升，有利于两者耦合协调水平的提升（彭水军和包群，2006；孙英杰和林春，2018）。

其次，根据“波特假说”，当环境规制和企业环境责任耦合程度较高时，企业在经济运行成本增加的同时会进行更多的创新（特别是绿色创新），从而抵消了成本增加的消极影响，促进了经济的增长（王国印，2011）。同时，两者耦合协调度的加强也必然会淘汰落后产业，引起产业结构的优化调整，进而提升经济的发展质量，最终会推动一国经济的健康持续发展（张丹，2019）。

最后，从全球范围来看，发展中国家由于发展水平相对较低，一直以来都把经济发展放到了首要位置，而对于经济发展载体的生态环境投入较低。这就造成发展中国家的环境规制和企业环境责任水平及耦合协调程度往往较低，进而能够使得污染密集型产业向本国转移，达到吸引外资，促进经济发展的目的（污染天堂假说）（孙淑琴，2018）。这也就会造成某些国家或地区刻意降低两者水平来吸引资本，进而造成两者耦合协调度下降的现象（环境竞次假说）（吴伟平和何乔，2017；张华，2018）。但这种做法在带来污染密集型投资造成的污染的同时，也会带来较为先进的技术与理念（与发展中国家现有情况相比），进而有助于发展中国家绿色技术的发展和生态环境的保护（溢出效应或污染光环假说）（刘艳，2012）。总的来看，在经济发展过程中只有当环境规制和企业环境责任的产业优化调整效果与FDI投资结构相协调时两者才会表现出促进效应，而当两者不协调时则会表现出约束效应（曾贤刚，2010；朱金鹤，2018）。

基于上述分析可以看出，环境规制和企业环境责任的耦合协调发展会直接或间接对FDI和经济发展产生积极或消极的影响，这使得三者之间的关系变得错综复杂。因此，在中国经济发展新常态背景下，将环境规制和企业环境责任的耦合、FDI和经济发展纳入统一的研究模型中进行分析，不仅可以重新验证三者之间的相互作用

机理在新常态发展阶段的表现，而且还能为我国制定相关环境规制政策、外商投资政策和经济发展政策提供理论支撑。

10.2　模型设定与变量选取

10.2.1　模型设定

本书选取 2009—2019 年 30 个省份的相关数据进行分析，这是典型的面板数据。从经济发展的实践可知，耦合协调度效应的发挥都需要一定的时间才能显现，因此本书选择构建面板向量自回归模型（Panel Vector Autoregression model，PVAR）来研究耦合协调度、FDI 和经济高质量发展间的相互关系。PVAR 模型最早由 Holta 等学者（1988）提出，将面板数据估计和向量自回归模型结合在一起，是对普通向量自回归模型的创新与发展。首先，PVAR 模型继承了向量自回归模型的优点，不需要区分模型中的变量是内生变量还是外生变量，而是将所有的变量都看作是内生变量，能够真实地呈现各变量之间的关系。其次，PVAR 模型通过脉冲响应函数可以分离出来一个内生变量的冲击对其他内生变量的影响，进而可以分析某个变量的变动对其他变量的影响程度。另外，PVAR 模型还允许数据中存在个体效应和异方差，并且由于大量横截面单位的存在允许滞后系数随时间变化，从而放松了对时间序列平稳性的假设，使得向量自回归不需要满足一般条件。和其他模型相比，PVAR 模型能够更准确地对向量自回归进行估计，因此在经济问题实证分析中得到了广泛的应用（Gerlach，1995；Canova，2004；Love，2006；Brana，2012；金春雨，2013；黄宁，2015；张志新，2020）。

PVAR 模型的具体设定如下：

$$Y_{i,t} = \alpha_0 + \sum_{j=1}^{p} \beta_j Y_{i,t-j} + \eta_i + \gamma_t + \varepsilon_{i,t} \quad (10-1)$$

$$Y_{i,t} = \{X1_{it}, X2_{it}, \cdots, Xm_{it}\}$$

其中，$i = 1, \cdots, N$；$t = 1, \cdots, T$；$j = 1, \cdots, p$，N、T、p 分别表示省份、年份和各个变量的滞后阶数。$Y_{i,t}$ 为模型的被解释变量，表示个体 i 在 t 时刻 m 个可观测随机变量的 $m \times 1$ 向量，本书在进行实证检验时 $Y_{i,t}$ 主要包含耦合协调度、外商直接投资（FDI）和经济发展等列向量。α_0 是截距向量。β_j 是回归系数矩阵。η_i 表示地区固定效应向量，反映不同省份截面数据的个体异质性。γ_t 表示时间效应，反映各个截面个体的时间趋势特征。$E_{I,t}$ 为模型的误差项。

10.2.2 变量选择

根据研究内容，本书选取了2009—2019年30个省份的数据①。数据来源于《中国统计年鉴》《中国环境年鉴》《中国分省份市场化指数报告》和国家统计局网站。为了保证变量的平稳性，本书对各变量进行了标准化和差分处理。

（1）环境规制与企业环境责任履行耦合协调度（Coupling Coordination Degree）

耦合协调度按照第7章中耦合协调度指标体系及评价方法确定，计算过程和结果不再赘述。

（2）外商直接投资指标（Foreign Direct Investment，FDI）

为了更好地反映外商直接投资对中国经济发展的影响情况，本书根据大多数研究学者的做法（沈坤荣，1999；Alfaro L.，2004；Büthe T.，2008），选取2009—2019年各地区外商直接投资流入量来反映外商直接投资水平。由于该指标是绝对数指标，因此在分析

① 数据选择见1.4章节中的研究方法。

前对该指标进行了对数化处理。FDI 指标是一个正向指标，取值越大表明外商直接投资的规模越大。

（3）经济发展指标（Economic Development，ED）

我国经济发展新常态的显著特点是经济增长速度从高速增长逐渐转变为中高速增长；经济结构不断优化升级趋于合理；增长动力逐渐由过去的要素及投资驱动向创新驱动转移。在这样的背景下，追求经济高质量、健康可持续发展成为了我国经济未来发展的方向（刘伟，2015）。因此，以往研究仅仅从经济发展速度角度来衡量经济发展的做法显然已经不再合适。本书结合经济发展新常态的特点，参考陶静等（2019）、周斌等（2017）、王薇和任保平（2015）、杨耀武和张平（2021）等学者的研究，从经济发展质量、环境和速度等方面选取相关指标来反映我国经济整体发展的情况，具体内容如表 10－1 所示。

表 10－1　　经济高质量发展指标体系

变量	代码	内涵	计算公式或数据来源
GDP 增长率	$RGDP_{i,t}$	经济增长速度	国家统计局
人均 GDP	$PCGDP_{i,t}$	经济发展质量	国家统计局
产业结构高级化程度	$TS_{i,t}$	经济发展质量	$\frac{第三产业产值_{i,t}}{第二产业产值_{i,t}}$
贸易开放度	$TO_{i,t}$	经济发展环境	$\frac{进出口总额_{i,t}}{GDP_{i,t}}$
城镇化水平	$UR_{i,t}$	经济发展环境	$\frac{城镇人口_{i,t}}{常住人口_{i,t}}$
市场化程度	$MI_{i,t}$	经济发展环境	《中国分省份市场化指数报告》

通过上述指标体系可以看出，经济发展体系是由多指标构成的。因此，为了减少各项指标之间相关性对回归结果的影响，同时综合反映经济发展与各变量之间的关系，本书利用主成分分析法对

经济发展指标进行了降维处理。主成分分析法是由 Karl 和 Peareon 在 1901 年提出的一种多元统计分析方法（虞晓芬 2004；Abdi H.，2010）。该方法通过线性变换，可把给定的一组相关变量转化为另一组不相关的变量，用较少的指标代替了原来较多的指标，并且保留了原有指标的信息，从根本上简化了原有指标体系的结构，解决了变量间信息重叠的问题。此外，该方法是根据各指标贡献率的大小来确定权重，克服了人为确定权重的缺点，增强了评价结果的客观性。主成分分析法各主成分线性转换的公式为：

$$F_i = U_i^T X (i = 1, 2, \cdots, m) \tag{10-2}$$

其中 $X = (x_1, x_2, \cdots, x_m)$，表示 m 个给定的相关向量，$U_i$ 表示协方差矩阵的第 i 个特征值对应的标准化特征向量。具体应用时要根据累计贡献率标准筛选出主成分的个数。

基于上述分析思路，本书对经济发展指标体系进行了主成分分析，结果显示，特征根大于 1 的主成分有两个（见图 10－2），其累计方差贡献率达到了 79.13%，且 KMO 和 SMC 检验结果也得分较高，表明选择两个主成分来反映经济发展是合理的。

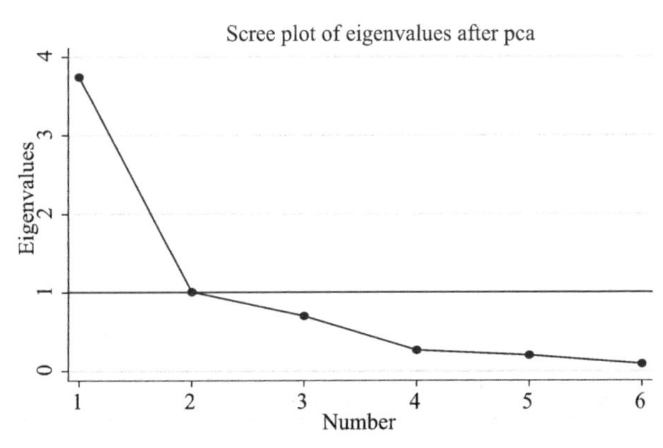

图 10－2　主成分分析特征根情况

结合主成分载荷图（见图 10－3）可以看到，Component1 主要反映了 PCGDP、TO、UR、TS 和 MIP 五个变量的信息，可以将

Component1 理解为由经济发展质量和经济发展环境驱动的经济增长，命名为 EDQ&DE。而 Component2 则主要反映了 RGDP 这个变量的信息，所以可以将 Component2 理解为由经济增长速度驱动的经济增长，命名为 EGR&IL。

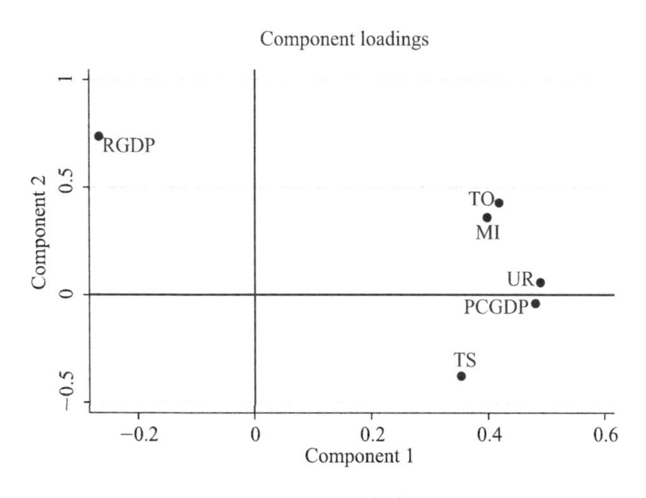

图 10 -3　主成分载荷情况

综上所述，本书针对环境规制与企业环境责任履行耦合、FDI 和经济发展共选出四个变量，因此，本书将 D、EDQ&DE、EGR&IL 和 FDI 代入面板向量自回归模型进行了相关检验。

10.3　实证分析与讨论

10.3.1　模型启动检验

本书依据 BIC、AIC 和 QIC 统计量最小原则，选择滞后 1 阶作为模型的最优滞后阶数来进行回归分析，结果如表 10 -2 所示。

表 10-2　　　　滞后阶数的选择

滞后阶数 Lag	BIC	AIC	QIC
1	-182.0268	-37.5163	-96.22632
2	-122.2798	-25.93946	-65.07947
3	-65.36965	-17.19949	-36.76949

此外，本书还对变量进行了格兰杰因果检验（表 10-3），结果显示除 FDI_{it} 不是 $EDQ\&DE_{it}$ 和环境规制与企业环境责任履行耦合的格兰杰原因外，其他变量间都存在因果关系，因此，可以进行 PVAR 模型回归。

表 10-3　　　　格兰杰因果检验

原假设	chi2	df	P 值	Reject or accept
$EDQ\&DE_{i,t}$ 不是 $EGR\&IL_{i,t}$ 的格兰杰原因	5.205	1	0.023	Reject
$EDQ\&DE_{i,t}$ 不是 $D_{i,t}$ 的格兰杰原因	28.944	1	0.000	Reject
$EDQ\&DE_{i,t}$ 不是 $FDI_{i,t}$ 的格兰杰原因	5.983	1	0.014	Reject
$EDQ\&DE_{i,t}$ 不是 ALL 的格兰杰原因	35.359	3	0.000	Reject
$EGR\&IL_{i,t}$ 不是 $EDQ\&DE_{i,t}$ 的格兰杰原因	14.971	1	0.000	Reject
$EGR\&IL_{i,t}$ 不是 $D_{i,t}$ 的格兰杰原因	20.055	1	0.000	Reject
$EGR\&IL_{i,t}$ 不是 $FDI_{i,t}$ 的格兰杰原因	8.306	1	0.004	Reject
$EGR\&IL_{i,t}$ 不是 ALL 的格兰杰原因	39.180	3	0.000	Reject
$D_{i,t}$ 不是 $EDQ\&DE_{i,t}$ 的格兰杰原因	9.511	1	0.002	Reject
$D_{i,t}$ 不是 $EGR\&IL_{i,t}$ 的格兰杰原因	4.839	1	0.028	Reject
$D_{i,t}$ 不是 $FDI_{i,t}$ 的格兰杰原因	8.367	1	0.004	Reject
$D_{i,t}$ 不是 ALL 的格兰杰原因	20.555	3	0.000	Reject
$FDI_{i,t}$ 不是 $EDQ\&DE_{i,t}$ 的格兰杰原因	0.425	1	0.515	Accept
$FDI_{i,t}$ 不是 $EGR\&IL_{i,t}$ 的格兰杰原因	4.607	1	0.032	Reject
$FDI_{i,t}$ 不是 $D_{i,t}$ 的格兰杰原因	2.623	1	0.105	Accept
$FDI_{i,t}$ 不是 ALL 的格兰杰原因	7.069	3	0.070	Reject

10.3.2 稳定性检验

本模型数据截面多、时间短，一般可认为是平稳数据。另外，对数据进行平稳性检验也发现各个变量的特征根都均匀分布于单位圆内（见图10-4）。因此，可认为样本数据是稳定的。

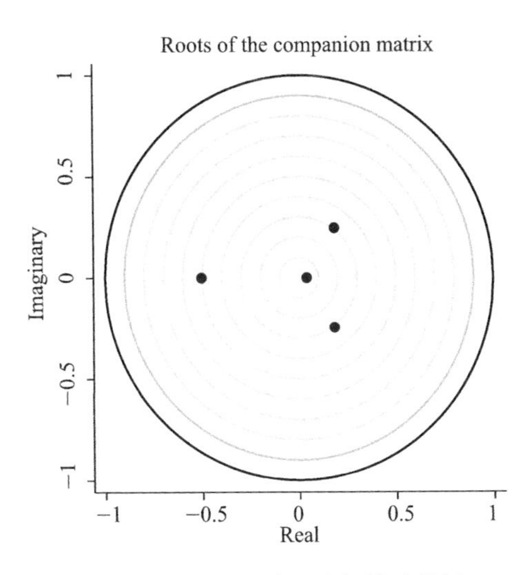

图10-4 伴随矩阵平方根检验结果

10.3.3 模型结果分析

在稳定性检验和模型启动检验通过后，本书通过Stata17统计软件对上述四个变量进行了PVAR模型分析，结果如表10-4所示。

表10-4中，首先，可以看出上一期的EGR&IL、环境规制与企业环境责任履行耦合和FDI均对EDQ&DE具有显著的正向影响，即由经济增长速度驱动的经济增长、环境规制与企业环境责任履行耦合和FDI都有利于提升经济发展质量和发展环境。其次，当EGR&IL作为被解释变量时，上一期的EDQ&DE、环境规制与企业环境责任履行耦合和FDI对其有着显著的负向影响，这表明现阶段

FDI 仍然对中国经济保持快速增长有着显著的抑制作用，但与此同时，中国经济发展质量和发展环境驱动的经济增长与环境规制与企业环境责任履行耦合的提升也会对由经济增长速度驱动的经济增长产生显著的抑制作用。再次，上一期的 FDI、EDQ&DE 和 EGR&IL 三个经济发展变量均对环境规制与企业环境责任履行耦合有着显著的正向影响，这表明外商直接投资和中国经济发展均能够显著增加环境规制与企业环境责任履行耦合的强度，有利于环境规制与企业环境责任履行耦合的提升。最后，对于 FDI 来说，上一期的 EGR&IL 对其存在显著的正向影响，但环境规制与企业环境责任履行耦合和 EDQ&DE 却均对其没有显著的影响，即由经济增长速度驱动的经济增长有利于外商直接投资增长，但由经济发展质量和发展环境驱动的中国经济增长和环境规制与企业环境责任履行耦合对 FDI 没有产生作用。

表 10－4　PVAR 模型结果

解释变量	被解释变量			
	$EDQ\&DE_{i,t}$	$EGR\&IL_{i,t}$	$D_{i,t}$	$FDI_{i,t}$
$EDQ\&DE_{i,t}$	0.4212216***	－0.6613652***	0.0252574***	0.0649527
(L1)	(5.52)	(－3.87)	(3.08)	(0.65)
$EGR\&IL_{i,t}$	0.094283**	0.0289048	0.0090732**	0.1318439**
(L1)	(2.28)	(0.34)	(2.20)	(2.15)
$D_{i,t}$	2.774639***	－5.684392***	－0.4917504***	－1.155633
(L1)	(5.38)	(－4.48)	(－6.41)	(－1.62)
$FDI_{i,t}$	0.1123952***	－0.373624***	0.0213185***	－0.0516879
(L1)	(2.45)	(－2.88)	(2.89)	(－0.67)

注：*，** 和 *** 分别代表在置信水平为 10%、5% 和 1% 上的显著；括号中为 Z 值。

虽然对变量进行了上述静态的整体分析，但很难对单个变量的估计系数进行解释，因此为了进一步探讨各指标间的动态影响关系

以及影响程度，本书接下来将通过脉冲响应函数和方差分解法进行进一步的研究。

其中，脉冲响应函数结果如图 10－5 所示，该图反映了某个变量的一个标准误差的冲击对模型中各个变量当前及未来 10 期的影响情况。本书根据所构建的理论关系对图 10－5 进行了分析。

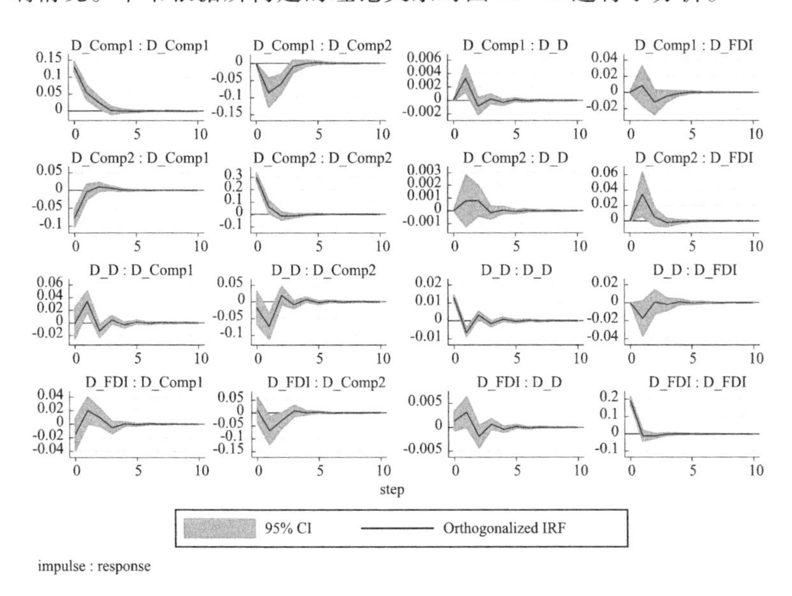

图 10－5　一阶脉冲响应函数结果

第一，就环境规制与企业环境责任履行耦合与经济发展之间的相互影响关系进行分析。图 10－5 中 D：EDQ&DE 和 D：EGR&IL 两个坐标图分别体现了 EDQ&DE 和 EGR&IL 对环境规制与企业环境责任履行耦合冲击的响应。其中，EDQ&DE 对环境规制与企业环境责任履行耦合的冲击呈现出正向的先增后减的发展趋势，表明加强环境规制与企业环境责任履行耦合对我国经济发展质量和发展环境有着显著的促进作用和较深远的影响。而 EGR&IL 则对环境规制与企业环境责任履行耦合的冲击呈现出负向的先增后减的发展趋势，反映出现阶段环境规制与企业环境责任履行耦合会显著阻碍经济增长速度驱动的经济增长的现状。这一方面体现了环境规制与企业环境责任履行耦合的“遵循成本假说”，另一方面也体现了我国经济整体处于新常态阶段的特点。尽管环境规制与企业环境责任履行耦合对于经济发展具有两面性，但从总体来看其负面影响也是促进我国经济结构性改革、走向高质量和实现长期可持续发展的必要代价。所以，本书认为基于我国正处于经济结构性调整过程中，得出加强环境规制与企业环境责任履行耦合在促进经济发展质量和发展环境的同时会阻碍我国经济增长速度和通胀水平的结论是正常的。即“波特假说”和“遵循成本假说”同时存在，且两者都与经济发展新常态的目标一致。

EDQ&DE：D 和 EGR&IL：D 两个坐标图则反映了环境规制与企业环境责任履行耦合对经济发展冲击的响应。可以看出，环境规制与企业环境责任履行耦合对于 EDQ&DE 的冲击有着正向的逐渐减弱的脉冲响应，即经济发展质量和发展环境对环境规制与企业环境责任履行耦合有着正向的促进作用。同时，环境规制与企业环境责任履行耦合对于 EGR&IL 冲击的响应与 EDQ&DE 的基本类似，主要原因是我国经济发展模式正由过去以环境、资源为代价向以科技创新和质量为抓手的模式转变，经济增长不再以破坏环境为代价。总体来看，在我国经济发展新常态的背景下，现阶段环境规制与企业环境责任履行耦合和经济增长速度等指标间存在着相互促进的关系，与新常态的目标相协调，实现了相互促进的发展结果。

第二，就环境规制与企业环境责任履行耦合和 FDI 之间的相互影响关系进行分析。在环境规制与企业环境责任履行耦合和 FDI 两者相互关系中，FDI 对环境规制与企业环境责任履行耦合冲击的响应未通过格兰杰因果检验，但环境规制与企业环境责任履行耦合对 FDI 冲击的响应通过了格兰杰因果检验。因此，仅分析环境规制与企业环境责任履行耦合对 FDI 冲击响应。图 10－5 中，D：FDI 坐标图反映了 FDI 对环境规制与企业环境责任履行耦合冲击的响应情

况。FDI 在期初表现为负向的逐渐升高的脉冲响应，而后逐渐减弱，在第 2 期达到负向最大值后，于第 3 期迅速变为正向的脉冲响应，之后便呈现出波动减弱的发展趋势。即环境规制与企业环境责任履行耦合的提升，在期初会对 FDI 有显著的抑制效应，而当环境规制与企业环境责任履行耦合作用一段时间后，其环境改善作用和产业结构提升效应逐渐显现，这会产生巨大的外资吸引力，促进了 FDI 的增长。

第三，就 FDI 与经济发展之间的相互影响关系进行分析。在 FDI 与经济发展两者相互影响关系中，除 EDQ&DE 对 FDI 冲击的响应外，其他相互影响均通过了格兰杰因果检验。FDI：EGR&IL 坐标图反映了 EGR&IL 对 FDI 冲击的响应，结果显示，EGR&IL 呈现出了负向的先增后减的发展趋势，表明外商直接投资仍然是我国经济快速增长的重要因素之一。EDQ&DE：FDI 和 EGR&IL：FDI 坐标图则分别反映了 FDI 对 EDQ&DE 和 EGR&IL 冲击的响应，结果表明，FDI 对 EDQ&DE 的冲击呈现出先正向而后迅速下降成负向的波动减弱的脉冲响应，而对 EGR&IL 的冲击却呈现出正向的波动减弱的脉冲响应，表明由经济发展质量和经济发展环境驱动的经济增长会抑制 FDI，而由经济增长速度驱动的经济增长会促进 FDI。分析可知，FDI 能为我国提供大量的发展资金和先进技术，极大促进了我国经济的快速发展，而我国经济的快速发展也会对外资产生巨大的吸引力，促进了 FDI 的增长。但与此同时，随着我国经济发展质量和发展环境的改善，我国社会经济的各个方面都取得了巨大的成就，这一方面降低了我国企业利用外资合资经营的动力，另一方面也致使我国投资回报率趋于理性、经营成本逐渐上升等不利于吸引外资的现象出现。此外，国外逆全球化思潮抬头以及以美国为代表的西方势力阻击中国发展等原因也是导致我国经济高质量发展阻碍外商直接投资增长的重要原因。因此，本书认为虽然现阶段 FDI 仍然与我国经济发展速度之间存在着相互促进的关系，但在我国经济发展新常态背景下，FDI 没能及时转变投资方向，无法适应我国经济追求高质量发展的新变化，严重制约了外商直接投资的增长。

在脉冲响应分析的基础上，方差分解法可以进一步研究各个变量的冲击对其他变量响应的贡献度，表 10－5 仅列示了第 5 期和第 10 期的方差分解结果。

表 10－5　　　　　　　　方差分解结果

变量	S	$EDQ\&DE_{i,t}$	$EGR\&IL_{i,t}$	$D_{i,t}$	$FDI_{i,t}$
$EDQ\&DE_{i,t}$	5	0.8878	0.0338	0.0560	0.0223
$EDQ\&DE_{i,t}$	10	0.8876	0.0338	0.0561	0.0223
$EGR\&IL_{i,t}$	5	0.2970	0.5901	0.0589	0.0539
$EGR\&IL_{i,t}$	10	0.2970	0.5900	0.0589	0.0540
$D_{i,t}$	5	0.0219	0.0335	0.8560	0.0884
$D_{i,t}$	10	0.0220	0.0334	0.8558	0.0887
$FDI_{i,t}$	5	0.0148	0.0331	0.0162	0.9357
$FDI_{i,t}$	10	0.0148	0.0331	0.0162	0.9357

首先，对 EDQ&DE 的方差分解结果分析可以发现，该维度的经济增长主要受到其自身的影响（维持在 88% 以上），并且 EGR&IL 也一直对其保持着较大的贡献度。表明由经济发展质量和发展环境驱动的经济发展的波动在一定程度上归结于经济增长速度的影响。其次，通过分析 EGR&IL 的方差分解结果可知，其一直受到自身影响，FDI、EDQ&DE 和环境规制与企业环境责任履行耦合变量对其的贡献度较低，基本保持在 3.3% 左右，表明虽然环境规制与企业环境责任履行耦合对由经济增长速度驱动的经济增长具有明显的抑制作用，但该作用的影响程度较小，不是阻碍经济发展速度的主要原因。再次，对环境规制与企业环境责任履行耦合变量的方差分解结果分析可知，除了环境规制与企业环境责任履行耦合变

量本身外，其他变量均表现出相对较弱的贡献度。这表明环境规制与企业环境责任履行耦合变动主要受自身的影响。最后，对 FDI 的方差分解结果分析可以发现，除了其本身外，只有环境规制与企业环境责任履行耦合对其变化具有较高的贡献率（8% 左右），而 EDQ&DE 和 EGR&IL 变量都对 FDI 的贡献度较低，证明了环境规制与企业环境责任履行耦合会导致 FDI 变动的结论，也反映出全球经济下行趋势下中国经济发展状况对外商直接投资影响力逐渐下降的现状。总的来看，方差分解结果再次印证了图 10 - 5 中关于变量间相互影响作用的机制。

10.4　本章小结

首先，本章从理论上梳理了环境规制与企业环境责任履行耦合、FDI 和经济高质量发展间的作用机理；其次，选取能够代表经济高质量发展的六个指标，运用主成分分析法进行降维处理，得到两个综合指标衡量经济高质量发展水平；最后，运用 PVAR 模型检验了环境规制和企业环境责任履行耦合、FDI 和经济高质量发展间的相互影响。研究发现：①在我国经济发展新常态背景下，环境规制与企业环境责任履行耦合促进了经济高质量发展，波特假说、促进产业结构调整等作用得到了验证。②随着环境规制与企业环境责任履行耦合协调度的提升，会产生巨大的外资吸引力，引导外商投资结构调整和转变经济增长方式。③经济高质量发展也促进了环境规制与企业环境责任履行的耦合协调，即经济高质量发展这一新常态发展目标能够促进环境规制与企业环境责任履行耦合协调度的提高。

第11章 结论与启示

遵循提出问题、分析问题与解决问题的研究思路，本书在前文提出和分析环境规制与企业环境责任耦合发展相关问题的基础上，系统性地总结相关研究结论，并从环境规制、企业环境责任履行以及两者耦合发展三个方面提出有针对性的政策建议，并指出本书存在的不足及未来研究展望。

11.1 研究结论

本书在“最严格环境规制”背景下，以环境规制与企业环境责任履行耦合机制为研究对象，在制度经济学分析框架指导下，从加强企业环境责任履行出发，考量环境规制政策的执行。按照“宏观环境制度—微观企业环境责任—宏观环境制度变迁”的研究思路，对我国环境规制与企业环境责任的制度变迁情况进行归纳与分析，发现环境规制与企业环境责任的发展历程基本耦合，环境规制的发展驱动企业环境责任的履行，同时企业环境责任的履行又带动环境规制的变迁。在此前提下，构建环境规制与企业环境责任耦合的理论框架，进行两者耦合分析，明晰两者有效耦合的模式和路径，剖析两者耦合协调性的空间差异性和耦合关系的制约因素，为推动环境规制与企业环境责任履行的有效耦合提供经验证据。综上所述，本书的主要研究成果如下。

（1）搭建了环境规制与企业环境责任耦合的理论框架

我国环境规制与企业环境责任的发展变迁，为两者耦合奠定了现实基础。首先，本书明确了环境规制与企业环境责任履行的耦合概念，即在生态文明系统中，宏观环境规制与微观企业环境责任履行两个子系统之间存在通过多种因素相互作用彼此影响的交互过程。其次，从环境规制与企业环境责任耦合的动因基础、要素、信息交流机制、作用机制四个方面阐述了两者的耦合机制，进而归纳出环境规制与企业环境责任履行耦合的九种模式。最后，论述了环境规制与企业环境责任履行耦合的理论逻辑，一方面分析了环境规制驱动企业环境责任履行的耦合机理，刻画了基于环境规制工具驱动的企业环境责任履行的演化路径；另一方面剖析了企业环境责任履行驱动的环境规制耦合机理，构建了企业环境责任履行驱动环境规制的理论模型，为环境规制与企业环境责任履行的有效耦合提供了路径支持。

（2）构建了环境规制与企业环境责任履行的评价体系

构建了环境规制与企业环境责任履行的评价体系，并描述了我国环境规制与企业环境责任履行现状。首先，从两大维度三个方面构建了我国环境规制评价指标体系，将其分为正式环境规制和非正式环境规制两个部分，正式环境规制包括行政命令型和市场激励型，非正式环境规制用某一地区收入水平、文化水平和人口规模反映，并采用变异系数法确定权重；其次，从社会影响、环境管理、环境保护投入、污染排放、循环经济五个方面对企业环境责任履行情况进行评价，并采用灰色关联法确定各指标权重；最后，评价发现我国各省份环境规制水平和企业环境责任履行都呈稳步上升趋势，不过差异都较大，尤其是各省份企业履行环境责任增长趋势分化明显。

（3）证实了环境规制与企业环境责任履行耦合关系的存在

环境规制与企业环境责任履行之间存在耦合关系，而且影响两者耦合的动因包括宏观、微观因素。环境规制强度变化会影响企业获得的政府补贴、企业的融资约束程度以及企业面临的行业竞争程度，进而影响企业环境责任的履行。当地政府环境规制强度提高时，更加重视环境治理，政府会增加拨付给企业的财政补贴金额，企业获得更多的资金，从而降低了企业的融资约束程度，同时也增加企业所在行业的竞争程度，最终激发企业履行环境责任的动力和意愿。因此，三个因素共同作用，可以有效促进企业环境责任履行程度的提高。企业更好地履行环境责任，会影响当地环保治理效果、当地的税收负担以及经济发展速度，进而影响当地的环境规制强度。企业履行环境责任后会提高该省份环保治理效果，增加该省份对环境治理的信心，促进当地经济发展水平，从而促进当地环境规制强度和执行效率的提高。但是企业履行环境责任会导致企业短期内设备更新改造以及环保治理成本上升，降低企业短期利润以及企业缴纳的税款，从而导致当地政府财政收入下降，环境治理支出减少，环境规制强度下降。三个因素共同作用的最终结果导致企业环境责任履行会提高当地环境规制强度。

（4）测算并分析了环境规制与企业环境责任履行耦合的现状

基于上述理论分析，构建了环境规制与企业环境责任耦合模型，测算研究期间环境规制与企业环境责任耦合的状况。结果显示，2009—2019 年，我国环境规制和企业环境责任耦合协调度得分稳步增长，但增长幅度较小，耦合状态没有实质性提升，绝大部分地区仍处于勉强协调发展阶段。环境规制与企业环境责任履行的耦合协调度在区域内呈现出“东部 > 中部 > 西部 > 东北部”的态势。另外，环境规制和企业环境责任的耦合协调度在不同地区的支撑要素不同，东部地区的控制类环境规制、结果类环境规制、社会影响、环境保护投入和循环经济是支撑两者耦合提升的主要因素；东北部地区的控制类环境规制、非正式环境规制和社会影响促进了两者耦合协调；中部地区的控制类环境规制、非正式环境规制和循

环经济对两者耦合具有显著的促进作用；西部地区的控制类环境规制、非正式环境规制、社会影响、环境管理对两者耦合具有显著的驱动作用。此外，现阶段环境规制系统，特别是控制类环境规制发展落后是制约耦合协调度提升的主要原因。

（5）新环境保护法的实施改善了环境规制、企业环境责任履行及两者耦合效果

新环境保护法的实施促进了环境规制、企业环境责任履行以及两者耦合效果的提升。首先，从环境规制来看，除控制类环境规制在新环境保护法实施后有所下降外，结果类环境规制和非正式环境规制在新环境保护法实施后都有着明显的上升，最终使得新环境保护法实施后环境规制整体上表现出显著的提升。这反映了新环境保护法实施后我国污染管控方式由“末端治理”向“全过程控制”转变，环境治理效果好转、社会公众环保参与度提升等现象。其次，从企业环境责任履行来看，社会影响、环境管理、环境保护投入、污染排放和循环经济在新环境保护法实施后均表现出明显的提升，反映了新环境保护法实施后企业积极响应治理污染管控方式的变革，通过社会影响、环境管理、环境保护投入、污染排放和循环经济五个方面全面提升环境责任履行。最后，在新环境保护法实施后，环境规制和企业环境责任履行的耦合协调度也表现出显著的提升，反映出新环境保护法对两者耦合关系也起到了显著的促进作用。总的来看，新环境保护法的实施无论是对环境规制和企业环境责任履行，还是对两者间的耦合协调关系都有着显著的促进作用。

（6）环境规制与企业环境责任履行耦合存在显著的时空异质性

环境规制与企业环境责任履行耦合存在显著的空间异质性。首先，2010—2019 年我国环境规制与企业环境责任履行之间的耦合协调性空间差异波动性较大，四个区域环境规制与企业环境责任履行之间耦合协调性存在显著差异，整体上呈现“东部—中部—西

部—东北部”递减的规律。其次，2010—2019 年各省份环境规制与企业环境责任履行之间的耦合协调性存在显著的空间关联性。各省份耦合协调性会显著影响临近省份的环境政策执行效果，且该省份环境政策制定也会受到临近省份耦合协调性的影响。同时，各省份耦合协调性存在空间聚集效应，如某省份耦合协调性上升会引起临近省份环境规制执行效果的增加，临近省份耦合协调性上升也会导致本省环境政策更加严格。再次，各省份耦合协调度依然具有保持原有状态等级稳定性的特征，但邻近省份耦合协调度对本地耦合协调度演变起着重要的作用。如邻近省份的耦合协调度优于本省耦合协调度时，极有可能会促进本地耦合协调度向上转移，这样邻近省份耦合协调度的逐渐提高会带动本地耦合协调度随之提高。最后，各省份耦合协调性整体向上转移的概率大于向下转移的概率。

（7）制度创新和绿色创新是制约环境规制与企业环境责任耦合的关键因素

基于“双轮驱动”视角，剖析了制度创新和绿色创新“双轮”影响环境规制与企业环境责任履行耦合的机理。实现生态文明建设，制度创新和绿色创新缺一不可，两者必然影响环境规制与企业环境责任的耦合。随着地方政府之间竞争日趋激烈，制度创新中的财政分权制度抑制了环境规制与企业环境责任履行之间的耦合关系，而制度创新中的官员考核制度、官员交流制度、金融制度和公共监督制度四个方面显著促进了环境规制与企业环境责任履行耦合效果的提高。绿色创新能显著促进环境规制与企业环境责任履行之间耦合关系的提高，且其五个子项（绿色创新投入、绿色创新储备、绿色创新能力、绿色创新质量、绿色创新扩散）也都能显著促进环境规制与企业环境责任履行之间耦合关系的提升。

（8）环境规制与企业环境责任履行耦合能显著推动经济发展

在我国经济发展新常态背景下，环境规制与企业环境责任履行耦合主要通过技术创新效应、产业结构调整效应等促进经济高质量发展，并且经济高质量发展也能通过规模效应、技术效应和结构效应等促进环境规制与企业环境责任履行的耦合协调发展，这与新常态的目标相协调，实现了相互促进共同提升效果。不过，现阶段环境规制与企业环境责任履行耦合会显著抑制经济增长速度驱动的经济增长。另外，随着环境规制与企业环境责任履行耦合的提升，刚开始会对FDI有显著的抑制效应，但当两者耦合协调效果提升后，会产生巨大的外资吸引力，促进FDI的增长。

11.2　相关建议

11.2.1　优化环境规制政策的建议

（1）面向流域或区域治理，再造环境目标和标准

污染物通过环境系统使区域互联，而地区之间和部门之间缺乏协调与合作制约着我国环境规制政策的执行效果。环境规制政策必须考虑环境系统在不同部门和区域之间的相互依赖关系。一是制定区域、流域的环境规制政策，发挥不同部门和区域间的协同作用，保证污染严重的行业和地区将环境战略纳入经济发展的整体战略之中。充分考虑环境污染的流动性和跨域性特征，打破行政区划壁垒，改变当前以行政区域为基本单元而设置减排等环境目标的做法，考虑探索在更大的区域范围内设置减排目标。根据国家“五年规划”中确定的环境约束性的指标和具体目标限值，经过科学测算、减排任务的分解和考核建议以流域、区域等作为实施的一级单元，同时考虑行政区“属地管地”的现实，然后在流域、区域单元内进行分解、调剂，也就是把流域、区域内的行政区作为二级单元。二是组建跨区域、跨部门的综合性环境协调机构，负责处理地区间和部门间环境问题的冲突和利益关系，不断提高环境规制的

执行效果。将环境目标分解和考核设置单元从行政区转变为区域的改革和调整，在国家污染控制总量和节能减排的约束目标下，将“跨界治理”与“属地管理”各自的优势更好地结合起来，根据流域、区域的环境目标制定和实施环境标准制度。上述改革还可带动流域和区域范围内的碳交易、污染减排指标的交易、生态补偿，以及生态环境保护技术的研究和开发、环境修复技术和产品市场的培育和发展、环境管治模式的创新等。同时，科学评估生态环保项目的生态价值，通过公平、公正的环保项目拍卖机制构建环境容量交易机制（碳交易、排污权交易等），分步建立从重点区域到全国的统一排污权交易平台。开展跨区域的二氧化碳、二氧化硫等主要污染物的排污权交易，建立水资源使用权转让制度，实现区域范围内总量控制目标下的整体减排和污染消减核算的生态补偿机制等，并根据各地区的经济发展水平、支柱产业、环境污染状况、区位分布、产业结构特征等因素，在统筹区域（或流域）管理的基础上，采取差异化的环境治理目标与管理标准，循序渐进地降低区域间环境治理差异，从而实现区域环境治理协同发展。

（2）建立重大环境政策评估反馈体系，形成协同治理循环运行系统

近年来，从反映我国环境质量的监测数据和发布的环境公报上看，各项环境治理的指标在纵向时间趋势上总体得到了改善，污染物浓度也呈现下降趋势。然而，我们也要认识到，反映环境质量的数据纵向改善产生的直接结果与科学、专业评估所反映复杂环境系统实际变化之间存在一定差异性，由此也说明后者的必要性和重要性。因此，我国的重大环境政策实施中需要引入和构建更加中立和专业的政策评估体系，以全面客观地反映重大环境政策实施的实际效果及其成本效益。

在资源有限约束下提出的任何环境治理的政策和方案，不能不计成本，当然这里的成本不仅仅是经济成本，还应考虑社会成本等

其他成本，产出的收益在时间尺度上要综合考虑短期和长期的、在空间尺度上要统筹协调总体和局部的经济社会环境利益的差别。建立重大环境政策的评估、反馈和调整、改进机制，形成环境协同治理“启动—实施—评估—反馈—改进”的循环运行系统，不断改进协同治理的组织方式和运行机制，努力提高环境治理效率，在此过程中，更加注重构建重大区域政策、环境政策的科学决策、民主决策机制。

（3）构建多元互动的环境治理体系，推进现代环境治理机制建设

当前阶段我国的区域环境治理更多的还是一种政府主导型的治理结构。当然，环境质量作为公共产品，政府具有天然的保障责任，但一味依靠政府不仅治理效率不高，而且也易导致其他主体对其的依赖，不利于公众环境意识提升、权益主张等作用的发挥。因此，要在以各级政府作为环境协同治理主体的前提下，注重发挥企业、社会组织和公众的积极作用，努力形成“党政统筹协调、市场主体担责、社会组织助力、公众广泛参与”的各负其责、多元互动的现代环境治理体系和格局，形成政府治理、市场治理、社会治理的合力，着力于常态化、法治化、专业化的环境治理机制建设，努力提高环境治理现代化的水平。

充分激发多主体环境治理驱动力。首先，加大对环境保护的宣传力度，提高社会公众环境保护的意识。在主流媒体中增强环境保护宣传片的播放，开展评选“环保大使”活动，组织“环保大使”到各地宣传环境保护。其次，环境保护教育要从小抓起，从小培育公民的环境意识。做好环境保护教育的顶层设计，根据受教者的接受能力，将环境保护理念系统化嵌入“幼儿—小学生—初中生—高中生—大学生”的日常教学管理中。最后，社会组织要加快建设环境信息发布平台，提高环境信息披露力度，从而促使公众积极参与绿色消费、环境决策、环境监督和环境申诉。

（4）设置以最优规制效果为导向的环境规制工具组合套餐

任何环境规制工具都具有优势与不足，很难找到促进经济高质量可持续发展的单一最优规制政策。因此，需要创新环境规制工具和手段，形成综合协同治理的工具体系，根据协同主体、治理问题的类型、协同的目标、协同手段本身的特点，遵循适用性、引导性和动态性的原则，进行治理工具的优化选择（陈润羊，2017；陈润羊和张永凯，2016）。一是政府在评价环境规制政策工具的效果时，不仅要关注单一规制工具的作用，还应重点评价各个规制工具的组合效果，选择能够发挥正向相合效应的工具组合，实现最优规制效果。二是政府应该建立种类齐全、优势互补的环境规制工具箱，并形成持续补充和改进的机制，为制定环境规制工具的最优组合提供足够的选择。三是环境规制工具的选择应满足不同目标群体的利益诉求，政府、企业和公众对环境规制工具具有不同的偏好，应形成多主体合作环境治理的方式，以便更好地分析各种规制工具的利弊，构建满足不同主体利益的规制工具组合。四是充分发挥市场和公众在环境规制中的作用，创新市场型规制工具的类型和提升工具执行效果，为全方位的公众参与环境治理提供动力支持和各种便利，扩大公众参与环境规制的参与度，逐步确立市场型和公众参与型环境规制的主导地位。并逐步破除阻碍环境规制工具实施的部门利益化障碍，对不同环境规制工具进行统筹协调管理。五是根据实际的目标和需求，同时考虑不同的地区差异，借助环境规制工具的正向相合效应，推出政策组合集，更好地发挥环境规制的效果，促进经济社会的可持续协调发展。

（5）考虑行业、地区异质性的环境政策选择

从行业维度来看，环境规制与企业环境责任的耦合随着产业结构转型、技术创新等的差异，显现出显著的行业异质性。尽管环境规制对污染密集型和清洁行业产生的经济效应大体上一致。然而，污染密集型行业的拐点出现晚，治污成本高，污染密集型行业适应

环境规制的能力较弱。为此，要提高企业特别是污染密集型企业的污染治理能力，提升企业绩效和可持续发展能力。一方面，应适度提高行业的环境规制强度和环境准入标准，通过外部约束力增加企业污染排放的压力和成本，激发企业进行环境技术研发和工艺改进的主动性。另一方面，建立和完善企业主动性环境治理的激励性机制。充分调动企业实施环境技术研发主动性和清洁生产的激励机制，从源头上减少污染物排放。同时，关注企业绿色创新的动力，异质性的环境政策激发企业主动进行绿色技术创新，提供绿色产品，提升产品市场竞争力。此外，不同行业的环境治理要选择合适的时机。针对不同的行业采用事前、事中、事后的治理行为。如对污染密集型产业要事前干预，提高排污标准和准入标准，实现源头控制；对清洁产业来说要事中控制，通过激励型环境规制工具引导清洁行业企业进行环境治理。

从区域的维度看，环境规制与企业环境责任履行的耦合也存在显著的空间异质性。基于不同的地区特点制定差异化的环境规制政策和创新激励政策，如东部地区具备经济发展水平高、地理优势明显、人文环境好、市场经济发达等优点，在制定环境规制政策时，优先考虑市场化的激励措施和公众监督举措，如碳排放交易、政府补贴、税收减免等，加大对企业的技术创新补贴力度，激发环境规制的技术效应。西部地区由于经济欠发达，亟须招商引资，在制定环境规制政策时，要考虑环境承载力，严格管控高污染、高排放的落后产业转移，注重人才的引进和管理经验的引入，通过税收减免政策和人力成本的优势吸引资本落地。中部地区应优化环境规制组合工具，加大对技术创新的补贴与税收减免政策，激励企业加强绿色技术创新，减少污染排放。一刀切的环境规制政策不能合理地反映不同地区的环境治理需求。

（6）形成多部门联动的环境行为奖惩机制

企业环境行为治理是一个涉及多领域的系统性工程，亟须政府的生态环境部门集中统一领导，由生态环境部、证监会、市场监督管理总局、应急管理部、国家税务总局等多个部门共同对企业环境保护方面做出相应的政策规定。生态环境部对企业的环境污染防治进行监督管理，主要负责对企业的环境保护、绿色经营等项目进行评估和考核，同时做好环境监测工作，针对企业拟定具体的相关标准并监督实施。生态环境监察司对企业的污染排放、降污减排等污染指标定期进行监测，对企业是否达到了污染排放要求进行监督，定期分析企业的污染物状况及时发现环境污染问题，责令企业改善。生态环境科技司则应该督促企业进行环保技术的研究与开发，降低企业的能源消耗与污染，监管部门之间要加强沟通协作，从而对企业环境责任履行进行更好的治理。建立动态“环境友好榜单”制度，定期发布环境责任履行“黑白企业名录”，“白企业”在办理行政审批、备案手续时享有优先权，在同等条件下优先安排环境保护财政专项基金，优先进行融资风险补偿，在政府采购时优先考虑，以及在进行贷款时设定较低的利率等；“黑企业”则不仅要受到相关部门的处罚，在核减排放配额、通报批评，纳入环境失信名单，取消政府补贴、税收优惠，增加监管整改力度的同时，在企业融资、产品推广、公众监督、媒体宣传等方面设置一定的门槛，迫使企业不得不优化环境行为。证监会则应该配合生态环境部做好上市公司的信息披露工作，按照“强制披露加自愿披露”的原则，要求披露 ESG 报告、社会责任报告或者可持续发展报告，通过做好上市公司信息披露工作，使生态环境部门可以更好地发现企业在环境保护方面存在的问题，从而进行有针对性的奖惩。国家市场监督管理总局对企业产品中存在问题描述的部分进行严查，建立市场监督管理部门与生态环境部门的互动与协同机制，加强不同部门间的纵向与横向联合，强化市场监督管理执法与生态环境执法的协同效果。同时市场监管局针对市场准入行使环境监督管理权，对不符合环保标准的生产企业等市场主体，严把企业登记注册关等。对此，可建立市场监督部门和生态环境部门的协同市场主体准入审批机制，共同加强对市场主体资格的环保核查，惩处环保不合规的企业。应急管理部对突发的企业环境污染事件进行指导和紧急救援，推动重大环境污染应急预案体系建设和预案演练，处理好环境污染预防和救助关系，明确与相关部门和地方各自职责分工，建立环境污染协调配合与惩治机制，使企业不能污染也不敢污染。税务总局负责规划和组织实施企业环境保护与投入方面的税收减免体系建设，制定环境保护与投入方面的税收减免管理制度，规范相应的税收减免服务行为，组织实施环境保护与投入方面的税收宣传，拟定环境保护与投入监督方案，奖励企业环境行为，激发更多的企业履行环境责任。总之，多部门联动的环境治理奖惩机制，能够激发企业环境责任履行，使得环境治理更加透明、合法合规，从而对企业环境行为进行更好的治理。

综上所述，建立有效的促进经济高质量可持续发展的环境规制政策需要多维度、多视角、全方位的考量，不仅要考虑环境规制政策制定的科学性、差异化，还要关注政策组合的实施效果，与当地的产业政策、技术政策等相匹配。

11.2.2 提高企业环境责任履行的建议

（1）树立正确的环境责任观

良好的环境责任观有助于在企业内部构建环保文化，在企业外部构建绿色品牌，这不仅是提高企业交易效率和质量、获得合法性的重要途径，也是企业实现可持续发展与较高价值创造水平的重要方式（Peng等，2021）。因此，企业需要将自己描绘为“生态友好型”企业，改善企业与利益相关者的关系，以获得合法性。同时，企业应该明确环境责任不仅是保持合法性的防御机制，也是企业实现可持续发展使命的核心。首先，将企业环境责任纳入企业战略管理，将环保要素融入到战略管理过程中、培育具有环境可持续导向的战略性资源、实施提升企业可持续竞争优势的绿色战略行为。企业环境伦理、绿色共享愿景、环境承诺、绿色组织认同等价值观与文化要素能够体现企业的环保目标与道德规范，揭示企业的未来发展路径与战略方向（Chang，2011；Chen 等，2014）。这些要素能够促使企业将环境信念纳入战略决策之中，积极地影响企业对环境问题的集体解释，以及可能采取的战略反应，同时能够引导企业成员克服外部不利影响，增强绿色创造力，助力企业开展绿色创新（Song 和 Yu，2018；Khan 等，2021）。其次，在充分利用绿色创新提升企业环境责任履行的同时，降低企业产品成本，以应对日益严格的环保规制要求以及利益相关者环保诉求，引导企业向可持续绿色方向发展。企业只有高度重视环境伦理，才会更加重视生产过程的绿色化，引导企业积累绿色智力资本等内部资源能力，支持企业主动实施绿色创新。最后，企业应将企业环境责任、环境伦理等理念嵌入企业长期发展战略与业务运作中，并在企业内部贯彻环保倡议，着力提升生态环境保护效率。企业环境责任涉及企业将环保意识转化为行动的过程，体现着企业在自愿的基础上将环境问题纳入其业务运营以及与利益相关者互动过程中的行动规范（Williamson 等，2006）。企业环境责任涵盖了企业的产品、运营和设施对环境的影响，涉及企业消除废弃物、降低污染排放、最大限度提高企业资源的利用效率，并尽量减少可能对后代享受自然资源产生不利影响的做法（Mazurkiewicz，2004）。在环境愿景和战略视角下，企业环境责任是企业主动发展新的共享价值观，将人、地球和利润这三大支柱嵌入到企业战略中，并在企业经营理念、产品、实践中纳入对环境影响的考量，以实现在不影响企业绩效的情况下，最大限度减少资源使用，从而实现环境可持续性（Chang 和 Huang，2018；Jung 等，2021）。

（2）规范企业环境信息披露

透明度、响应性和合规性也是企业环境信息强调的要素，涉及企业的环境管理表现以及企业用于向利益相关者公开其环境绩效报告的实质性程度，企业以ESG报告、社会责任报告和环境责任报告为媒介，向利益相关者传递企业环境责任方面的努力，通过披露环境信息来影响其经营环境，进而获取合法性。2022年2月执行的《企业环境信息依法披露格式准则》，标志着我国企业环境信息披露正式进入强制披露时代，明确了环境信息依法披露主体、形式、时限、内容和监督管理。然而，由于环境问题的复杂性，且强制披露时间过短，公司环境信息披露仍存在行业上的局限性和操作上的困难，进一步细化企业环境信息披露要求，有效指引并帮助企业实现环境信息披露和加强环境风险管理，为利益相关者提供全面的、一致的、可比的环境信息势在必行。首先，建议发布分行业的环境信息披露指引，建立具有针对性的分行业评估指标和信息披露框架，提高不同行业企业环境信息披露的可比性。其次，扩大强制性披露范围。强制性环境信息披露制度有效提升了我国重污染企业环境信息披露。非重污染行业的上市公司以及非上市公司的经营活动也对自然环境产生重要影响，因此，强制性环境信息披露政策应推广至全部企业，将环境责任履行的工作发展到不同行业、不同规模的企业，一方面扩大了公开环境数据披露的范围，促进环境信息相关统计数据库的建立，另一方面也提高了全体企业对环境保护责任履行的意识。再次，要增加强制性披露内容。证监会关于上市公司信息披露要求中，仅仅把排污信息、防治污染设施的建设和运行情况等六种环境信息规定为重污染企业强制性披露项目，其余均属于自愿披露范围，导致企业为了自利目标而策略性地披露环境信息。因此，要细化环境责任具体项目的披露形式与内容，尽可能多地增加强制性披露项目，如污染物排放量的绝对数和相对数、新增节能环保固定资产项目投资额、环境违法情况及其罚款金额等。最后，实施企业环境信息披露的第三方鉴证制度。引入第三方监管部门，保证企业在经营过程中充分利用外部有力激励政策主动积极地履行环境责任，从而实现经济效益、社会效益和环境效益的共赢。

（3）增强企业的绿色创新能力

绿色创新是一种为减轻或避免环境损害，同时使企业能够满足新的消费需求、创造价值并增加收益的创新活动（Chen 等，2006；Albort－Morant 等，2018），是以创新性的方式解决环境问题并产生价值（Kiefer 等，2019；Guo 等，2020）。企业应将“绿色”要素融入企业的生产流程和产品研发过程中，提高企业绿色创新能力水平，以兼顾生产效率提升和污染防治目标。具体做法如下：第一，企业的绿色创新结合已有的优势和特色，在符合市场需求的前提下，开展有针对性的绿色创新实践，提升产品环保性能、强化节能减排等，以兼顾环境保护和企业发展。第二，企业要加大对绿色创新的投入，提高企业知识搜寻、吸收、整合能力，奠定企业绿色创新的知识基础，依托企业内部跨部门合作和企业外部（供应商、客户）的战略协同获取具有环境可持续导向的战略性资源，开展绿色过程创新和绿色产品创新，以优化生产流程和产品研发，从而实现生产效率的提升或产品的绿色化。第三，企业要塑造环保、创新、研发的组织文化。绿色创新依托于员工的绿色创造力，因此企业可以通过实施绿色创新培训、智力引进等措施提高员工的发散创新思维、激发员工的主观能动性、增强员工的绿色创新技术与能力，从而为企业打破主观认知局限，为绿色创新提升奠定人才基础。第四，企业要培育绿色创新管理能力，收集与企业有关的绿色创新动态，调整企业绿色创新资源，开发绿色产品来满足利益相关者的环境需求，以降低不确定性风险。总之，通过环保投资将保护环境的绿色理念和日常经营活动融入到一起，塑造具有社会环境效益的企业形象，以此向外界释放信号并获得社会公众的肯定和支持，进而在激发企业绿色创新积极性的同时，促使环保投资与企业创新实现最大化的协同效应。

（4）提升企业绿色要素整合水平

企业环境责任关注范围打破了传统意义上的企业边界，将企业视为供应链的一部分，企业环境责任履行取决于其在整个供应链企业中实施环境责任的能力（Murcia等，2021）。绿色供应链整合是将环保合作纳入企业与供应链伙伴建立的战略合作关系中，涉及企业与供应链成员在组织内和组织间的一系列以环境为导向的合作，包含绿色内部整合、绿色供应商整合以及绿色客户整合（Flynn等，2010；Wu，2013）。对于绿色内部整合。从企业战略出发，对产品进行绿色设计、创新绿色技术、执行绿色制造、实施绿色包装、开展绿色营销、开展绿色会计核算和绿色审计等。本书从企业生产经营管理的角度出发来研究企业内部绿色管理，具体包括以下几个方面：

一是供应商整合。首先，企业应该选择符合相关环境标准的供应商，根据环境要求定期评估供应商的环境表现。企业还应该识别出具有先进环保技术或高水平环境治理能力的潜在关键供应商。其次，企业应时常与供应商举办环境管理研讨会，向供应商分享清洁生产方法和技术，并成立环境小组指导供应商制定自己的环境计划。最后，与供应商开展长期的绿色合作，了解双方的环境保护规划和技术，共同制定环境目标并改进生产工艺，从而减少商业活动对环境的负面影响，确保产品源头的绿色化，例如联合开发环境友好型材料等。

二是客户整合。首先，企业可以凭借绿色客户整合提高创新效率，获取先动优势和差异化优势。企业应分配更多的资源用于促进绿色客户整合，加强与客户的沟通协调，建立良好的双边合作关系，从而实时掌握重点客户当前和未来的产品需求和偏好，为企业战略实践提供方向。其次，企业应该关注环境责任的溢出效应，通过吸收、转化和应用客户知识来促进绿色创新，联合客户共同开展绿色价值共创活动。最后，与客户开展长期的绿色合作分享机制，共同制定产品绿色目标，改进企业工艺流程，降低企业活动对环境的负影响，不断提升产品的绿色化程度，提升产品市场竞争力。企业绿色供应链整合能够提升企业对不同利益相关者环保诉求的敏感度，并提供一种与关键利益相关者发展密切关系的途径，助力企业获取绿色资本，以促进可持续竞争优势的形成（Pan 等，2020）。

（5）建立良好的公众关系

面对当前严峻的生态形势，企业要与公众建立良好的伙伴关系，主动由“末端污染治理”向“源头治理”转变，提升绿色技术创新能力，在公众中树立绿色环保形象从而提高客户忠诚度，引导公众有效使用外部监督权力，从而促进企业环境责任履行能力。一方面，企业要主动和媒体建立良好的沟通机制，实行效益最大化原则，接受媒介关注并引导媒体在监督过程中对污染事件作适度的报道，在经营危机出现时及时与媒体建立联系，形成伙伴效应，避免造成过大压力，从而对生产经营造成一定的负面影响；另一方面，企业要推动网络平台建设，深化媒介融合发展，助力新闻舆论传播，保证公众诉求的有效表达，进一步提高环境信息披露水平。但也要注意媒介公众关注对企业环境责任行为表现出的替代作用，企业要引导媒体信息披露的质量，避免过多负面报道的曝光，同时要成立公关部门及时处理相关的负面报道，在公众中树立绿色形象，引导公众关于媒体新闻报道的反应，避免公众做出错误或过激行为，造成更大的危机。

11.2.3 促进中国环境规制与企业环境责任耦合的策略

（1）环境规制制度创新遵循系统化、科学化、差异化原则

①建立系统性的环境法律体系。

经过50年左右的发展，我国的环境规制法律法规体系基本成形，然而环境规制政策难以适应生态环境的变化和经济社会发展带来的挑战。结合“双碳”目标和“两山”理论，梳理环境法律法

规体系，系统化环境规制的顶层设计，如在环境影响评价、生态环境修复与补偿、环境保护税、企业所得税等方面形成系统化的法律、法规和规章体系。环境规制政策的科学化就是环境规制政策要与经济高质量发展相适应，将环境规制纳入经济社会可持续发展的决策过程。一方面要求政府各级部门贯彻执行可持续发展战略，在产业布局规划、政策制定和外资引进等方面，综合考虑环境制约；另一方面要建立和完善重大决策的环境影响评价制度、公众参与制度、决策部门会审和咨询制度、监督和责任追究制度等环境经济发展综合决策制度。环境规制政策的差异化就是兼顾灵活性与严格性。如在环境准入方面，对高耗能和高污染项目进行严格限制，提高污染物排放标准和环境准入门槛。同时，在制定环境规制政策时，充分考虑各地区的要素禀赋、经济发展状况及资源环境承载力等客观条件，实施差异化的环境准入制度，确保环境规制政策有效促进产业转型升级和区域协调发展。

②优化绿色税制体系建设。

环境税收改革要面向绿色税制体系。环境税的灵活性、激励性和自我规范性，使得其在减少污染、保护环境方面体现出良好的调控效果。然而由于我国目前的环境税种单一，难以涉及环境污染的方方面面，需要建立多品种、多层次的环境税，形成绿色税制体系。首先，环境税收中的环境污染源是多方面的，有二氧化碳、氮氧化合物、硫、磷化合物、噪声、塑料制品、一次性制品、废水、固体废弃物等，这就决定了单一的环境税不能满足这些现实需求，需要建立涉及面广且成体系化的绿色税制。其次，环境税收措施的多样化。征收环境税税款时要注意与排污交易权、碳交易市场、产品收费、税收优惠等市场方法相互配合。再次，设定合理的税率水平。在税率的设置上，一方面充分利用差别税率进行税收调节以促进环境保护；另一方面还要坚持统一税率与差别税率相结合，建立税率随环境状况变化而变化的机制，有效发挥环境税在外部成本内部化方面的作用。最后，税收征管坚持部门合作，税款使用专款专用。由于环境税的征管具有较强的专业性和技术性，需要明确各部门之间分工、专业化的操作来实现有效征收；环境税收专款应该从更宏观的赋税政策角度来看待环境税税款的使用，综合考虑各种支出组合的选择，使环境税的征收和使用实现环境、经济、社会综合效益最大化。

建立以环保事权为导向的环保税收分配体系。各地区经济社会发展和环境承载能力具有显著的空间异质性，因而为了有效平衡环境保护与经济发展，我国将污染治理与环境质量管理的事权赋予地方政府。那么，根据上述事权与财权相统一原则，环保税的收益应该归地方所有，用于区域环境防治，这样做有利于缓解地方环境治理压力，提高地方保护和治理环境的积极性，鼓励地方增加环保投入。但是，环境资源作为一种公共物品，产权难以清晰界定，特别是具有流动性、外溢性，其危害常常跨区域发生，因而，需要上一级政府总体部署，在区域间协调、配置环境治理资源，从而实现区域间协同治理。鉴于此，建议环保税收益应该根据各级政府的环境治理权在中央和地方之间进行分配，其中地方政府因主要承担环境保护和治理污染的责任，因而应获取较大比例的收益。并且在省内也按照相应的事权分配环保税收。此外，环保税应专款专用，首先用于治理环境污染，解决环境负外部性问题，其次再用来补偿相关受害主体。

（2）完善以绿色技术创新为导向的环境规制政策

绿色技术创新可以实现企业环境收益内部化、激发企业环境技术创新的动力和降污减排的积极性。绿色技术创新是技术政策和环境政策的融合，通过提升企业的绿色创新效率，产生环境正外部性补偿。但是，目前我国绿色技术政策和环境规制的融合性不高，迫切需要设计以绿色技术创新为导向的环境规制政策。一是完善利于环境技术创新的财税扶持政策。环境绿色技术政策需要强大的资金支持，具有高风险性。加强财税扶持政策是鼓励、引导企业进行环境绿色技术创新的最有效手段，可以充分发挥政策导向性，降低企业风险。如对环境绿色技术的研发支出实行税收减免、加计扣除，对创新主体进行财政补贴，形成完整的环境税收政策。二是将绿色理念引入政采法规，如将碳减排、绿色供应链管理和社会责任意识等引入政采体系，优先考虑绿色企业。三是积极倡导绿色消费，加大环保产品的宣传，促进公众形成绿色环保消费观念，提升公众保护生态环境和维护公共利益的责任感和意识。四是加强绿色产品的开发和应用，提升企业绿色技术创新能力，强化企业加强环境保护的社会责任意识，形成绿色生产与消费的良性循环。

（3）官员考核制度"绿色化"，重塑官员政绩观

政绩考核关系着政府官员的升迁，考核机制的根本性变革对地方官员的决策行为具有导向作用。2013年之后，地方政府官员任命、晋升的重要指标之一是各地区节能减排情况考核结果，在这一举措形成的制度压力下，地方政府官员也必然将环境考核压力转嫁至辖区内企业，采取各种手段促进辖区内企业环境责任的提高。首先，完善官员政绩考核机制，优化环保绩效考核指标和权重的设定，考虑经济、政治、文化、生态环境、区域等多维度的实际要求，实现政绩考核制度的多维度、系统化、绿色化、透明化改革，有效发挥绩效考核机制的"指挥棒"作用。其次，重塑官员政绩观，将生态文明建设理念融入官员的政治理念中，从而影响官员的环境治理行为和低碳发展决策，尤其以当地环境为切入点，制定各种环保法规与节能减排奖惩措施，普及绿色生活方式理念，加强民众的低碳环保意识，约束企业和个体在生产生活中的排放行为，从而改善任职地整个生态环境治理效果。再次，健全激励相容的环境协同治理机制，官员可以利用行政权力实施各种正式或非正式的制度规则，使得环境治理的各个主体以及相关利益方，共同承担治理的成本并分享收益，进而形成区域环境治理的利益共同体。此外，

要注重提升经济困难地区地方政府在实现收入来源多元化、经济增长和环境保护之间取得平衡的能力，加快社会经济的绿色转型步伐，提高地方政府官员个人政治晋升愿望与政府环境目标考核结果的一致性，将对地方政府的激励与领导干部个人的激励更紧密地结合起来。最后，强化官员的问责机制。明确划分环境保护的权责，强化对环境保护不作为、乱作为官员的问责，建立官员的自然资源审计制度，终身追责。

（4）构建大智慧环保共享平台，奠定智慧环保监管

环境监测是一项比较复杂而全面的工作任务，需要快速准确地识别环境质量的变化，配合可追溯性调查，监督环境污染控制各环节的执行等，这都需要构建大数据智慧环保共享平台。大数据智慧环保共享平台，集成了智慧感知功能、人机交互的智慧处理功能、智慧专家命令功能以及用于专业政务运营的综合管理功能。首先，大数据智慧环保共享平台必须从全局、整体出发，而不能局限于某一块内容，如生态环境部及其下属的省、市、县环保部门的数据要交互、连接，还要与气象、灌溉、林业、工商业和税收等其他部门进行协调，建立空中、地面、地下一体的环境监测体系，利用互联网、物联网、云计算和环境自动化监测技术，集成环境监测和监测数据采集系统，促进环境保护部门内部信息资源的有效整合，实时动态反映环境数据。其次，大数据智慧环保共享平台要对各种环境监测数据进行分类和整合，深入分析发掘环境信息资源的价值，促进大数据在重要环保领域（如环境监测、环境紧急情况监督和执法以及环境影响评估）中的应用，如加强对污染物排放的动态分析，建立相应的动态模拟分析系统，帮助快速、准确确定污染源，预测污染源的演变，界定污染水平，为解决环境污染问题制定科学合理的预防和管理策略。同时，生态环境部门运用大数据分析、人工智能等技术手段开展监督检查，不仅突破传统环境监管的时空局限，而且拓展监督领域的空间范围。再次，创新大数据智慧环保共

享平台的管理机制。建立统一的环境保护数据库，对各种环境数据资源进行整合、数据挖掘，剖析数据是否异常以及背后的可能原因，推送给相关责任部门，在规定的时间内完成相应的监管行为。平台的建设一方面加强了数据的分析处理，另一方面加强了与环境保护的匹配度，以有效提高数据的可靠性、包容性和及时性。最后，在大数据智慧环保共享平台中增加公众参与沟通渠道，建立起必要的环境政策互信和环保行为互动，强化地方政府和企业的生态环境保护责任意识和行动意愿，促进达成多方可接受环境规制方式和强度，激发多元主体参与节约能源和减少污染物排放的行为意愿，并进一步将环境行动落实到生活、生产和管理的各个环节，在实现经济可持续发展的同时不断提高各地环境治理水平。

（5）完善“双向”的生态环境治理监管机制

除了依靠政府监督管理，社会监督在督促企业环境责任履行中的作用也不容忽视。社会监督是对政府监督管理的有益补充，包括专业机构监督、同业监督、公众监督等，他们可以通过各种途径、方式进行监督，形成政府主导的、企业实施的、社会公众参与的双向生态环境治理监管机制。首先，依托大数据智慧环保共享平台，开发“人人环保”“环保管家”等APP平台，监管部门、社会组织、企业或个人等可以注册相应权限的账号，登记或查阅各种污染排放信息、企业环境责任履行信息。监管部门、社会组织负责管理数据发布的规则，以保证平台上数据的及时、有效；企业或个人作为数据提供方，按照规制要求及时披露环境责任信息，社会公众，可随时关注这些动态环境信息，并与定位数据相结合关注周边的环境污染，监督反馈污染状况，平台将这些反馈信息传送给相关监管部门，督促污染单位及时改正。其次，提高社会公众对环境治理的认识、监督意识和责任感，使社会公众参与到公司环境责任履行的监督体系中，提高非政府组织监督、媒体舆论监督、社会公众自发监督三个维度的社会监督意识和环境责任意识，以形成政府部门、企业内部、社会公众多元主体参与的环境监督体系。再次，将政府监管和社会监督有机结合，将环境审计纳入现有的审计体系中，利用社会监督，加强公司环境责任履行，充分利用大数据及云平台，公司环境责任履行在不同的流程中被监督。最后，生态环境部将建立环境信息依法披露信息跟踪调度机制，定期与各部门会谈环境信息依法披露改革推进情况、实施成效和企业环境信息依法披露情况等，同时逐步完成企业环境责任履行、环境信息披露与信用平台、金融信用信息等基础数据库对接，及时将环境信息提供给相关部门，减少部门与部门之间的信息不对称。通过建立跨部门的信息共享机制，各部门之间可以在信息互联、共享共用的基础上进行协同监管，对企业在环境信息依法披露方面的违法行为实施联合惩戒。此外，畅通公众环境利益诉求的参与渠道，在完善公众全过程参与环境治理相关制度的同时，还需要将满足公众的环境利益纳入中央政府对地方政府的全面考核，形成公众对城市政府环境治理工作的全面监督和行为约束，塑造“自上而下”和“自下而上”的双向治理格局。

总而言之，大数据智慧环保共享平台的智慧应用，不仅为制定有效的环境保护措施提供了数据支持，同时也整合优化了环境监测数据，促进环保大数据的可持续发展，为实现环境的统一管理奠定了基础。

11.3 研究展望

本书系统地探索了环境规制与企业环境责任履行耦合协调机制，综合运用多学科理论演绎分析，实证检验了影响环境规制与企业环境责任耦合协调的因素、两者耦合的空间异质性，以及其对经济发展的推动效应。然而，囿于主观认识和客观条件，本书还存在着以下不足之处：第一，研究方法的局限性。本书通过理论建模与实证方法对环境规制与企业环境责任的耦合机制进行了验证，未来的研究可进一步结合调查法、历史法、观察法等方法以及访谈、问卷、个案研究等科学方式，对企业环境责任履行情况进行周密系统的了解。第二，样本选择的问题。本书按照各省份所处地理位置，将我国30个省份划分为东部、东北部、中部和西部四大区域，分区域和省份剖析我国环境规制与企业环境责任耦合协调度的变动趋势。各省内城市之间企业环境责任履行情况差距也比较明显，未来还可通过收集更为详细的城市数据来完善此方面的研究。第三，企业环境责任指标构建的问题。本书采用灰色关联法以及熵值法，运用多层次的综合数据，从社会影响、环境管理、环境保护投入、污染排放、循环经济五个方面选取指标，对企业环境责任履行情况进行评价。囿于数据限制，难以获取的上市公司的具体排污数据，未来可从其他渠道搜寻，获取更为详细的测量指标，以期得到更准确的结论。第四，影响因素选取问题。本书对环境规制与企业环境责任的耦合机制及地区异质性进行研究，但影响环境规制和企业环境责任履行的因素是复杂多样的，除了正式制度，还有非正式制度也会对企业环境责任产生影响。本书非正式制度仅选取了某一地区收入水平、文化水平和人口水平，其他非正式制度譬如研究媒体、非政府组织、地区文化、宗族氛围等对企业履行环境责任的作用并未分析。因此，应继续深化现有研究，探讨非正式制度对政府的补充作用。第五，模型内生性问题。在研究模型设定时，尽管采用了一系列方法以消除内生性带来的影响，但是也只是减弱了内生性对本书的影响程度，而强工具变量的寻找可遇不可求。未来期待通过研究方法的改进，提高研究结论的稳定性。

参考文献

[1] Aguinis H., Glavas A. What We Know and Don't Know About Corporate Social Responsibility A Review and Research Agenda [J]. Journal of Management, 2012, 38 (4): 932 -968.

[2] Akbostanci, E., Tunc, et al. Pollution haven hypothesis and the role of dirty industries in Turkey's exports [J]. Environment & Development Economics, 2007, 12 (2): 297 -322.

[3] Al - Tuwaijri S. A., Christensen T. E., Hughes Ii K. E. The relations among environmental disclosure, environmental performance, and economic performance: a simultaneous equations approach [J]. Accounting, organizations and society, 2004, 29 (5 -6): 447 -471.

[4] Andreoni J., Levinson A. The Simple Analytics of the Environmental Kuznets Curve [J]. NBER Working Papers, 1998, 80 (2): 269 -286.

[5] Annandale D., Morrison Saunders A, Bouma G. The impact of voluntary environmental protection instruments on company environmental performance [J]. Business strategy and the environment, 2004, 13 (1): 1 -12.

[6] Aragon - Correa J. A., Sharma S. A Contingent Resource - based View of Proactive Corporate Environmental Strategy [J]. Academy of Management Review, 2003, 28 (1): 71 -88.

[7] Aragón - Correa J. A., Martín - Tapia I, Hurtado - Torres N E. Proactive environmental strategies and employee inclusion: The posi-

tive effects of information sharing and promoting collaboration and the influence of uncertainty [J]. Organization & Environment, 2013, 26 (2): 139 - 161.

[8] Bakirtas I, Cetin M A. Revisiting the Environmental Kuznets Curve and Pollution Haven Hypotheses: MIKTA Sample [J]. Environmental Science and Pollution Research International, 2017, 24 (22): 18273 - 18283.

[9] Banerjee S B. Corporate environmentalism: The construct and its measurement [J]. Journal of business research, 2002, 55 (3): 177 - 191.

[10] Basheer M. Al Ghazali, Afsar B. Retracted: Green human resource management and employees' green creativity: The roles of green behavioral intention and individual green values [J]. Corporate Social Responsibility and Environmental Management, 2020, 28 (1): 536 - 563.

[11] Bednar, M. K. Watchdog or Lapdog? A Behavioral View of the Media as a Corporate Governance Mechanism [J]. Academy of Management Journal, 2012, 55 (1): 131 - 150.

[12] Berman E, Bui L T M. Environmental regulation and productivity: evidence from oil refineries [J]. Review of Economics and Statistics, 2001, 83 (3): 498 - 510.

[13] Bollen K. A., Long J. S. Tests for Structural Equation Models: Introduction [J]. Sociological Methods & Research, 1992, 21 (2): 123 - 131.

[14] Bu M., Liu Z., Wagner M, et al. Corporate Social Responsibility and the Pollution Haven Hypothesis: Evidence from Multinationals' Investment Decision in China [J]. Asia - pacific Journal of Accounting & Economics, 2013, 20 (1): 85 - 99.

[15] Buysse K., Verbeke A. Proactive environmental strategies: a stakeholder management perspective [J]. Strategic Management Journal, 2003, 24 (5): 453 – 470.

[16] Carroll A. B. A three – dimensional conceptual model of corporate social performance [J]. The Academy of Management Review, 1979 (4): 497 – 506.

[17] Carroll, C. E., Mccombs, M. Agenda – setting Effects of Business News on the Public's Images and Opinions about Major Corporations [J]. Corporate Reputation Review, 2003, 6 (1): 36 – 46.

[18] Chava S. Environmental externalities and cost of capital [J]. Management science, 2014, 60 (9): 2223 – 2247.

[19] Christainsen G B, Haveman R H. Public regulations and the slowdown in productivity growth [J]. The American Economic Review, 1981, 71 (2): 320 – 325.

[20] Chung, Sunghoon. Environmental regulation and foreign direct investment: Evidence from South Korea [J]. Journal of Development Economics, 2014 (108): 222 – 236.

[21] Claes Fornell, David F. Larcker. Evaluating Structural Equation Models with Unobservable Variables and Measurement Error [J]. Journal of Marketing Research, 1981, 18 (3): 375 – 381.

[22] Clarkson M. A Stakeholder Framework for Analysing and Evaluating Corporate Social Performance [J]. Academy of Management Review, 1995, 20 (1): 92 – 117.

[23] Clarkson P. M., Li Y., Richardson G. D., et al. Revisiting the relation between environmental performance and environmental disclosure: An empirical analysis [J]. Accounting, organizations and society, 2008, 33 (4 – 5): 303 – 327.

[24] Cole M. A., Elliott R J R. FDI and the Capital Intensity of

"Dirty" Sectors: A Missing Piece of the Pollution Haven Puzzle [J]. Review of Development Economics, 2005, 9 (4): 530 -548.

[25] Cole M. A., Elliott R J R, Fredriksson P G. Endogenous pollution havens: Does FDI influence environmental regulations? [J]. Scandinavian Journal of Economics, 2006, 108 (1): 157 -178.

[26] Cole M. A. Trade, the pollution haven hypothesis and the environmental Kuznets curve: examining the linkages [J]. Ecological Economics, 2004, 48 (1): 71 -81.

[27] Copeland B. R., Scott T. M. North - South Trade and the Environment [J]. Quarterly Journal of Economics, 1994 (3): 755 - 787.

[28] Dam L., Scholtens B. The curse of the haven: The impact of multinational enterprise on environmental regulation [J]. Ecological Economics, 2012 (78): 148 -156.

[29] Deegan C., Rankin M., Tobin J. An examination of the corporate social and environmental disclosures of BHP from 1983—1997: A test of legitimacy theory [J]. Accounting, Auditing & Accountability Journal, 2002, 15 (3): 312 -343.

[30] Dijkstra B. R., Mathew A. J., Mukherjee A. Environmental regulation: an incentive for foreign direct investment [J]. Review of International Economics, 2011, 19 (3): 568 -578.

[31] Dollar D., Fisman R., Gatti R. Are women really the "fairer" sex? Corruption and women in government [J]. Journal of Economic Behavior & Organization, 2001, 46 (4): 423 -429.

[32] Domazlicky B. R., Weber W. L. Does Environmental Protection Lead to Slower Productivity Growth in the Chemical Industry? [J]. Environmental & Resource Economics, 2004, 28 (3): 301 -324.

[33] Duncan R. B. Characteristics of organizational environments

and perceived environmental uncertainty [J]. Administrative science quarterly, 1972, 17 (3): 313 - 327.

[34] Elliott R. J. R., Shimamoto K. Are ASEAN countries havens for Japanese pollution intensive industry? [J]. World Economy, 2008, 31 (2): 236 - 254.

[35] Enrique Bonsón, David Perea, Michaela Bednárová. Twitter as a tool for citizen engagement: An empirical study of the Andalusian municipalities [J]. Government Information Quarterly, 2019, 36 (3): 480 - 489.

[36] Eremia A., Stancu I. Banking Activity for Sustainable Development [J]. Theoretical & Applied Economics, 2006, 6 (501): 23 - 32.

[37] Eskeland G. S., Harrison A. E. Moving to Greener Pastures? Multinationals and the Pollution Haven Hypothesis [J]. Journal of Development Economics, 2003, 70 (1): 1 - 23.

[38] European Union. Innovation union score board 2020 [R]. Brussels: Belgium, 2020.

[39] Feng, Z.; Zeng, B.; Ming, Q. Environmental Regulation, Two - Way Foreign Direct Investment, and Green Innovation Efficiency in China's Manufacturing Industry [J]. Environ. Res. Public Health, 2018 (15): 22 - 92.

[40] Fernando C S, Sharfman M P, Uysal V B. Corporate environmental policy and shareholder value: Following the smart money [J]. Journal of Financial and Quantitative Analysis, 2017, 52 (5): 2023 - 2051.

[41] Fischer K, Schot J. Environmental strategies for industry: International perspectives on research needs and policy implications [M]. Island Press, 1993.

[42] Freeman, Edward R. Strategic Management: the stakeholder approach [M]. Cambridge University Press, 2010.

[43] Friedel, Jürgen K, Ehrmann O., Pfeffer M., et al. Soil microbial biomass and activity: the effect of site characteristics in humid temperate forest ecosystems [J]. Journal of Plant Nutrition and Soil Science, 2010, 169 (2): 175 - 184.

[44] Frondel M., Horbach J., Rennings K. End of pipe or cleaner production? An empirical comparison of environmental innovation decisions across OECD countries [J]. Business strategy and the environment, 2007, 16 (8): 571 - 584.

[45] Frooman J. Stakeholder Influence Strategies [J]. Academy of management review, 1999, (24): 191 - 205.

[46] Gauthier D. Morals by agreement [M]. Clarendon Press, 1987.

[47] Giacomini D., Rocca L., Zola P., et al. Local governments' environmental disclosure via social networks and stakeholders' interactions: A preliminary analysis [J]. Journal of Cleaner Production, 2021 (1): 128 - 290.

[48] Giorgio Petroni, Barbara Bigliardi, Francesco Galati. Rethinking the Porter Hypothesis: The Underappreciated Importance of Value Appropriation and Pollution Intensity [J]. Review of Policy Research, 2019, 36 (1).

[49] Glasser M., Greenburg L., Field F. Mortality and morbidity during a period of high levels of air pollution [J]. Archives of Environmental Health an International Journal, 1967, 15 (6): 684 - 694.

[50] Glasser M, Greenburg L, Field F. Mortality and morbidity during a period of high levels of air pollution [J]. Archives of environmental health, 1967, 15 (6): 684 - 694.

[51] Goss A, Roberts G S. The impact of corporate social responsibility on the cost of bank loans [J]. Journal of banking & finance, 2011, 35 (7): 1794 - 1810.

[52] Gray R. Accounting and environmentalism: an exploration of the challenge of gently accounting for accountability, transparency and sustainability [J]. Accounting, organizations and society, 1992, 17 (5): 399 - 425.

[53] Gray W. B. The cost of regulation: OSHA, EPA and the productivity slowdown [J]. The American Economic Review, 1987, 77 (5): 998 - 1006.

[54] Greeno J. L. , Robinson S N. Rethinking Corporate Environmental - Management [J]. Columbia Journal of World Business, 1992, 27 (3): 222 - 232.

[55] Hamilton J. T. Pollution as News: Media and Stock Market Reactions to the Toxics Release Inventory Data [J]. Journal of Environmental Economics and Management, 1995, 28 (1): 98 - 113.

[56] Harbaugh W. T. , Levinson A. , Wilson D. M. Reexamining the Empirical Evidence for an Environmental Kuznets Curve [J]. The Review of Economics and Statistics, 2002, 84 (3): 541 - 551.

[57] Hart S. L. A natural resource - based view of the firm [J]. Academy of Management Review, 1995, 20 (4): 986 - 1014.

[58] Hart S. L. , Ahuja G. Does It Pay To Be Green? An Empirical Examination of The Relationship Between Emission Reduction And Firm Performance [J]. Business Strategy and the Environment, 1996, 5 (1): 30 - 37.

[59] Hepburn C. Environmental policy, government, and the market [J]. Oxford review of economic policy, 2010, 26 (2): 117 - 136.

[60] Hill C. W. L. , Jones TM. Stakeholder - agency theory [J].

Journal of Management Studies, 1992, 29 (2): 131 - 154.

[61] Hughes S B, Anderson A, Golden S. Corporate environmental disclosures: are they useful in determining environmental performance? [J]. Journal of accounting and public policy, 2001, 20 (3): 217 - 240.

[62] Jaffe A. B., Newell R. G., Stavins R. N. A tale of two market failures: Technology and environmental policy [J]. Ecological economics, 2005, 54 (2 - 3): 164 - 174.

[63] Jaffe A. B., Peterson S. R., Portney P. R., et al. Environmental regulation and the competitiveness of US manufacturing: what does the evidence tell us? [J]. Journal of Economic literature, 1995, 33 (1): 132 - 163.

[64] Jenkins R., Barton J. Environmental regulation in the new global economy: the impact on industry and competitiveness [M]. Edward Elgar Publishing, 2002.

[65] Jennings P. D., Zandbergen P. A. Ecologically sustainable organizations: An institutional approach [J]. Academy of management review, 1995, 20 (4): 1015 - 1052.

[66] Jensen M. C., Meckling W. H. Theory of the firm: Managerial behavior, agency cost and ownership structure [J]. Journal of Financial Economics, 1976, 3 (4): 305 - 360.

[67] Jia, M., Tong, L., Viswanath, P. V., Zhang, Z. Word Power: The Impact of Negative Media Coverage on Disciplining Corporate Pollution [J]. Journal of Business Ethics, 2016, 138 (3): 437 - 458

[68] Jolink A. Carl Shapiro and Hal R. Varian, Information Rules [J]. Ethics and Information Technology, 2003, 5 (1): 65 - 65.

[69] Jorgenson D. W., Wilcoxen P. J. Environmental regulation and US economic growth [J]. The Rand Journal of Economics, 1990,

21 (2): 314 - 340.

[70] Josh E. Should Trade Agreements Include Environmental Policy? [J]. Review of Environmental Economics and Policy, 2010 (1): 84 - 102.

[71] Judge W. Q., Douglas T. J. Performance implications of incorporating natural environmental issues into the strategic planning process: An empirical assessment [J]. Journal of management Studies, 1998, 35 (2): 241 - 262.

[72] Kahn A E. The economics of regulation: principles andinstitutions [M]. MIT press, 1988.

[73] Kassinis, G., Vafeas, N. Stakeholder Pressures and Environmental Performance [J]. Academy of Management Journal, 2006, 49 (1): 145 - 159.

[74] Keoleian G. A., Menerey D. Life cycle design guidance manual: environmental requirements and the product system [R]. Estágios Do Ciclo De Vida, 1993.

[75] Kim Y., Li H., Li S. Corporate social responsibility and stock price crash risk [J]. Journal of Banking & Finance, 2014, 43 (1): 1 - 13.

[76] Kline Jeffrey D. Forest and farmland conservation effects of Oregon's (USA) land - use planning program [J]. Environmental management, 2005, 35 (4): 368 - 380.

[77] Kornai J. The socialist system: The political economy of communism [M]. Princeton University Press, 1992.

[78] Langpap C., Shimshack J. P. Private citizen suits and public enforcement: Substitutes or complements? [J]. Journal of Environmental Economics & Management, 2010, 59 (3): 235 - 249.

[79] Lanoie P., Patry M., Lajeunesse R. Environmental regula-

tion and productivity: testing the porter hypothesis [J]. Journal of Productivity Analysis, 2008, 30 (2): 121 - 128.

[80] Lee H. L., Tang C. S. Socially and environmentally responsible value chain innovations: New operations management research opportunities [J]. Management Science, 2018, 64 (3): 983 - 996.

[81] Li Y., Peng M. W., Macaulay C. D. Market - political ambidexterity during institutional transitions [J]. Strategic Organization, 2013, 11 (2): 205 - 213.

[82] Li, B., Wu, S. Effects of local and civil environmental regulation on green total factor productivity in China: A spatial Durbin econometric analysis [J]. Journal of Cleaner Production. 2017, 153: 342 - 353.

[83] Liedong T. A., Ghobadian A., Rajwani T., et al. Toward a View of Complementarity [J]. Group & Organization Management, 2015, 40 (3): 405 - 427.

[84] Lieflander, A. K. Bogner, F. X. Educational impact on the relationship of environmental knowledge and attitudes. Environ. Educ. Res. 2018, 24: 611 - 624.

[85] Lindgreen A., Swaen V., Johnston W. J. Corporate social responsibility: An empirical investigation of US organizations [J]. Journal of business ethics, 2009, 85: 303 - 323.

[86] Lin - Hi N., Hörisch J., Blumberg I. Does CSR matter for nonprofit organizations? Testing the link between CSR performance and trustworthiness in the nonprofit versus for - profit domain [J]. International Journal of Voluntary and Nonprofit Organizations, 2015, 26 (5): 1944 - 1974.

[87] Lioui A., Sharma Z. Environmental corporate social responsibility and financial performance: Disentangling direct and indirect

effects [J]. Ecological Economics, 2012 (78): 100 - 111.

[88] Liu H. N., Zou S. G. On innovation of science and technology in green agriculture of Western Area of China [J]. Forum on Science and Technology in China, 2003 (1): 27 - 30.

[89] Lyubich E Shapiro J, Walker R. Regulating mismeasured pollution: Implications of firm heterogeneity for environmental policy [C]. AEA Papers and Proceedings, 2018, 108: 136 - 152.

[90] Ma S. Q., Dai J., Wen H. D.. The Influence of Trade Openness on the Level of Human Capital in China: on the Basis of Environmental Regulation [J]. Journal of Cleaner Production, 2019, 225 (10): 340 - 349.

[91] Manuel Frondel, Nolan Ritter, Christoph M. Schmidt, Colin Vance. Economic impacts from the promotion of renewable energy technologies: The German experience [J]. Energy Policy, 2010, 38 (8): 4048 - 4056.

[92] Matthew, A, Cole, et al. Industrial characteristics, environmental regulations and air pollution: an analysis of the UK manufacturing sector [J]. Journal of Environmental Economics & Management, 2005, 50 (1): 121 - 143.

[93] Mcgee J. Commentary on 'corporate strategies and environmental regulations: an organizing framework' by A. M. Rugman and A. Verbeke [J]. Strategic Management Journal, 1998, 19 (4): 377 - 387.

[94] Michael E. Porter, Claas van der Linde. Toward a New Conception of the Environment - Competitiveness Relationship [J]. The Journal of Economic Perspectives, 1995, 9 (4): 97 - 118.

[95] Mitchell R. K., Agle B. Toward a Theory of Stakeholder Identification and Salience: Defining the Principle of who and What Re-

ally Counts [J]. Academy of Management Review, 1997, 22 (4): 853 -886.

[96] Mitchell R. K., Agle B. R., Wood D J. Toward a theory of stakeholder identification and salience: Defining the principle of who and what really counts [J]. Academy of management review, 1997, 22 (4): 853 -886.

[97] Mitsch W. J., Jorgensen S. E. Ecological engineering: A field whose time has come [J]. Ecological Engineering, 2003, 20 (5): 363 -377.

[98] Mulatu A. Environmental regulation and international competitiveness: a critical review [J]. International Journal of Global Environmental Issues, 2018, 17 (1): 41 -63.

[99] Nielsen, Steen. Economic assessment of sludge handling and environmental impact of sludge treatment in a reed bed system [J]. Water Science & Technology A Journal of the International Association on Water Pollution Research, 2015, 71 (9): 86 -92.

[100] Ostrom E., Schroeder L., Wynne S. Institutional incentives and sustainable development: infrastructure policies in perspective [M]. Westview Press, 1993.

[101] Palmer K., Oates W. E., Portney P. R. Tightening environmental standards: the benefit - cost or the no - cost paradigm? [J]. Journal of economic perspectives, 1995, 9 (4): 119 -132.

[102] Panayotou T. Empirical Tests and Policy Analysis of Environmental Degradation at Different Stages of Economic Development [J]. Pacific and Asian Journal of Energy, 1993, 4 (1): 23 -42.

[103] Pasquale Corbo, Fortunato Migliardini. Natural gas and biofuel as feedstock for hydrogen productionon Ni catalysts [J]. Journal of Natural Gas Chemistry, 2009, 18 (1): 9 -14.

[104] Patten D. M. , Crampton W. Legitimacy and the internet: an examination of corporate web page environmental disclosures [M]. Advances in environmental accounting & management. Emerald Group publishing limited, 2003 (2): 31 -57.

[105] Paul Lanoie, Michel Patry, Richard Lajeunesse. Environmental regulation and productivity: testing the porter hypothesis [J]. Journal of Productivity Analysis, 2008, 30 (2): 121 -128.

[106] Pigou, A. C. The Economics of Welfare [M]. London: Macmillan, 1920.

[107] Pimentel D. , Westra L. , Noss R. Ecological Integrity: Integrating Environment, Conservation and Health [J]. Ecological Engineering, 2003, 19 (1): 177 -179.

[108] Ploeg Frederick Van Der. Inefficiency of oligopolistic resource markets with iso - elastic demand, zero extraction costs and stochastic renewal [J]. Journal of Economic Dynamics and Control, 1986, 10 (1 -2): 309 -314.

[109] Porter M E. American's green strategy [J]. Scientific America, 1991 (4): 168.

[110] Porter M. E. , Kramer M. R. The link between competitive advantage and corporate social responsibility [J]. Harvard business review, 2006, 84 (12): 78 -92.

[111] Porter M. E. , Linde C. Toward a New Conception of the Environment - Competitiveness Relationship [J]. The Journal of Economic Perspectives. 1995 (9): 97 -118.

[112] Pratima Bansal, Kendall Roth. Why Companies Go Green: A Model of Ecological Responsiveness [J]. The Academy of Management Journal, 2000, 43 (4): 717 -736.

[113] Preacher Kristopher J. , Hayes Andrew F. SPSS and SAS

procedures for estimating indirect effects in simple mediation models [J]. Behavior research methods, instruments, & computers: a journal of the Psychonomic Society, Inc, 2004, 36 (4): 717 - 731.

[114] Qin Y, Harrison J, Chen L. A framework for the practice of corporate environmental responsibility in China [J]. Journal of Cleaner Production, 2019, 235: 426 - 452.

[115] R. David Simpson, Robert L. Bradford, Ⅲ. Taxing Variable Cost: Environmental Regulation as Industrial Policy [J]. Journal of Environmental Economics and Management, 1996, 30 (3): 282 - 300.

[116] Ralph Chami, Thomas F Cosimano, Connel Fullenkamp. Managing ethical risk: How investing in ethics adds value [J]. Journal of Banking and Finance, 2002, 26 (9): 1697 - 1718.

[117] Rassier D. G., Earnhart D. Does the Porter Hypothesis Explain Expected Future Financial Performance? The Effect of Clean Water Regulation on Chemical Manufacturing Firms [J]. Environmental & Resource Economics, 2010, 45 (3): 353 - 377.

[118] Raymond Fisman. Estimating the Value of Political Connections [J]. The American Economic Review, 2001, 91 (4): 1095 - 1102.

[119] Rhoades S E. The economist's view of the world: government, markets, and public policy [M]. New York: Cambridge University Press, 1985.

[120] Russo M. V., Fouts P. A. A resource - based perspective on corporate environmental performance and profitability [J]. The Academy of Management Journal, 1997, 40 (3): 534 - 559.

[121] Samuelson, P. A. The pure theory of public expenditure [J]. The Review of Economics and Statistics, 1954, 36 (4): 387 - 389.

[122] Saxton, G. D., Anker, A. E.. The Aggregate Effects of Decentralized Knowledge Production: Financial Bloggers and Information Asymmetries in the Stock Market [J]. Journal of Communication, 2013, 63 (6): 1054 -1069.

[123] Selden T. M., Song D. Environmental Quality and Development: Is There a Kuznets Curve for Air Pollution Emissions? [J]. Journal of Environmental Economics and Management, 1994, 27 (2): 147 -162.

[124] Shafik, N. Economic Development and Environmental Quality: An Econometric Analysis [J]. Oxford Economic Papers, 1994 (46): 757 -773.

[125] Sharfman M. P., Fernando C. S. Environmental risk management and the cost of capital [J]. Strategic management journal, 2008, 29 (6): 569 -592.

[126] Sharma S, Vredenburg H. Proactive corporate environmental strategy and the development of competitively valuable organizational capabilities [J]. Strategic management journal, 1998, 19 (8): 729 -753.

[127] Smita B Brunnermeier, Mark A Cohen. Determinants of environmental innovation in US manufacturing industries [J]. Journal of Environmental Economics and Management, 2003, 45 (2): 278 -293.

[128] Sobel M. E. Effect analysis and causation in linear structural equation models [J]. Psychometrika, 1990, 55 (3): 495 -515.

[129] Sonia Ben Kheder, Natalia Zugravu. Environmental regulation and French firms location abroad: An economic geography model in an international comparative study [J]. Ecological Economics, 2012 (77): 48 -61.

[130] Steiner S. M., Marshall J. M., Mohammadpour A., et al. Applying Social Science to Bring Resident Stakeholders into Pollution Governance: A Rural Environmental Justice Public Health Case Study [J]. Journal of Applied Social Science, 2022, 16 (1): 1-16.

[131] Stern D. I. The Rise and Fall of the Environmental Kuznets Curve [J]. World Development, 2004, 32 (8): 1419-1439.

[132] Stigler G. J. The regularities of regulation [M]. Glencorse, Midlothian: David Hume Institute, 1986.

[133] Strang D., Soule S. A. Diffusion in organizations and social movements: From hybrid corn to poison pills [J]. Annual review of sociology, 1998, 24 (1): 265-290.

[134] Summers C., Markusen E. Computers, ethics, and collective violence [J]. Journal of Systems & Software, 1992, 17 (1): 91-103.

[135] Susmita Dasgupta, Benoit Laplante, Nlandu Mamingi, Hua Wang. Inspections, pollution prices, and environmental performance: evidence from China [J]. Ecological Economics, 2001, 36 (3): 487-498.

[136] Taylor, Scott M. Unbundling the Pollution Haven Hypothesis [J]. Advances in Economic Analysis & Policy, 2005, 3 (2): 1-28.

[137] Ulph A. Environmental Policy and International Trade when Governments and Producers Act Strategically [J]. Journal of Environmental Economics and Management, 1996, 30 (3): 265-281.

[138] Van Luijk H. J. L. Business ethics in Western and Northern Europe: A search for effective alliances [J]. Journal of Business Ethics, 1997, 16 (14): 1579-1587.

[139] Vandermerwe S., Oliff M. D. Customers drive corporations [J]. Long range planning, 1990, 23 (6): 10-16.

[140] Veleva V., Hart M., Greiner T., et al. Indicators for measuring environmental sustainability: A case study of the pharmaceutical industry [J]. Benchmarking: An international journal, 2003, 10 (2): 107-119.

[141] Walley, N., Whitehead, B. It's not easy being green [J]. Boston: Harvard Business Review, 1994, 72 (3): 46-51.

[142] Wang Z., Zhang B., Zeng H. The effect of environmental regulation on external trade: empirical evidences from Chinese economy [J]. Journal of Cleaner Production, 2016 (114): 55-61.

[143] Wei J., Ouyang Z., Chen H. Well known or well liked? The effects of corporate reputation on firm value at the onset of a corporate crisis [J]. Strategic Management Journal, 2017, 38 (10): 2103-2120.

[144] White R. B. B. Ethnicity and International Relations || Trading up: Consumer and Environmental Regulation in a Global Economy. by David Vogel [J]. International Affairs (Royal Institute of International Affairs, 1996, 72 (3): 589-590.

[145] Yin S., Zhang N., Li B. Z. Enhancing the competitiveness of multiagent cooperation for green manufacturing in China: An empirical study of the measure of green technology innovation capabilities and their influencing factors [J]. Sustainable Production and Consumption, 2020 (23): 63-76.

[146] Zhen, H. F., Hu, H., Xie N., Zhu Y. Q. Chen H., Wang Y. The heterogeneous influence of economic growth on environmental pollution: evidence from municipal data of China [J]. Petrol. Sci. 2020 (17): 1180-1193.

[147] Zhu Q., Sarkis J., Lai K. Green supply chain management: pressures, practices and performance within the Chinese automo-

bile industry [J]. Journal of cleaner production, 2007, 15 (11-12): 1041-1052.

[148] Zyglidopoulos S. C., Georgiadis A. P., Carroll C. E., et al. Does media attention drive corporate social responsibility? [J]. Journal of business research, 2012, 65 (11): 1622-1627.

[149] 包群，邵敏，杨大利. 环境管制抑制了污染排放吗? [J]. 经济研究，2013，48 (12): 42-54.

[150] 毕茜，彭珏，左永彦. 环境信息披露制度，公司治理和环境信息披露 [J]. 会计研究，2012 (7): 39-47.

[151] 蔡宁，葛朝阳. 绿色技术创新与经济可持续发展的宏观作用机制 [J]. 浙江大学学报，2000，30 (3): 51-56

[152] 蔡宁，郭斌. 从环境资源稀缺性到可持续发展：西方环境经济理论的发展变迁 [J]. 经济科学，1996 (6): 59-66.

[153] 蔡乌赶，周小亮. 中国环境规制对绿色全要素生产率的双重效应 [J]. 经济学家，2017 (9): 27-35.

[154] 曹霞，张路蓬. 环境规制下企业绿色技术创新的演化博弈分析——基于利益相关者视角 [J]. 系统工程，2017，35 (2): 103-108.

[155] 曹翔，王郁妍. 环境成本上升导致了外资撤离吗? [J]. 财经研究，2021，47 (3): 140-154.

[156] 曹亚勇，王建琼，于丽丽. 公司社会责任信息披露与投资效率的实证研究 [J]. 管理世界，2012 (12): 183-185.

[157] 曾辉祥，张馨心，周琼. 新《环保法》对企业环境失责的影响机制研究 [J]. 环境经济研究，2021，6 (3): 47-74.

[158] 曾贤刚. 环境规制、外商直接投资与“污染避难所”假说——基于中国30个省份面板数据的实证研究 [J]. 经济理论与经济管理，2010 (11): 65-71.

[159] 钞小静，任保平. 中国经济增长质量的时序变化与地

区差异分析 [J]. 经济研究, 2011 (4): 26 - 40.

[160] 陈刚, 李树. 官员交流、任期与反腐败 [J]. 世界经济, 2012, 35 (2): 120 - 142.

[161] 陈宏辉. 企业的利益相关者理论与实证研究 [D]. 浙江大学, 2003.

[162] 陈南岳, 乔杰. 产业结构升级、环境规制强度与经济增长的互动关联研究 [J]. 南华大学学报 (社会科学版), 2019, 20 (5): 43 - 50.

[163] 陈强远, 李晓萍, 曹晖. 地区环境规制政策为何趋异? ——来自省际贸易成本的新解释 [J]. 中南财经政法大学学报, 2018 (1): 73 - 83, 160.

[164] 陈绪群, 赵立群. 试论实行领导干部交流制度的理论依据 [J]. 党建研究, 1996 (4): 31 - 33.

[165] 陈璇. 环境绩效与环境信息披露: 基于高新技术企业与传统企业的比较 [J]. 管理评论, 2013, 25 (9): 117 - 130.

[166] 陈燕. 经济效率与伦理价值 [J]. 江汉论坛, 2006 (6): 59 - 62.

[167] 储德银, 邵娇, 迟淑娴. 财政体制失衡抑制了地方政府税收努力吗? [J]. 经济研究, 2019, 54 (10): 41 - 56.

[168] 储德银, 左芯. 财政公开的经济社会效应研究新进展 [J]. 经济学动态, 2019 (5): 135 - 14.

[169] 戴彦德, 田智宇, 朱跃中等. 重塑能源: 面向 2050 年的中国能源消费和生产革命路线图 [J]. 经济研究参考, 2016, 2725 (21): 3 - 14.

[170] 邓玉萍, 王伦, 周文杰. 环境规制促进了绿色创新能力吗? ——来自中国的经验证据 [J]. 统计研究, 2021, 38 (7): 76 - 86.

[171] 丁海, 石大千, 张卫东. 环境治理谁主沉浮: 中央还

是地方？——基于央地博弈对比的测算分析［J］. 南方经济，2020（3）：86－104.

［172］董琨，白彬．中国区域间产业转移的污染天堂效应检验［J］. 中国人口·资源与环境，2015，25（S2）：46－50.

［173］杜龙政，赵云辉，陶克涛等．环境规制、治理转型对绿色竞争力提升的复合效应——基于中国工业的经验证据［J］. 经济研究，2019，54（10）：106－120.

［174］范庆泉，储成君，高佳宁．环境规制、产业结构升级对经济高质量发展的影响［J］. 中国人口·资源与环境，2020，30（6）：84－94.

［175］范庆泉．环境规制、收入分配失衡与政府补偿机制［J］. 经济研究，2018，53（5）：14－27.

［176］范玉波，刘小鸽．基于空间替代的环境规制产业结构效应研究［J］. 中国人口·资源与环境，2017，27（10）：30－38.

［177］范子英，赵仁杰．法治强化能够促进污染治理吗？——来自环保法庭设立的证据［J］. 经济研究，2019，54（3）：21－37.

［178］冯久田．绿色科技：振兴中国传统产业的必由之路［J］. 中国人口·资源与环境，2000，10（4）：93－94.

［179］冯猛．政策实施成本与上下级政府讨价还价的发生机制［J］. 社会，2017，37（3）：215－241.

［180］傅京燕，李丽莎．环境规制、要素禀赋与产业国际竞争力的实证研究——基于中国制造业的面板数据［J］. 管理世界，2010（10）：87－98，187.

［181］傅京燕．环境规制、要素禀赋与我国贸易模式的实证分析［J］. 中国人口·资源与环境，2008，18（6）：51－55.

［182］甘家武，龚旻，冯坤媛．中国环境规制对经济发展方式的影响研究——基于“双重红利”视角［J］. 生态经济，2017，

33 (1): 14-20, 27.

[183] 耿强, 孙成浩, 傅坦. 环境管制程度对FDI区位选择影响的实证分析 [J]. 南方经济, 2010 (6): 39-50.

[184] 弓媛媛. 环境规制对中国绿色经济效率的影响——基于30个省份的面板数据的分析 [J]. 城市问题, 2018 (8): 68-78.

[185] 关成华, 韩晶. 中国绿色发展指数报告区域比较 [M]. 经济日报出版社, 2020.

[186] 关阳. 企业环境责任评价体系及成果应用分析 [J]. 中国环境管理, 2012 (1): 1-6.

[187] 郭爱君, 杨春林, 钟方雷. 我国区域科技创新与生态环境优化耦合协调的时空格局及驱动因素分析 [J]. 科技管理研究, 2020, 40 (24): 91-102.

[188] 郭爱君, 张娜, 邓金钱. 财政纵向失衡、环境治理与绿色发展效率 [J]. 财经科学, 2020 (12): 72-82.

[189] 郭炳南. 财政纵向失衡、环境规制与生态福利绩效 [J]. 林业经济, 2022 (6): 20-34.

[190] 郭进. 环境规制对绿色技术创新的影响——"波特效应"的中国证据 [J]. 财贸经济, 2019, 3 (40): 147-160.

[191] 郭凌军, 刘嫣然, 刘光富. 环境规制、绿色创新与环境污染关系实证研究 [J]. 管理学报, 2022, 19 (6): 892-900, 927.

[192] 郭妍, 张立光. 环境规制对全要素生产率的直接与间接效应 [J]. 管理学报, 2015, 12 (6): 903-910.

[193] 国家统计局课题组中国创新指数研究 [J]. 统计研究, 2014, 31 (11): 24-28.

[194] 韩超, 张伟广, 单双. 规制治理、公众诉求与环境污染——基于地区间环境治理策略互动的经验分析 [J]. 财贸经济, 2016 (9): 144-161.

[195] 郝寿义，张永恒．环境规制对经济集聚的影响研究——基于新经济地理学视角 [J]．软科学，2016，30 (4)：27 -30.

[196] 何枫，刘荣，陈丽莉．履行环境责任是否会提高企业经济效益？——基于利益相关者视角 [J]．北京理工大学学报(社会科学版)，2020，22 (6)：32 -42.

[197] 何强．要素禀赋、内在约束与中国经济增长质量 [J]．统计研究，2014，31 (1)：70 -77.

[198] 贺立龙，朱方明，陈中伟．企业环境责任界定与测评：环境资源配置的视角 [J]．管理世界，2014 (3)：180 -181.

[199] 洪银兴．论创新驱动经济发展战略 [J]．经济学家，2013 (1)：5 -11.

[200] 胡俊南，王宏辉．重污染企业环境责任履行与缺失的经济效应对比分析 [J]．南京审计大学学报，2019，16 (6)：91 -100.

[201] 胡珺，宋献中，王红建．非正式制度，家乡认同与企业环境治理 [J]．管理世界，2017 (3)：76 -94.

[202] 胡曲应．上市公司环境绩效与财务绩效的相关性研究 [J]．中国人口·资源与环境，2012，22 (6)：23 -32.

[203] 胡元林，康炫．环境规制下企业实施主动型环境战略的动因与阻力研究基于重污染企业的问卷调查 [J]．资源开发与市场，2016，32 (2)：151 -155，141.

[204] 胡宗义，何冰洋，李毅，周积琨．异质性环境规制与企业环境责任履行 [J]．统计研究，2022，39 (12)：22 -37.

[205] 华坚，胡金昕．中国区域科技创新与经济高质量发展耦合关系评价 [J]．科技进步与对策，2019，36 (8)：19 -27.

[206] 黄亮，王振，范斐．基于突变级数模型的长江经济带50座城市科技创新能力测度与分析 [J]．统计与信息论坛，2017，32 (4)：73 -80.

[207] 黄宁，郭平．经济政策不确定性对宏观经济的影响及

其区域差异——基于省级面板数据的 PVAR 模型分析 [J]. 财经科学, 2015 (6): 61-70.

[208] 黄群慧. "新常态"、工业化后期与工业增长新动力 [J]. 中国工业经济, 2014 (10): 5-19.

[209] 黄莎. 传统生态伦理思想与我国法律生态化实践 [J]. 湖北行政学院学报, 2016, 89 (5): 85-89.

[210] 黄莎. 为什么中国如此强调官员的交流 [J]. 天水行政学院学报, 2016, 17 (1): 56-60.

[211] 黄世忠. ESG 理念与公司报告重构 [J]. 财会月刊, 2021 (17): 3-10.

[212] 姬晓辉, 汪健莹. 基于面板门槛模型的环境规制对区域生态效率溢出效应研究 [J]. 科技管理研究, 2016, 36 (3): 246-251.

[213] 姜雨峰, 田虹. 外部压力能促进企业履行环境责任吗? ——基于中国转型经济背景的实证研究 [J]. 上海财经大学学报, 2014, 16 (6): 40-49.

[214] 蒋为. 环境规制是否影响了中国制造业企业研发创新? ——基于微观数据的实证研究 [J]. 财经研究, 2015, 41 (2): 76-87.

[215] 金碚. 中国经济发展新常态研究 [J]. 中国工业经济, 2015 (1): 5-18.

[216] 金春雨, 王伟强. "污染避难所假说" 在中国真的成立吗——基于空间 VAR 模型的实证检验 [J]. 国际贸易问题, 2016 (8): 108-118.

[217] 金刚, 沈坤荣. 以邻为壑还是以邻为伴? ——环境规制执行互动与城市生产率增长 [J]. 管理世界, 2018, 34 (12): 43-55.

[218] 孔繁成. 晋升激励、任职预期与环境质量 [J]. 南方

经济，2017（10）：90－110.

［219］孔慧阁，唐伟．利益相关者视角下环境信息披露质量的影响因素［J］．管理评论，2016，28（9）：182－193.

［220］黎文靖，路晓燕．机构投资者关注企业的环境绩效吗？［J］．金融研究，2015（12）：97－112.

［221］黎文靖，郑曼妮．实质性创新还是策略性创新？——宏观产业政策对微观企业创新的影响［J］．经济研究，2016，51（4）：60－73.

［222］李虹，邹庆．环境规制，资源禀赋与城市产业转型研究——基于资源型城市与非资源型城市的对比分析［J］．经济研究，2018，53（11）：182－198.

［223］李虹，袁颖超，王娜．区域绿色金融与生态环境耦合协调发展评价［J］．统计与决策，2019，35（8）：161－164.

［224］李菁，李小平，郝良峰．技术创新约束下双重环境规制对碳排放强度的影响［J］．中国人口·资源与环境，2021，31（9）：34－44.

［225］李静，沈伟．环境规制对中国工业绿色生产率的影响——基于波特假说的再检验［J］．山西财经大学学报，2012（2）：56－65.

［226］李俊青，高瑜，李响．环境规制与中国生产率的动态变化：基于异质性企业视角［J］．世界经济，2022，45（1）：82－109.

［227］李丽娜，李林汉．环境规制对经济发展的影响——基于省际面板数据的分析［J］．四川师范大学学报，2019（3）：43－52.

［228］李培功，沈艺峰．媒体的公司治理作用：中国的经验证据［J］．经济研究，2010（4）：14－27.

［229］李鹏升，陈艳莹．环境规制、企业议价能力和绿色全要素生产率［J］．财贸经济，2019，40（11）：144－160.

［230］李青原，肖泽华．异质性环境规制工具与企业绿色创

新激励——来自上市企业绿色专利的证据［J］. 经济研究，2020（9）：192 – 208.

［231］李胜兰，初善冰，申晨. 地方政府竞争、环境规制与区域生态效率［J］. 世界经济，2014，37（4）：88 – 110.

［232］李维安，张耀伟，郑敏娜，李晓琳，崔光耀，李惠. 中国上市公司绿色治理及其评价研究［J］. 管理世界，2019，35（5）：126 – 133，160.

［233］李小平，卢现祥，陶小琴. 环境规制影响了中国工业行业的利润水平吗？［J］. 21 世纪数量经济学，2013（13）：406 – 433.

［234］李心合. 利益相关者与公司财务控制［J］. 财经研究，2001，27（9）：57 – 64.

［235］李璇. 供给侧改革背景下环境规制的最优跨期决策研究［J］. 科学学与科学技术管理，2017，38（1）：44 – 51.

［236］李永友，沈坤荣. 我国污染控制政策的减排效果——基于省际工业污染数据的实证分析［J］. 管理世界，2008（7）：7 – 17.

［237］李长青. 出口学习、融资约束与企业环境责任能力的提升［J］. 兰州学刊，2018（9）：189 – 199.

［238］李志斌，黄馨怡. 新《环保法》、企业战略与技术创新——基于重污染行业上市公司的研究［J］. 财经问题研究，2021（7）：130 – 137.

［239］廖重斌. 环境与经济协调发展的定量评判及其分类体系——以珠江三角洲城市群为例［J］. 热带地理，1999（2）：76 – 82.

［240］林季红，刘莹. 内生的环境规制："污染天堂假说"在中国的再检验［J］. 中国人口·资源与环境，2013，23（1）：13 – 18.

［241］林玲，赵旭，赵子健. 环境规制、防治大气污染技术创新与环保产业发展机理［J］. 经济与管理研究，2017，38

(11): 90-99.

[242] 刘传明，刘一丁，马青山．环境规制与经济高质量发展的双向反馈效应研究 [J]. 经济与管理评论，2021，37 (3): 111-122.

[243] 刘锋，叶强，李一军．媒体关注与投资者关注对股票收益的交互作用：基于中国金融股的实证研究 [J]. 管理科学学报，2014，17 (1): 72-85.

[244] 刘华楠，邹珊刚．中国西部绿色农业科技创新论析 [J]. 中国科技论坛，2003 (1): 27-30.

[245] 刘思明，兰虹，魏青，赵彦云．“双轮驱动”视角下中国省域创新驱动力的测度、地区差异与动态演进 [J]. 统计与信息论坛，2022，37 (2): 79-94.

[246] 刘伟，范欣．以高质量发展实现中国式现代化 推进中华民族伟大复兴不可逆转的历史进程 [J]. 管理世界，2023 (4): 40-53.

[247] 刘伟．发展方式的转变需要依靠制度创新 [J]. 经济研究，2013 (2): 8-10.

[248] 刘伟．中国经济增长特点和趋势若干问题的探讨 [J]. 上海行政学院学报，2015，16 (5): 4-15.

[249] 刘伟江，杜明泽，白玥．环境规制对绿色全要素生产率的影响——基于技术进步偏向视角的研究 [J]. 中国人口·资源与环境，2022，32 (3): 95-107.

[250] 刘锡良，文书洋．中国的金融机构应当承担环境责任吗？——基本事实、理论模型与实证检验 [J]. 经济研究，2019，54 (3): 38-54.

[251] 刘艳．服务业 FDI 技术溢出效应的影响因素分析——基于中国16省市面板数据的实证研究 [J]. 上海交通大学学报 (哲学社会科学版)，2012，20 (3): 77-85.

［252］刘耀彬，李仁东，宋学锋．中国城市化与生态环境耦合度分析［J］．自然资源学报，2005（1）：105－112.

［253］刘媛媛，黄正源，刘晓璇．环境规制、高管薪酬激励与企业环保投资——来自2015年《环境保护法》实施的证据［J］．会计研究，2021（5）：175－192.

［254］鲁玮骏，骆勤．省以下财政分权、晋升竞争与环境质量：理论与证据［J］．财经论丛，2021（1）：14－23.

［255］马骏．论构建中国绿色金融体系［J］．金融论坛，2015，20（5）：18－27.

［256］毛建辉，管超．环境规制、政府行为与产业结构升级［J］．北京理工大学学报（社会科学版），2019，21（3）：1－10.

［257］牛海鹏，张夏羿，张平淡．我国绿色金融政策的制度变迁与效果评价——以绿色信贷的实证研究为例［J］．管理评论，2020，32（8）：3－12.

［258］牛文静，陈建斌，郭洁．FDI对我国经济增长、就业的影响研究——基于VAR模型［J］．经济研究导刊，2019（33）：1－3.

［259］潘红波，饶晓琼．环境保护法、制度环境与企业环境绩效［J］．山西财经大学学报，2019（3）：71－86.

［260］彭水军，包群．经济增长与环境污染——环境库兹涅茨曲线假说的中国检验［J］．财经问题研究，2006（8）：3－17.

［261］彭星，李斌．不同类型环境规制下中国工业绿色转型问题研究［J］．财经研究，2016，42（7）：134－144.

［262］邱金龙，潘爱玲，张国珍．正式环境规制、非正式环境规制与重污染企业绿色并购［J］．广东社会科学，2018，190（2）：51－59.

［263］屈文波．环境规制、空间溢出与区域生态效率——基于空间杜宾面板模型的实证分析［J］．北京理工大学学报，2018，20（6）：27－33.

［264］任海军，姚银环．资源依赖视角下环境规制对生态效率的影响分析——基于 SBM 超效率模型［J］．软科学，2016，30（6）：35－38.

［265］任胜钢，蒋婷婷，李晓磊，袁宝龙．中国环境规制类型对区域生态效率影响的差异化机制研究［J］．经济管理，2016，38（1）：157－165.

［266］任小静，屈小娥，张蕾蕾．环境规制对环境污染空间演变的影响［J］．北京理工大学学报（社会科学版），2018，20（1）：1－8.

［267］任小静，屈小娥．我国区域生态效率与环境规制工具的选择——基于省际面板数据实证分析［J］．大连理工大学学报：社会科学版，2020，41（1）：28－36.

［268］任晓猛，钱滔，潘士远，蒋海威．新时代推进民营经济高质量发展：问题、思路与举措［J］．管理世界，2022（8）：40－53.

［269］任晓松，刘宇佳，赵国浩．经济集聚对碳排放强度的影响及传导机制［J］．中国人口·资源与环境，2020，30（4）：95－106.

［270］上官绪明，葛斌华．科技创新、环境规制与经济高质量发展——来自中国 278 个地级及以上城市的经验证据［J］．中国人口·资源与环境，2020，30（6）：95－104.

［271］沈芳．环境规制的工具选择：成本与收益的不确定性及诱发性技术革新的影响［J］．当代财经，2004（6）：10－12.

［272］沈宏亮，金达．非正式环境规制能否推动工业企业研发——基于门槛模型的分析［J］．科技进步与对策，2020，37（2）：106－114.

［273］沈洪涛，黄楠，刘浪．碳排放权交易的微观效果及机制研究［J］．厦门大学学报（哲学社会科学版），2017（1）：13－22.

[274] 沈洪涛，黄楠．政府、企业与公众：环境共治的经济学分析与机制构建研究 [J]．暨南学报（哲学社会科学版），2018，40（1）：18－26.

[275] 沈洪涛，游家兴，刘江宏．再融资环保核查、环境信息披露与权益资本成本 [J]．金融研究，2010（12）：159－172.

[276] 沈洪涛，周艳坤．环境执法监督与企业环境绩效：来自环保约谈的准自然实验证据 [J]．南开管理评论，2017（6）：73－82.

[277] 沈坤荣，金刚，方娴．环境规制引起了污染就近转移吗？[J]．经济研究，2017，52（5）：44－59.

[278] 沈坤荣，周力．地方政府竞争、垂直型环境规制与污染回流效应 [J]．经济研究，2020，55（3）：35－49.

[279] 沈坤荣．外国直接投资与中国经济增长 [J]．管理世界，1999（5）：22－34.

[280] 沈小波．环境经济学的理论基础、政策工具及前景 [J]．厦门大学学报（哲学社会科学版），2008，190（6）：19－25，41.

[281] 石华平，易敏利．环境规制与技术创新双赢的帕累托最优区域研究——基于中国35个工业行业面板数据的经验分析 [J]．软科学，2019，33（9）：40－45，59.

[282] 史青．外商直接投资、环境规制与环境污染——基于政府廉洁度的视角 [J]．财贸经济，2013（1）：93－103.

[283] 宋马林，王舒鸿．环境规制、技术进步与经济增长 [J]．经济研究，2013，48（3）：122－134.

[284] 宋培，陈喆，宋典．绿色技术创新能否推动中国制造业GVC攀升？——基于WIOD数据的实证检验 [J]．财经论丛，2021，272（5）：3－13.

[285] 苏昕，周升师．双重环境规制、政府补助对企业创新

产出的影响及调节［J］．中国人口·资源与环境，2019，29（3）：31－39.

［286］孙久文．从高速度的经济增长到高质量、平衡的区域发展［J］．区域经济评论，2018（1）：1－4.

［287］孙丽文，任相伟，李翼凡．战略柔性、绿色创新与企业绩效——动态环境规制下的交互和调节效应模型［J］．科技进步与对策，2019，36（22）：82－91.

［288］孙淑琴，何青青．不同制造业的外资进入与环境质量："天堂"还是"光环"？［J］．山东大学学报（哲学社会科学版），2018（2）：90－100.

［289］孙英杰，林春．试论环境规制与中国经济增长质量提升——基于环境库兹涅茨倒U型曲线［J］．上海经济研究，2018（3）：84－94.

［290］陶静，胡雪萍．环境规制对中国经济增长质量的影响研究［J］．中国人口·资源与环境，2019，29（6）：85－96.

［291］童健，刘伟，薛景．环境规制、要素投入结构与工业行业转型升级［J］．经济研究，2016，51（7）：43－57.

［292］涂红星，肖序．行业异质性、效率损失与环境规制成本——基于DDF中国分行业面板数据的实证分析［J］．云南财经大学学报，2014，30（1）：21－29.

［293］涂正革，谌仁俊．排污权交易机制在中国能否实现波特效应？［J］．经济研究，2015，50（7）：160－173.

［294］王珺，张贵祥．空间效应视角下异质性环境规制对区域经济的影响研究［J］．商业经济研究，2023（3）：181－184.

［295］王成，唐宁．重庆市乡村三生空间功能耦合协调的时空特征与格局演化［J］．地理研究，2018，37（6）：1100－1114.

［296］王锋正，郭晓川．政府治理，环境管制与绿色工艺创新［J］．财经研究，2016，42（9）：30－40.

[297] 王国印，王动．波特假说、环境规制与企业技术创新——对中东部地区的比较分析［J］．中国软科学，2011（1）：100－112.

[298] 王海芹，高世楫．我国绿色发展萌芽、起步与政策演进：若干阶段性特征观察［J］．改革，2016（3）：6－26.

[299] 王建明．环境信息披露、行业差异和外部制度压力相关性研究——来自我国沪市上市公司环境信息披露的经验证据［J］．会计研究，2008（6）：54－62，95.

[300] 王杰，刘斌．环境规制与企业全要素生产率——基于中国工业企业数据的经验分析［J］．中国工业经济，2014（3）：44－56.

[301] 王金南．中国环境税收政策设计与效应研究［M］．中国环境出版社，2015.

[302] 王群勇，陆凤芝．环境规制能否助推中国经济高质量发展？——基于省际面板数据的实证检验［J］．郑州大学学报：哲学社会科学版，2018，51（6）：64－70.

[303] 王薇，任保平．我国经济增长数量与质量阶段性特征：1978—2014年［J］．改革，2015（8）：48－58.

[304] 王遥，潘冬阳，张笑．绿色金融对中国经济发展的贡献研究［J］．经济社会体制比较，2016（6）：33－42.

[305] 王勇，李建民．环境规制强度衡量的主要方法、潜在问题及其修正［J］．财经论丛，2015（5）：98－106.

[306] 王云，李延喜，马壮，宋金波．媒体关注、环境规制与企业环保投资［J］．南开管理评论，2017，20（6）：83－94.

[307] 王之佳，柯金良译．我们共同的未来［M］．长春：吉林人民出版社，1997.

[308] 魏玮，周晓博，薛智恒．环境规制对不同进入动机FDI的影响——基于省际面板数据的实证研究［J］．国际商务，2017

(1)：110－119.

[309] 吴昊旻，张可欣．长计还是短谋：战略选择，市场竞争与企业环境责任履行 [J]．现代财经，2021，41 (7)：19－38.

[310] 吴红军．环境信息披露，环境绩效与权益资本成本 [J]．厦门大学学报：哲学社会科学版，2014 (3)：129－138.

[311] 吴磊，贾晓燕，吴超，等．异质型环境规制对中国绿色全要素生产率的影响 [J]．中国人口·资源与环境，2020，30 (10)：82－92.

[312] 吴玲，陈维政．企业对利益相关者实施分类管理的定量模式研究 [J]．中国工业经济，2003 (6)：70－76.

[313] 吴伟平，何乔．"倒逼"抑或"倒退"？——环境规制减排效应的门槛特征与空间溢出 [J]．经济管理，2017，39 (2)：20－34.

[314] 吴茵茵，徐冲，陈建东．不完全竞争市场中差异化环保税影响效应研究 [J]．中国工业经济，2019 (5)：43－60.

[315] 伍格致，游达明．环境规制对技术创新与绿色全要素生产率的影响机制：基于财政分权的调节作用 [J]．管理工程学报，2019，33 (1)：37－50.

[316] 武剑锋，叶陈刚，刘猛．环境绩效，政治关联与环境信息披露——来自沪市 A 股重污染行业的经验证据 [J]．山西财经大学学报，2015 (7)：99－110.

[317] 肖华，张国清．公共压力与公司环境信息披露——基于"松花江事件"的经验研究 [J]．会计研究，2008 (5)：15－22，95.

[318] 谢芳，李俊青．环境风险影响商业银行贷款定价吗？[J]．财经研究，2019，45 (11)：57－69.

[319] 谢华，朱丽萍．企业社会责任信息披露与债务融资成本——来自主板重污染上市公司的经验数据 [J]．财会通讯，

2018 (8): 34 - 38.

[320] 谢泗薪，胡伟. 经济高质量发展与科技创新耦合协调：以京津冀地区为例 [J]. 统计与决策，2021，37 (14): 93 - 96.

[321] 辛杰，于俊军. 企业社会责任非正式制度的诱致性变迁 [J]. 湖南科技大学学报 (社会科学版)，2014，17 (5): 57 - 62.

[322] 邢贞成，王济干，张婕. 中国区域全要素生态效率及其影响因素研究 [J]. 中国人口·资源与环境，2018，28 (7): 119 - 126.

[323] 徐军委，刘志华，平婧怡，张冉. 双重环境规制提升了绿色全要素生产率吗？——基于产业结构升级的门槛效应分析 [J]. 调研世界，2023 (1): 1 - 9.

[324] 徐彦坤，祁毓. 环境规制对企业生产率影响再评估及机制检验 [J]. 财贸经济，2017，38 (6): 147 - 161.

[325] 闫莹，孙亚蓉，俞立平等. 环境规制对工业绿色发展的影响及调节效应——来自差异化环境规制工具视角的解释 [J]. 科技管理研究，2020，40 (12): 239 - 247.

[326] 颜鹰. 生态评估的全球化发展及其标准化概况研究 [J]. 当代经济，2011 (24): 170 - 172.

[327] 杨耀武，张平. 中国经济高质量发展的逻辑、测度与治理 [J]. 经济研究，2021 (4): 26 - 42.

[328] 姚圣，杨洁，梁昊天. 地理位置、环境规制空间异质性与环境信息选择性披露 [J]. 管理评论，2016，28 (6): 192 - 204.

[329] 叶琴，曾刚，戴劭勍，等. 不同环境规制工具对中国节能减排技术创新的影响——基于285个地级市面板数据 [J]. 中国人口·资源与环境，2018，28 (2): 115 - 122.

[330] 应瑞瑶，周力. 外商直接投资、工业污染与环境规制——基于中国数据的计量经济学分析 [J]. 财贸经济，2006 (1): 76 - 81.

［331］于忠泊，田高良，齐保垒．媒体关注的公司治理机制——基于盈余管理视角的考察［J］．管理世界，2011（9）：127－140.

［332］余东华，崔岩．双重环境规制、技术创新与制造业转型升级［J］．财贸研究，2019，30（7）：15－24.

［333］虞晓芬，傅玳．多指标综合评价方法综述［J］．统计与决策，2004（11）：119－121.

［334］原毅军，谢荣辉．污染减排政策影响产业结构调整的门槛效应存在吗？［J］．经济评论，2014（5）：75－84.

［335］詹姆斯·M．布坎南．自由、市场和国家［M］．北京：中国经济学院出版社，1988.

［336］张成，郭炳南，于同申．污染异质性，最优环境规制强度与生产技术进步［J］．科研管理，2015，36（3）：138－144.

［337］张成，陆旸，郭路，于同申．环境规制强度和生产技术进步［J］．经济研究，2011，46（2）：113－124.

［338］张成，于同申，郭路．环境规制影响了中国工业的生产率吗——基于DEA与协整分析的实证检验［J］．经济理论与经济管理，2010，231（3）：11－17.

［339］张弛，张兆国，包莉丽．企业环境责任与财务绩效的交互跨期影响及其作用机理研究［J］．管理评论，2020，32（2）：76－89.

［340］张丹，陈乐一．环境规制、产业结构升级与经济波动——基于动态面板门槛模型的实证研究［J］．环境经济研究，2019，4（2）：92－109.

［341］张红凤，张细松．环境规制理论研究［M］．北京：北京大学出版社，2012.

［342］张华．环境支出、地区竞争与环境污染——对环境竞次的一种解释［J］．山西财经大学学报，2018，40（12）：1－14.

［343］张娟，耿弘，徐功文，等．环境规制对绿色技术创新的

影响研究［J］. 中国人口资源与环境，2019，29（1）：168－176.

［344］张平，张鹏鹏，蔡国庆．不同类型环境规制对企业技术创新影响比较研究［J］. 中国人口·资源与环境，2016，26（4）：8－13.

［345］张同斌．提高环境规制强度能否“利当前”并“惠长远”［J］. 财贸经济，2017，38（3）：116－130.

［346］张奕民．绿色科技创新的运行本质研究［J］. 林业经济问题，2006，26（4）：381－384.

［347］张英浩，陈江龙，程钰．环境规制对中国区域绿色经济效率的影响机理研究——基于超效率模型和空间面板计量模型实证分析［J］. 长江流域资源与环境．2018，27（11）：2407－2418.

［348］张兆国，张弛，裴潇．环境管理体系认证与企业环境绩效研究［J］. 管理学报，2020，17（7）：1043－1051.

［349］张志新，邢怀振，于荔苑．城镇化、产业结构升级和城乡收入差距互动关系研究——基于 PVAR 模型的实证［J］. 华东经济管理，2020，34（6）：93－102.

［350］张中元，赵国庆．FDI、环境规制与技术进步——基于中国省级数据的实证分析［J］. 数量经济技术经济研究，2012，29（4）：19－32.

［351］张子龙，王开泳，陈兴鹏．中国生态效率演变与环境规制的关系——基于 SBM 模型和省际面板数据估计［J］. 经济经纬．2015，32（3）：126－131.

［352］赵德志．论企业社会责任的对象——一种基于利益相关者重新分类的解释［J］. 当代经济研究，2015（2）：44－49.

［353］赵巧芝，贾丁，向凯．研发补贴与环境规制的绿色技术创新效应研究［J］. 工业技术经济，2023（5）：114－123.

［354］赵晓丽，赵越，姚进．环境管制政策与企业行为——来自高耗能企业的证据［J］. 科研管理，2015，36（10）：130－138.

［355］赵彦云，甄峰．我国区域自主创新和网络创新能力评价与分析［J］中国人民大学学报，2007（4）：59－65.

［356］赵玉民，朱方明，贺立龙．环境规制的界定、分类与演进研究［J］．中国人口·资源与环境，2009，19（6）：85－90.

［357］郑金铃．分权视角下的环境规制竞争与产业结构调整［J］．当代经济科学，2016，38（1）：77－85.

［358］郑思齐，万广华，孙伟增，罗党论．公众诉求与城市环境治理［J］．管理世界，2013（6）：72－84.

［359］郑田丹，白欣灵．动态演化博弈视角的环境规制与产业国际竞争力再检验［J］．产经评论，2019，10（6）：70－86.

［360］郑翔中，高越．FDI与中国能源利用效率：政府扮演着怎样的角色？［J］．世界经济研究，2019（7）：78－89，135.

［361］郑展鹏，王雅柔，骆笑天，等．环境规制对技术创新影响的门槛效应研究［J］．经济经纬，2022，39（6）：14－23.

［362］植草益，朱绍文．微观规制经济学［M］．北京：中国发展出版社，1992.

［363］钟灵娜，庞保庆．压力型体制与中国官员的降职风险：基于事件史分析的视角［J］．南方经济，2016，35（10）：54－74.

［364］钟茂初，李梦洁，杜威剑．环境规制能否倒逼产业结构调整——基于中国省际面板数据的实证检验［J］．中国人口·资源与环境，2015，25（8）：107－115.

［365］周斌，毛德勇，朱桂宾．“互联网＋”、普惠金融与经济增长——基于面板数据的PVAR模型实证检验［J］．财经理论与实践，2017，38（2）：9－16.

［366］周成，冯学钢，唐睿．区域经济—生态环境—旅游产业耦合协调发展分析与预测——以长江经济带沿线各省份为例［J］．经济地理，2016，36（3）：186－193.

［367］周光召．将绿色科技纳入我国科技发展总体规划［J］.

环境导报，1995（4）：21－22.

［368］周海华，王双龙．正式与非正式的环境规制对企业绿色创新的影响机制研究［J］．软科学，2016，30（8）：47－51.

［369］朱光喜，陈景森．地方官员异地调任何以推动政策创新扩散？——基于议程触发与政策决策的比较案例分析［J］．公共行政评论，2019，12（4）：124－142，192－193.

［370］朱金鹤，王雅莉．创新补偿抑或遵循成本？污染光环抑或污染天堂？——绿色全要素生产率视角下双假说的门槛效应与空间溢出效应检验［J］．科技进步与对策，2018，35（20）：46－54.

［371］朱平芳，张征宇，姜国麟．FDI与环境规制：基于地方分权视角的实证研究［J］．经济研究，2011，46（6）：133－145.

后 记

本书是在冯丽丽同志国家社科基金项目结项报告的基础上修改完成的，也是由陈龙、周雯珺、胡海川、王楠等多位老师组成的研究团队对“环境规制与企业环境责任履行耦合机制及地区异质性研究”、“河北省教育厅重大攻关项目（双碳目标下数字经济驱动河北省企业绿色发展的机制与路径研究）”、河北省会计学重点发展学科、河北省矿产资源战略与管理研究基地等系列研究成果的组成部分。自2010年以来，团队成员将研究的侧重点放在了企业社会责任理论及实践领域，承担了多项省部级科研项目，包括国家社科基金面上项目“环境规制与企业环境责任履行耦合机制及地区异质性研究”（18BGL185）和教育部人文社科青年基金项目“管理层异质性与企业社会责任履行的行为契合研究”（14YJC630033）等，出版了《企业社会责任履行效果研究》《管理层异质性与企业社会责任履行的行为契合研究》等具有代表性的学术专著，同时也发表了多篇较有价值的学术论文。

本书的研究对象是中国环境规制与企业环境责任，研究的主题是探讨环境规制与企业环境责任履行耦合机制及地区异质性，而选题的契机在于党的十八大明确提出了“五位一体”的总体布局，将生态文明建设放到了重要地位，生态文明建设的顶层制度设计得到加强，奠定了我国绿色发展的基调。随后，党的十八届五中全会、党的十九大报告、“十四五”规划、党的二十大报告等又进一步持续强调了环境保护和绿色发展的重要性，生态文明建设成为关系中华民族永续发展的根本大计，这充分彰显了我国坚持贯彻习近平生态文明思想，加快生态文明体制改革，走生态优先、可持续发展道路的决心。与此同时，随着政府的管控、社会公众的关注以及企业自身发展模式的转型升级，越来越多的企业意识到了环境保护的重要性，开始从自身做起，进行绿色转型和升级，不断提升企业环境责任履行水平。提升环境规制政策的有效性和企业环境责任履行水平，不仅是当前各级政府着力推进的重点工作，同时也受到了相关领域研究者的极大关注。

本书依托制度经济学、可持续发展等理论基础和中国的环境规制与企业环境责任履行实践背景，对环境规制与企业环境责任耦合及其地区异质性问题进行了系统性研究。首先，在对国内外研究成果进行系统梳理的基础上，以外部性理论、产权理论、自然资源基础理论、可持续发展理论以及"波特假说"理论等为基础，按照"宏观环境制度—微观企业环境责任—宏观环境制度变迁"的研究思路，构建环境规制与企业环境责任履行耦合的理论框架，阐明两者耦合的基本模式与机理。其次，利用2009—2019年中国省域面板数据和上市公司环境责任履行基本数据，评价我国环境规制与企业环境责任履行的现状，并通过结构方程法验证两者耦合的原因。在此基础上构建两者耦合协调模型，测算两者的耦合协调水平、时空异质性、影响两者耦合的因素以及检验两者耦合的经济后果。最后，提出促进环境规制与企业环境责任履行协调发展优化路径与对策建议，以期完善和丰富现有关于环境规制与企业环境责任履行互动关系研究框架体系，为环境规制政策的优化升级提供新思路，为企业可持续经营提供有效保障，为生态文明建设和经济高质量发展提供有力支撑。

本人在书稿的撰写过程中，十分感谢"环境规制与企业环境责任履行耦合机制及地区异质性研究"课题组全体成员。本专著由课题负责人冯丽丽提出总体研究架构，在研究团队共同讨论的基础上，分工撰写合作。具体分工如下：胡海川和赵思敏完成第1章和第2章的撰写；冯丽丽、王林和舒利敏完成第3章和第4章的撰写；陈龙和周雯珺完成第5章的撰写；周雯珺完成第6章的撰写；陈龙、周雯珺和王楠完成第7—9章的撰写；陈龙、王楠和冯丽丽完成第10章的撰写；冯丽丽、胡海川和王林完成第11章的撰写。同时非常感谢为课题研究和专著撰写提供宝贵意见的中南财经政法大学吕敏康副教授、河海大学汪佑德副教授、石家庄铁道大学冯鑫教授、河北地质大学高光琪副教授、河北地质大学魏巍副教授、北京工业大学林芳博士，以及收集数据、校订书稿的硕士研究生团队，他们分别是王林、吴瑞娟、魏童、邵景晨、胡鑫娜、李文静、穆晶晶、辛赫、王合友、来志明等。

本书能够出版，还要感谢国家社科基金项目、河北省教育厅重大攻关课题、“河北省会计学重点发展学科”项目、“河北省会计专业硕士省级实践基地”、“河北省矿产资源战略与管理研究基地”项目的大力支持。衷心感谢中国财政经济出版社为本书提供的出版机会，创造一个能与关心环境规制与企业环境责任研究的学者进行交流的机会，也使得本书能够面向读者。非常感谢樊清玉编辑的指导与辛勤劳动。

最后，向所有支持、关心我们的人表示诚挚的谢意！

冯丽丽

2024年1月